山西卷

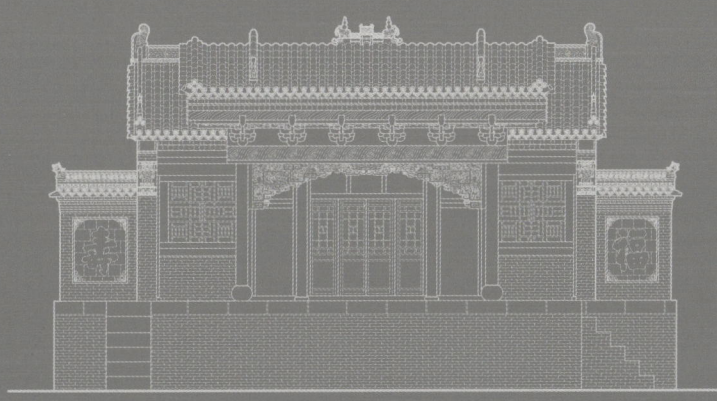

山西省/晋中市/和顺县
李阳镇/秦家庄村/陈氏祠堂

山西省｜阳泉市｜平定县｜锁簧镇｜谷头村

王氏祠堂

李家大院 李家祠堂

山西省\运城市\万荣县\闫景村

民间宗祠简介

祠堂缘起

宗谱及其所衍生的宗祠文化是中国传统文化的重要组成部分。宗谱与地方志、国史并称为中国古代的三大主流文化，直接体现在姓氏的血缘文化、聚族文化、伦理观念、宗族崇拜、典章制度、风俗习惯、建筑艺术、地域特色等各个方面。祠堂历史可以追溯到千年之前。早在夏商周时期祠堂及祠堂文化便已经悄悄萌芽，宋代时祠堂及祠堂文化蓬勃发展，形成了比较完备的体系，明清两代时达到鼎盛。我国现存的祠堂大多是明清时期的建筑。

黄河流域是世界上最早有人类活动的地区之一。距今100万年前，就有人在黄河流域定居，黄河中游晋陕豫地区是仰韶文化、华夏文明的发源地，是历代政治经济文化中心，有着深厚的历史底蕴和文化内涵。历史上政治家、军事家、文化家层出不穷，名门望族不胜枚举，宗族祠堂文化得到了很大的发展，具有深厚的文化历史底蕴。

祠堂制式

晋陕豫地区民间宗祠中轴线上的布局一般为：大门—中堂—寝堂，大门与中堂之间是一个围合院落，院落中有亭台及各种花卉、树木等。有些祠堂前面还立有牌坊或建有照壁。这类三进两院式宗祠，其大门、中堂和寝堂，就是宗祠的三个基本建筑元素。

（1）大门

也称头门。它是宗祠正面最重要的单体建筑，也是宗祠中轴线序列上的第一座建筑和礼仪性入口。大门之上一般悬挂有祠堂的名号或名人高官赠予的牌匾。大门之后有门廊，多开间的大门两旁多设有耳房，以供看管祠堂的族人休息，类似于现在的门房。

（2）中堂

也称享堂、祭堂等。它是祠堂的正厅，是宗族举行祭祖仪式和议事主要场所，所以空间高大宽敞。是宗祠中公共性最强的单体建筑，专供祭拜行礼时所用。祖先牌位一般存放在宗祠的寝堂之中，在进行祭祀活动时，不是把祖宗牌位放到寝堂中，族人站在中堂对着寝堂祭拜；就是把牌位从寝堂请到中堂来，放在案桌上祭拜。因此有的宗祠只在中堂中放置一座香炉，一般不置他物。

（3）寝堂

又称寝殿或殿堂。这里是安放祖宗牌位的场所，是神灵安寝之处。寝堂是祠堂中最重要的主体建筑，因此在建筑形式上它最隆重庄严，建筑体量最高大，装饰最精美。寝堂内有供桌、香炉、供品等陈设，墙上一般挂有祖先画像、立置祖先牌位。墙面还挂有牌匾、楹联或家训家规等物。有的寝堂后方两侧分别隔出一个小房间，称为夹室，用来存放各代祖先的牌位，或者存放祭祀器具和家族族谱等。

（4）牌坊

牌坊位于宗祠大门之外，是宗祠中轴线上常见的构筑物，多采用四柱三门形式，用石材或木材建造。牌坊可以增强宗祠建筑的层次感和序列感。但牌坊需有恩赐匾额才能建立，虽然牌坊没有祭祀功能，但它却体现着宗族先人的丰功伟绩和道德境界，是昭示宗族功业和美德的独立建筑。

民间宗祠建筑结构详解

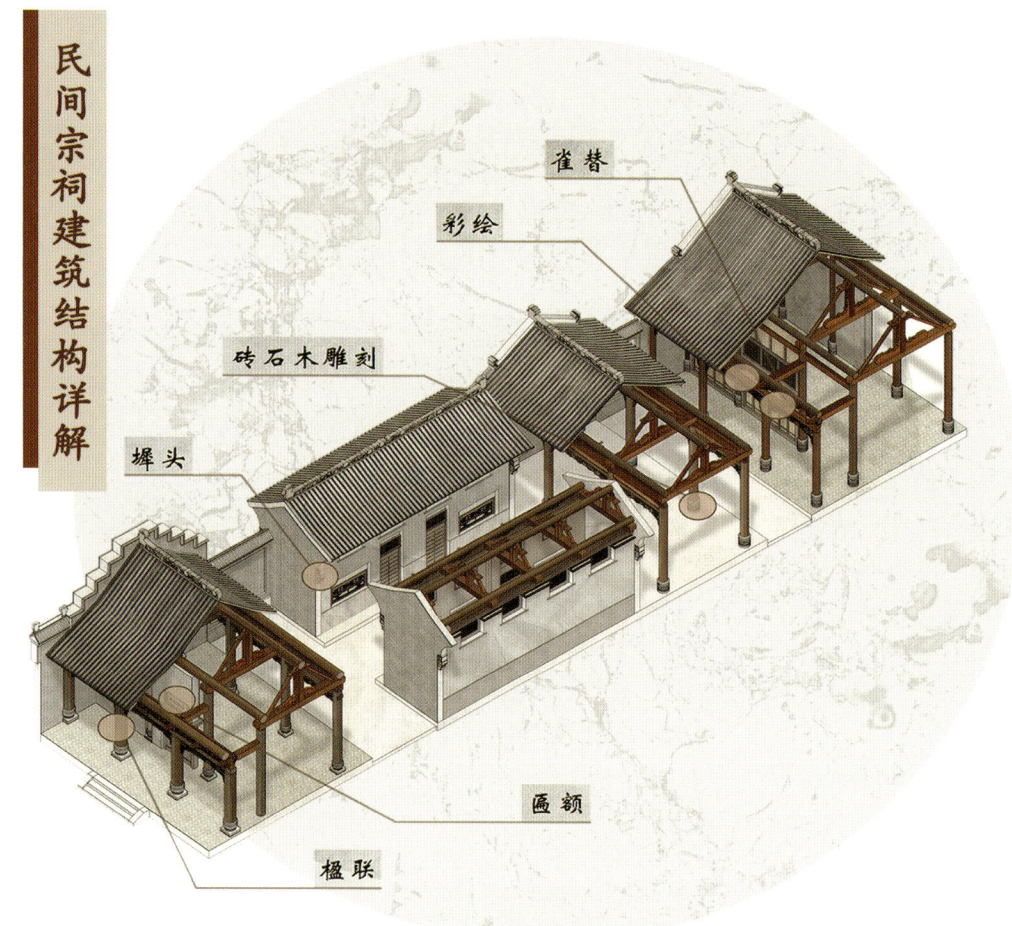

1 墀头
墀头是中国古代传统建筑构件之一,是山墙伸出至檐柱之外的部分,突出于两边山墙边檐,用以支撑前后出檐。墀头本来承担屋顶排水和边墙挡水的双重作用,但由于其特殊的位置,使其远远看去,如房屋昂扬的颈部,于是含蓄的屋主用尽心思装饰它。

2 楹联
又称对联,因古时多悬挂于楼堂宅殿的楹柱而得名,有偶语、俪辞、联语、门对等,以"对联"通称之,则始于明代。楹联是一种对偶文学,起源于桃符,其是利用汉字特征撰写的一种民族文体,它与书法的美妙结合,又成为中华民族绚烂多彩的艺术独创。

3 彩绘
彩绘在中国自古有之,被称为丹青。常用于中国传统建筑之上,用绘制的手法作为装饰画之功用。后来传到朝鲜和日本,并在那里被广泛运用、发扬光大。在中国古代建筑上的彩绘主要绘于梁枋、柱头、窗棂、门扇、雀替、斗拱、墙壁、天花、瓜筒、角梁、椽子、栏杆等建筑木构件上。主要以梁枋部位为主。成语"雕梁画栋"便由此而来。

4 雀替
雀替是中国古建筑的特色构件之一。宋代称角替,清代称为雀替,又称为插角或托木。通常被置于建筑的横材(梁枋)与竖材(柱)相交处,作用是缩短梁枋的净跨度从而增强梁枋的荷载力,减少梁与柱相接处的向下剪力,防止横竖构材间的角度倾斜。雀替的制作材料由该建筑所用的主要建材所决定,如木建筑上用木雀替,石建筑上用石雀替。

5 照壁
照壁是中国古代传统建筑特有的部分。明朝时特别流行,一般照壁就是大门内的屏蔽物。古人称之为萧墙,因而有祸起萧墙之说。在旧时,人们认为会有鬼来访,据说小鬼只走直线,不会转弯,因此人们在宅院里修上一堵墙,以断鬼的来路。照壁是中国受风水意识影响而产生的一种独具特色的建筑形式,称影壁或屏风墙。

6 砖石木雕刻
石雕多饰于房屋基础部分,主要是柱础石,此外还有夹门石和门狮等。木雕装饰主要分布在房屋的结构部分,如梁枋、檩条、瓜柱、斗拱等主要构架和撑木、挑头、梁垫、雀落等构件,以及构成外廊空间的天花、桶扇、门窗上。木结构外露部位,如屋檐、门罩等多有彩绘,其流畅细腻。砖雕主要饰于木结构门庭外的八字或一字影壁上,以及仿木结构的垂花门罩、檐椽、额枋、斗拱、牌匾、下垂的莲柱等处。

7 匾额
匾额是古建筑必不可少的组成部分,相当于古建筑的眼睛。悬挂于门屏上作装饰之用,反映建筑物名称和性质,表达人们义理、情感之类的文学艺术形式即为匾额。横着的被称为匾额或牌匾,竖着的则为对联或抱柱瓦联。

黄河流域民间宗祠文化传承研究 山西卷

王葆华 著

陕西师范大学出版总社

图书代号：SK22N1824

图书在版编目（CIP）数据

黄河流域民间宗祠文化传承研究. 山西卷 / 王葆华著. —西安：陕西师范大学出版总社有限公司，2022.12
ISBN 978-7-5695-3322-4

Ⅰ.①黄⋯ Ⅱ.①王⋯ Ⅲ.①祠堂—文化研究—山西 Ⅳ.① K928.75

中国版本图书馆 CIP 数据核字（2022）第 224545 号

黄河流域民间宗祠文化传承研究　山西卷
HUANGHE LIUYU MINJIAN ZONGCI WENHUA CHUANCHENG YANJIU SHANXI JUAN

王葆华　著

出版统筹	刘东风　冯晓立
项目运作	杨　杰　王丽君
责任编辑	庄婧卿
责任校对	张旭升　王丽君
封面设计	即刻设计
出版发行	陕西师范大学出版总社 （西安市长安南路 199 号　邮编 710062）
网　　址	http：//www.snupg.com
印　　刷	陕西龙山海天艺术印务有限公司
开　　本	889 mm×1194 mm　1/16
印　　张	22.25
插　　页	4
字　　数	223 千
版　　次	2022 年 12 月第 1 版
印　　次	2022 年 12 月第 1 次印刷
书　　号	ISBN 978-7-5695-3322-4
定　　价	296.00 元

读者购书、书店添货或发现印刷装订问题，请与本公司营销部联系、调换。
电话：(029) 85307864　85303629　传真：(029) 85303879

山西卷

前言

求木之长者,必固其根本;欲流之远者,必浚其泉源。

唐·魏徵

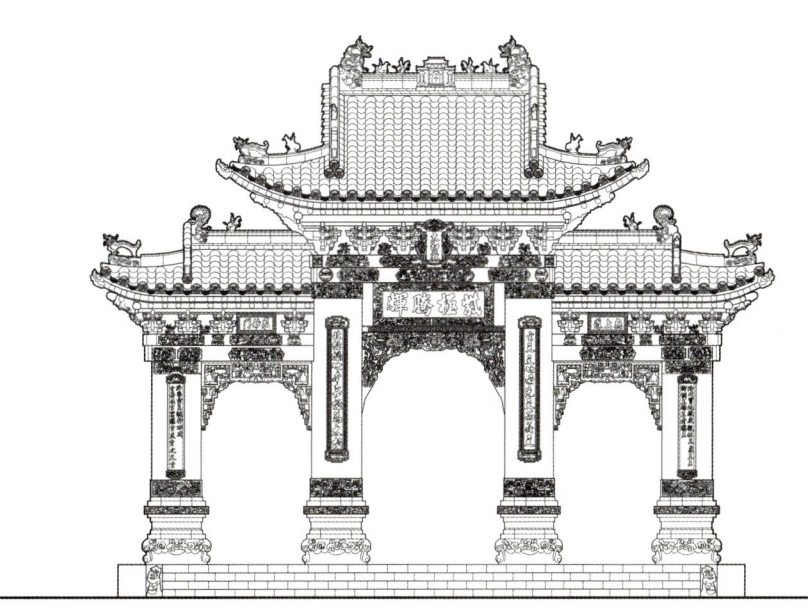

宗祠是提升家族凝聚力、实现社会和谐以及族人寻根问祖的重要场所，承载着族人对故土乡愁的寄托。本研究的核心是，在社会变迁中，民间宗祠作为一种传统文化空间形态，在"建设宜居宜业美丽乡村"中的作用及其影响。

宗谱及其所衍生的宗祠文化是中国传统文化的重要组成部分。宗谱与地方志、国史并称为中华民族历史的三大支柱，它体现了传统文化中姓氏血缘文化、聚族文化、伦理观念、宗族崇拜、典章制度、风俗习惯、建筑艺术、地域特色等方方面面，其历史可以追溯至千年以前。宗祠是宗族的象征与荣耀，是巩固中华民族优秀道德品质、优良民族精神、强化民族凝聚力的场所，也是中华传统文化深层内涵的重要表征和物化的文化精华。

近年来党和政府高度重视弘扬中华优秀传统文化，并将其作为治国理政的重要思想文化资源。习近平总书记在多个场合谈到中国传统文化，表达对传统文化、传统思想价值体系的认同与信心，也多次提到社会主义核心价值观与文化自信。党的十九大提出乡村振兴战略，明确要求注重保护与发掘传统文化，宗祠文化是中华优秀传统文化精神的一个缩影。发扬宗祠文化固有的文化特色，是对我国传统思想价值体系的继承，所传递的思想价值观念与当今社会所弘扬的价值观相适应。在大力弘扬社会主义核心价值观的背景下，如何正确地保护、传承并发扬民间优秀的宗祠文化，使之为我国文化强国建设与新农村文化建设添砖加瓦，此举措对于今日之中国有着十分重要的意义。

面对现代社会与西方文明的冲击，传统民间宗祠的空间及记忆正面临着衰落甚至消失的困境，这引起了各界学者的高度关注。

黄河中游晋陕豫地区是仰韶文化、华夏文明的发源地，是古代政治、经济、文化之中心，有着深厚的历史文化底蕴，历史上名门望族不胜枚举，因而民间宗祠文化繁荣兴盛并流传至今。同时对晋陕豫三省的宗祠文化在其地理区位、文化背景和民俗风情等方面进行研究，便于我们寻找和总结其共同特征。

因此，本研究以黄河中游晋陕豫地区文化背景和现存民间宗祠为基础，对民间宗祠进行实地综合考察和分析，对实证记载的地方志、文献、族谱等家族资料进行整理，对传统文化空间格局及构成要素进行剖析，运用空间保护与建筑修缮分析方法和宗祠文化空间与乡村环境融合共生分析方法，归纳剖析了在传统民间宗祠文化影响下的宗祠空间特征，探寻其中文化与空间的逻辑关系，提炼出在现代乡村振兴建设中具有深远意义的民间宗祠传统文化和空间类型，针对地域文化与特点进一步研究现代宗祠空间环境的营造方法。

从2016年7月至2019年3月，"晋陕豫地区民间宗祠的空间记忆与文化传承"项目组通过查找资料、搜集当地文物部门提供的相关数据等渠道，对晋陕豫地区共2912座民间宗祠（其中山西689座、陕西663座、河南1560座）进行了实地调研考察、数据搜集及资料整理工作。

此项目最终搜集整理的有效宗祠数量如下。

山西省宗祠480座：太原市14座、晋中市81座、晋城市71座、临汾市41座、长治市43座、吕梁市26座、运城市117座、阳泉市31座、忻州市44座、朔州市1座、大同市11座。

陕西省宗祠426座：西安市60座、咸阳市8座、宝鸡市30座、渭南市157座、延安市51座、榆林市12座、铜川市10座、汉中市38座、安康市31座、商洛29座。

河南省宗祠967座：郑州市135座、三门峡市34座、周口市7座、焦作市223座、南阳市49座、平顶山市22座、信阳市30座、许昌市28座、商丘市42座、濮阳市21座、漯河市3座、鹤壁市2座、安阳市4座、洛阳市269座、新乡市68座、济源市23座、开封市7座。

通过对晋陕豫三省民间宗祠的实地调研发现，在黄河中游晋陕豫地区中，由于历史、政治、经济、文化等原因，民间宗祠建筑损坏最多的省份是河南，其次是山西，最后是陕西。几年来项目组先后对这三省的民间宗祠进行了调研、勘察和走访，绘制三省的民间宗祠图典并按省份分为三卷：山西卷、陕西卷、河南卷，为之后的研究提供了大量的测绘数据、照片以及访谈记录等多种资料。

为了照顾读者阅读，本书内所呈现的碑文图片及其文字，将依照碑文进行实录，保持原貌。

作　者

2022年6月16日

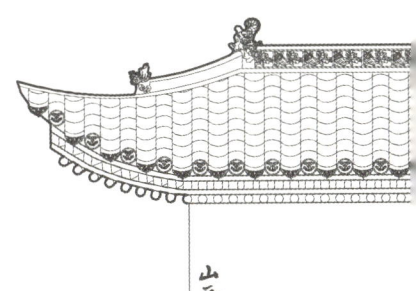

目录

晋陕豫民间宗祠实地调研分析	001
山西省民间宗祠研究	009
山西省民间宗祠测绘图典选集	049
卜氏宗祠　山西省晋中市昔阳县乐平镇河东村	051
刘氏祠堂　山西省晋中市介休市张兰镇西北里村	058
古戏台　山西省晋中市榆次区东赵乡后沟古村	062
侯氏祠堂及戏楼　山西省晋中市介休市张兰镇旧新堡村	066
耿氏宗祠　山西省晋中市平遥县岳壁乡岳南村	071
罗氏祠堂　山西省晋中市祁县西六支乡河湾村	078
吕氏宗祠　山西省晋中市昔阳县大寨镇郭庄村	083
毛氏宗祠　山西省晋中市昔阳县乐平镇西南沟村	088
李氏祠堂　山西省晋中市昔阳县赵壁乡水峪村	093
王家祠堂　山西省晋中市昔阳县赵壁乡水峪村	099
武氏宗祠　山西省晋中市灵石县南浦村	104
太和岩牌楼　山西省晋中市介休市义安镇北辛武村	110
杨氏祠堂　山西省晋中市昔阳县赵壁乡川口村	115
武氏宗祠　山西省晋中市榆次区东阳镇车辋村	121

1

朱家祠堂	山西省晋城市高平市南城街道北陈村东	125
卫家祠堂	山西省晋城市高平市陈区镇王村	130
贾家祠堂	山西省晋城市陵川县西河底镇东王庄村	136
杨氏祠堂	山西省晋城市阳城县河北镇匠礼村	142
牛氏家庙	山西省晋城市陵川县潞城镇苇水村	150
史家祠堂	山西省晋城市高平市河西镇下辖村西李门村	154
杨家祠堂	山西省晋城市高平市北诗镇西诗村	159
杨家祠堂	山西省晋城市沁水县嘉峰镇下李庄村	164
孔氏祠堂	山西省晋城市泽州县金村镇杨家山村	168
李氏宗祠	山西省晋城市泽州县柳树口镇北李街村	176
和氏宗祠	山西省晋城市泽州县高都镇东元庆村	182
毕家祠堂	山西省晋城市高平市石末乡毕家院村	187
刘家祠堂	山西省临汾市汾西县永安镇前加楼村	192
卢氏祠堂	山西省临汾市浮山县东张乡柳曲村	199
严家祠堂	山西省临汾市浮山县东张乡东张村	205
赵家祠堂	山西省临汾市洪洞县兴唐寺乡兴唐寺村	212
琚家祠堂	山西省长治市上党区荫城镇琚寨村	217
牛家祠堂	山西省长治市壶关县黄山乡沙窟村	223
杜家祠堂	山西省长治市沁县册村镇寺庄村	228
张氏宗祠	山西省吕梁市孝义市振兴街道司马村	233

徐家祠堂	山西省吕梁市交城县夏家营镇郑村	238
薛公家庙	山西省运城市万荣县里望乡平原村	245
袁氏祖祠	山西省运城市河津市僧楼镇北方平村	251
张氏祠堂	山西省运城市垣曲县华峰乡华峰村	257
李家祠堂	山西省运城市万荣县里望乡南阳村	264
杨家祠堂	山西省运城市新绛县阳王镇北池村	268
盖氏宗祠	山西省运城市绛县古绛镇盖家沟村	274
黄氏祠堂	山西省阳泉市郊区保安村	283
陈氏宗祠	山西省忻州市定襄县河边镇陈家营村	289
续氏宗祠	山西省忻州市定襄县宏道镇西社村	296
韩氏宗祠	山西省忻州市繁峙县杏园乡圣水头村	304
刘家祠堂	山西省忻州市代县峨口镇峨西村	313
孙家祠堂	山西省大同市广灵县西宜兴村	318
刘氏宗祠	山西省大同市浑源县沙圪坨镇沙圪坨村	326
李氏祠堂	山西省大同市浑源县西坊城镇圪坨村	332
赵家祠堂	山西省大同市阳高县神裕村	335

后　记　　　　　　　　　　　　　　　　　　　339

晋陕豫民间宗祠实地调研分析

晋陕豫民间宗祠实地调研分析

我国古老的传统宗祠建筑即将消失，通过当地人的叙述对逐渐消失的传统民间宗祠进行文化记忆传承是晋陕豫民间宗祠的空间记忆与文化传承研究项目组（简称项目组）实地研究目的。此次实地调研走访了山西、陕西、河南三省大部分传统宗祠，深入当地搜集、整理、归纳并发掘以宗祠为载体的重要历史信息；探访传统民间宗祠所在地的乡贤老人和对传统民间宗祠研究的专家学者，通过他们的记忆和口述，对调研地区现存的民间宗祠建筑进行实地测绘调查，对建筑进行分析复原，并进行文化还原，从而为本课题深入考察科学研究奠定了基础。

一、调研背景

宗祠作为中国现存数量最多的古代民间文化建筑，积淀了深厚的历史文化基础，是寄托中华民族深厚感情的宝贵精神财富。它既是连接中华民族古今历史文明的重要桥梁，也是承载中华民族优秀传统信仰文化的宝库。

宗祠的选址一般位于村落、院落的中心，是乡村民居中地位最高的建筑，对乡村具有独特的意义，对乡村建筑的选择以及乡村景观的建设有着指导性的作用。同时宗祠作为深入民间的教化单元，其文化涵盖面广泛、影响深远，能够有力地凝聚族人、村民，对维护乡村秩序、构建友善的邻里关系具有重要价值，形成以宗祠文化为核心的共同价值体系，提高社会认同感。

宗祠文化作为传统文化的重要组成部分，是历史文化遗产的一种载体，而黄河流域中游地区的晋陕豫民间宗祠一直缺乏整体全面的调查研究总结。保护中国民间宗祠、传承优秀传统文化精神内涵与意识形态迫在眉睫，是推进宗祠资源历史遗产发掘保护管理工作的重中之重。

二、调研目的与意义

通过组织调研与开展宣传教育，弘扬传统宗祠文化及其载体宗祠建筑的传统美学结构特征与传统文化内涵价值思想，对不断增加民族传统文化的认同感、增进家族与民族团结也有极大帮助，同时，有助于不断增强中华民族自信心和民族自豪感，以此唤起社会和人们对于民族传统文化和区域传统文化的整体认知度和社会重视度，激发人们对于民族传统宗教文化和民族传统美德的高度重视和积极践行。

（1）填补黄河流域中游地区晋陕豫民间宗祠研究空缺，建立宗祠文化数据库，汇总相关数据、资料，奠定学术基础。

（2）探索宗祠文化保护传承中科学性强、推广价值高的新模式，为民间宗祠提供新时代的发展途径。

（3）建立起宗祠文化保护传承与乡村振兴之间的切实联系，利用宗祠及其所蕴含的优秀文化助力乡村振兴，建立文化自信。

宗祠文化是传播中华优秀传统文化的前沿，是激发农村活力，建立文化自信的支点，是倡导尊重祖辈、善良、团结的民风，亦是维护和谐社会主义社会的历史支点。宗祠文化中社会教化作用对研究视野的拓展、社会责任的培养以及民族荣誉感的构建有着重要意义。

依托国家乡村振兴战略，对黄河流域中游地区的晋陕豫民间宗祠建筑艺术及其包含的宗祠文化进行研究和发掘，能够为民间宗祠文化的保护与环境空间的营造提供新思路与新方法，助力乡村振兴与乡村治理。

三、调研设计、实施

（一）调研时间及地点范围

从 2016 年 7 月至 2019 年 3 月，项目组对黄河中游晋陕豫地区总计共 2912 座民间宗祠（其中山西 689 座、陕西 663 座、河南 1560 座）进行了实地考察、数据搜集及资料整理。

其中山西省有效宗祠 480 座：太原市 14 座、晋中市 81 座、晋城市 71 座、临汾市 41 座、长治市 43 座、吕梁市 26 座、运城市 117 座、阳泉市 31 座、忻州市 44 座、朔州市 1 座、大同市 11 座。

陕西省有效宗祠426座：西安市60座、咸阳市8座、宝鸡市30座、渭南市157座、延安市51座、榆林市12座、铜川市10座、汉中市38座、安康市31座、商洛29座。

河南省有效宗祠967座：郑州市135座、三门峡市34座、周口市7座、焦作市223座、南阳市49座、平顶山市22座、信阳市30座、许昌市28座、商丘市42座、濮阳市21座、漯河市3座、鹤壁市2座、安阳市4座、洛阳市269座、新乡市68座、济源市23座、开封市7座。

本次调研范围涵盖黄河流域中游地区晋陕豫三省，计划未来将上游地区的青海省、甘肃省、宁夏回族自治区以及下游地区的山东省也纳入调研范围，整个调研涉及7个省共计74个市级行政区，目前共走访60个市级行政区，覆盖市级行政区总数的81%。

（二）调研方法

1. 田野调查法

对黄河中游的晋陕豫1990余个乡村的2912座民间宗祠进行实地调研，走访三省各村落，搜集当地宗祠现状的一手资料。运用专业工具现场测绘、拍照记录建筑信息（图1），记录周边环境状况，并对337位乡贤老人进行录音采访（图2），搜集个体记忆，归纳建筑复原信息。

图1　现场绘制手稿图
图2　采访乡贤老人

调研结束后，项目组把所有祠堂信息分类整理，用 CAD 软件将宗祠手稿重新描绘存入宗祠文化数据库当中。

2. 比较归纳法

宗祠建筑的照片是后期研究和文献梳理的重要资料。项目组在现场调研时需要拍摄相关照片，记录每一个宗祠的历史文化与建筑其中的特色，采集建筑结构、装饰、周边环境等重要信息，用于后期还原现场。

运用艺术图像学理论，对比宗祠的结构装饰、图像等特征信息，归纳其中的共性和差异，深入挖掘宗祠文化、艺术、历史价值，为宗祠建筑保护与文化传承打下基础。对具有代表性的宗祠着重记录与研究，达到完善宗祠文化库的目的。

3. 问卷调查法

项目组设计关于宗祠文化的调查问卷，通过 4 个乡村进行预实验及信度分析后，在实际调研中，向 265 个乡村共计发放问卷 3300 份，其中有效问卷 2861 份，同时在网上投放问卷 2000 份，搜集社会各界人士对民间宗祠的了解程度、态度看法等。

从社会学角度来看，问卷调查可以了解民众对民间宗祠及其文化的社会意义认知与社会认同程度，为科学分析提供相关基础数据。

在当地民间宗祠资料不完整的情况下，拜访专家学者，采访当地长者、乡贤老人，询问关于宗祠的一些重要历史事件，获得翔实可靠的宗祠口述资料，并对其进行归纳、总结、分类。

四、调研创新点

1. 覆盖面更广

在实地调研中，项目组对各地祠堂测绘整理及存档，为之后的研究提供了大量数据样本。本项目组是首支对黄河流域中游地区进行晋陕豫民间宗祠研究的团队，为有关部门和相关学者提供了目前关于黄河中游晋陕豫地区范围广、专业性强、使用价值高、开发前景广阔的民间宗祠文化数据库。

2. 复原度更高

在当地一些民间宗祠建筑保存不完整或已经损坏甚至消失的情况下，项目组拜访当地的长者，询问、收集关于民间宗祠的历史信息及重要历史事件，还原当地宗祠的历史面貌。综合文保单位提供的资料、乡贤老人的口述，项目组记录数据，绘制建筑形制、结构，基于学科优势，进行高准确度地复原，为宗祠的修缮提供图纸及专业指导。

3. 传承意义更大

将宗祠空间作为乡村公共空间重构、乡村振兴的重要基点，通过多层次的传播手段，活态化宗祠文化，再经过实践印证效果，将模式经验推广至同类乡村。

从文化振兴的角度来看，宗祠建筑文化、宗祠建筑空间的隐性教化和建筑装饰的显性教化组合在一起，渗透到家庭生活和社会活动的方方面面。在社会层面，它构成了一种综合的教育影响。

通过采集—记录—整理—集合—提取的过程，为优秀宗祠装饰文化提供一种有效的传播方式，使散落的宗祠装饰艺术得以推广。壁画、彩绘、木雕、砖雕、石雕、楹联、牌隔等丰富多样的形式是民间宗祠教化图绘载体，项目组搜集、分析、整理并记录宗祠文化元素中具有教化意义的素材。

山西省民间宗祠研究

山西省民间宗祠研究

一、山西地理环境及宗祠分布现状

山西省位于华北平原以西,黄河中游。北部直达万里长城,并与内蒙古接壤;南部至中条山,邻河南省;西部与晋陕大峡谷相连。山西省西北部有高原,东南部有平原,河流山川在其间,南北的海拔差达到2800米以上,复杂的区位条件造就了山西独特的地域文化特征。

山西境内山形地貌多变化,地理环境对民居的结构有着很大的影响,从东部到西部的地形为:高原盆地—平原—黄土高原。山西北部地区的民居多为"窑洞式",晋中地区盆地衍生出"四合院式"院落结构形式,山西南部地区以"两层式"建筑和"地窨式"建筑为主,其通常坐落在村落的中心。

山西地区部分村落依地势而建,布局分散,宗祠往往选择村落中最高点建造,而地势较低的村落,宗祠则选择坐落于村落中心。聚居村落在顺应自然地形的同时,将宗祠建筑放于最优的地理环境中,以体现对祖先的敬意,寄托祖先保佑子孙万代延绵不息的心愿。

二、山西宗祠建筑空间格局研究

山西省全省总计11个地级市,分别命名为太原市、大同市、阳泉市、长治市、晋城市、朔州市、晋中市、运城市、忻州市、临汾市和吕梁市。项目组通过走访,对各个市区进行调查和数据收集,收集测绘山西调研宗祠的样本数据480套,下面从六个方面加以说明。

（一）选址与朝向研究

1. 选址

古人对宗祠的选址、朝向、主次关系十分讲究。受传统观念的影响，古人认为风水对于建筑而言至关重要，时至今日很多人还是笃信风水，认为住宅、宗祠或者墓地的选址都关乎着后代子孙的财运、健康、功名以及家族的兴衰。山西省周边山门闭锁，境内又多为盆地，从而形成了相对封闭的地理环境，使得山西的建筑保存得较为完整。

山西的民间宗祠体现着儒家孝道、宗族制度，与村落的布局、发展、变迁息息相关，在村落的布局结构中起着重要的作用，因此，宗祠建筑的地位要高于普通的居民建筑。

宗祠的选址不仅要求周边环境适宜，更要求符合藏风聚气、负阴抱阳的"风水"观念（图1）。据老子《道德经》记载"万物负阴而抱阳"，自古以来阴阳学说中讲究有序、融合等思想，都体现在了山西民间宗祠的选址和朝向上。背山面水、避风向阳是一般的建房规则，在平原地区则讲究背林面水。明清时期，山西民间宗祠的修建达到了新的高潮，宗族文化由于长时间受到中国传统儒家"中庸"和"礼制"的思想影响，其建筑的选址不仅需要满足传统风水观念，同时还需要考虑儒家思想中的"礼"。除此之外，从传统的风水观念中能透析

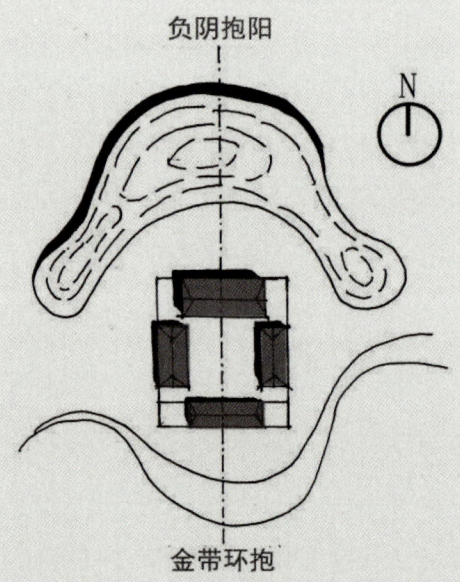

图1　建筑选址的风水观示意图

现代环境生态学的理论。"风水"观念实际上考虑的也是建筑选址的地理位置、气候特征、环境视角以及居住条件等。

2. 朝向

宗祠的朝向多数遵循坐北朝南的规律。古人认为南面收纳阳气是至高的方位；从现代科学角度看来，门窗朝向南边日照充足，同时能促进南北方向的空气流通，保证室内冬暖夏凉。在晋中和晋北地区，由于气候寒冷，民居建筑多为依山而建的窑洞式；宗祠也不例外，多选择建在山体南侧以保证阳光照射和保温效果。但朝向也并不是一成不变的，部分宗祠并没有选择依山而建的窑洞式，也没有遵循坐北朝南的规律，这类型的宗祠多受地理位置或是村落选址的影响，朝向也会随之而发生改变。

总之，宗祠的选址和朝向取决于村落的自然地理环境所形成的布局形态，山西不同的区位气候和地形条件差距较大，促成了布局、朝向、材质等颇具特色的宗祠平面和竖向空间形式。

（二）平面布局研究

山西民间宗祠的平面布局基于宗祠的选址位置和朝向，通过最小的单位"间"生成"院"，不同的宗祠通过"间"与"院"的要素组成平面布局。山西境内的民间宗祠在规划布局上形式多样，存在常见的以下几种院落布局形式：一进院、二进院和三进院。从山西保存下来的宗祠现状来看，一进院数量相对较多，其中多为典型的一进院建筑布局，例如吕梁市交城县夏家营镇郑村徐家宗祠和临汾市汾西县永安镇前加楼村刘家宗祠等。二进院宗祠相比一进院数量少，经过历史的变迁，保存状态较差，例如运城市垣曲县英言乡北白鹅村杨氏宗祠。二进院宗祠布局呈中轴对称式，空间制式体现了严格的等级秩序。三进院的宗祠保存完整的数量极少，例如忻州市繁峙县杏园乡圣水头村韩氏宗祠。更为特殊的是榆次车辋村常家北宗祠，被誉为"中国民间第一宗祠"，其由前院、上院、下院、石围栏外院四个院落所组成，且院落和雕刻都保存完整。

表1　山西宗祠院落平面形式

宗祠名称	地理位置	平面布局形式	建筑空间结构
徐家宗祠	吕梁市交城县夏家营镇郑村	一合院	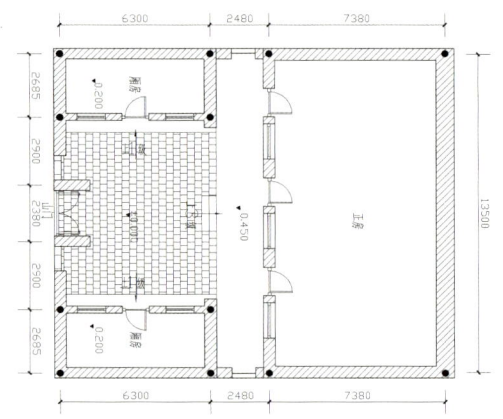
刘家宗祠	临汾市汾西县永安镇前加楼村	封闭式三合院	
黄氏宗祠	阳泉市郊区保安村	三合院	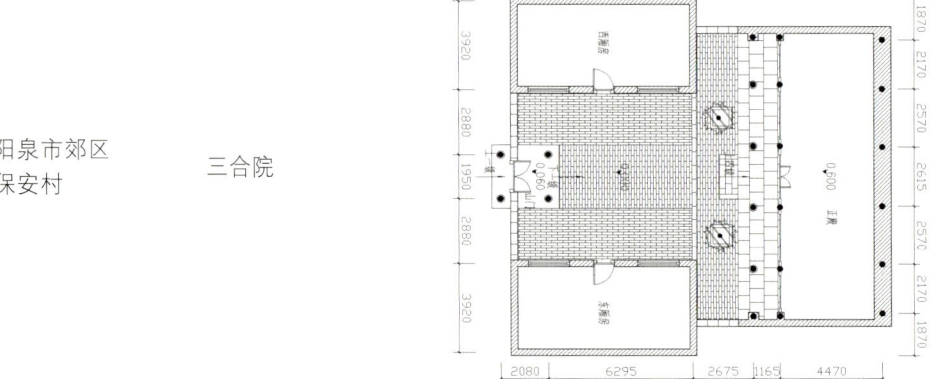

续表

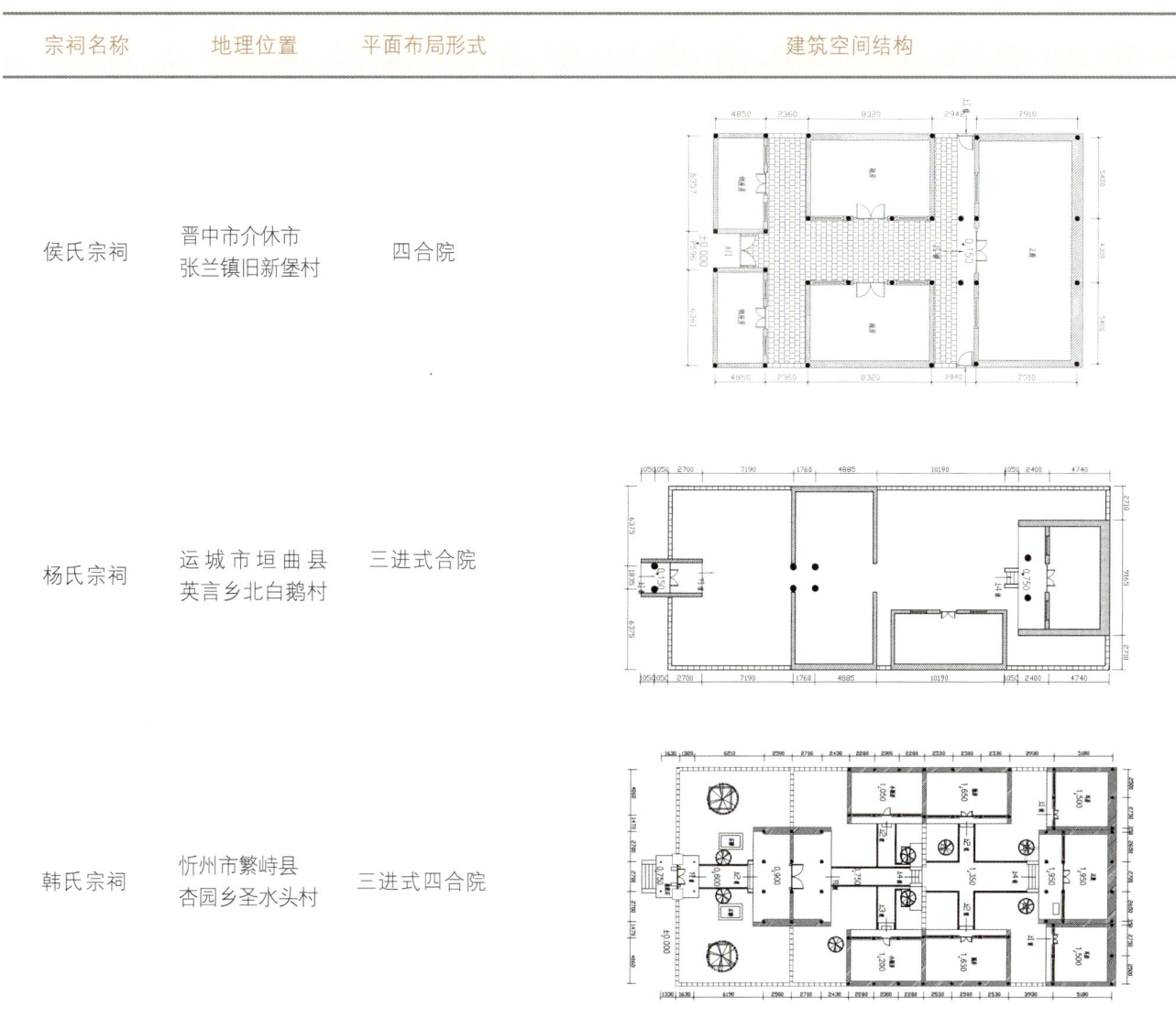

宗祠名称	地理位置	平面布局形式	建筑空间结构
侯氏宗祠	晋中市介休市张兰镇旧新堡村	四合院	
杨氏宗祠	运城市垣曲县英言乡北白鹅村	三进式合院	
韩氏宗祠	忻州市繁峙县杏园乡圣水头村	三进式四合院	

以晋中市介休市张兰镇旧新堡村侯氏宗祠为例，建筑空间布局采用中轴对称的形式。从入口到寝殿的纵向空间格局，从外到内、由下向上逐级升高，在空间组织关系上呈现出较强的秩序感。宗祠主体建筑的内部空间体量较大，天井式建筑的内部空间较窄较长，宗祠建筑的内部空间布局更加紧凑。

传统的山西民间宗祠都有不同的造型和布局，从整体来看各个宗祠也具有普遍的规律。首先是整体布局，其布局手法大多采用两条纵向线和中轴线对称的形式，从入口大门到正殿的道路上，庭院的面积比例和建筑的面积比例在不断调整，由此可以使得空间节奏感不断增强。此类设计常用于提高空间布局的秩序，观者可体验其庄严感、节奏感。万荣县李氏宗祠可以作为其代表（图2），一方面通过虚实结合、疏密对比的手法丰富建筑空间的层次，另一方面虚实结合的布局空间富有互动性，使观者产生心理变化。

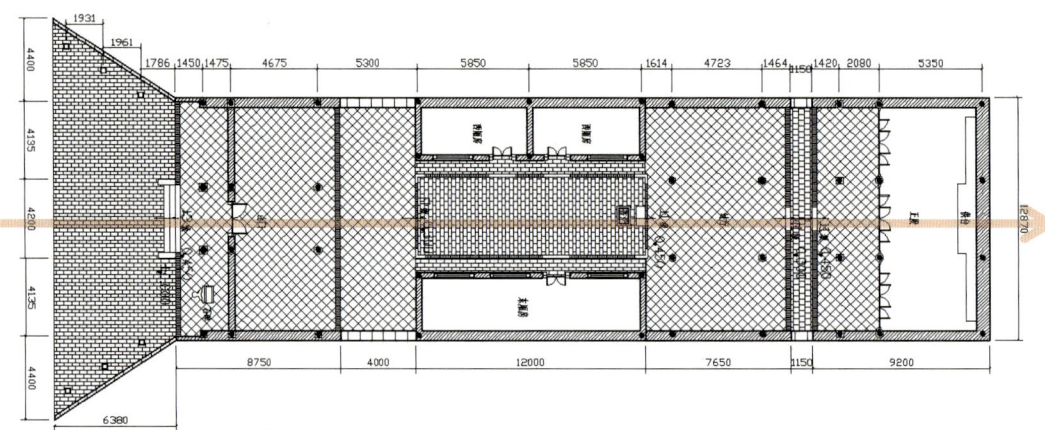

图2 运城市万荣县高村乡闫景村李家宗祠平面图

山西境内实力雄厚的氏族所建民间宗祠虽然规模较大，但其建筑布局仍然以三层围合型建筑为主，在建筑布局上相比南方传统宗祠较为简单，在配置上很少需要添加其他景观建筑元素，这与当地的自然环境和传统宗族文化思想的保守观念有直接的关系。山西宗祠的建筑特色在平面布局上也充分体现了山西浓厚的传统宗族文化以及"中庸""礼教"的传统思想观念。

1. 竖向空间剖面架构研究

山西的民间宗祠按照整体结构分析，其竖向空间序列一般为：入口前广场、大门、戏台、天井、厢房、享堂、天井、寝殿。按照这样的顺序构造宗祠建筑内部纵向空间结构，使其内部纵向剖面呈现出由高到低、布局逐渐紧凑的趋势。沿空间结构中轴线呈现出越来越高的纵向结构特征。这种空间上的渐变通常伴随着空间序列从前到后、从下到上的排列变化。

下沉式结构的空间中，东西厢房分布于两边，空间布局上的变化大，空间结构上增加了宗祠的节奏感，通过宗祠主殿空间纵轴向的矩形下沉天井进入享堂，后到达主殿，宗祠的立体空间秩序感和主殿空间节奏感都从中得到充分体现。

表2　山西宗祠院落剖立面形式

宗祠名称	地理位置	竖向空间剖面／寝堂立面图
李氏宗祠	运城市万荣县高村乡闫景村	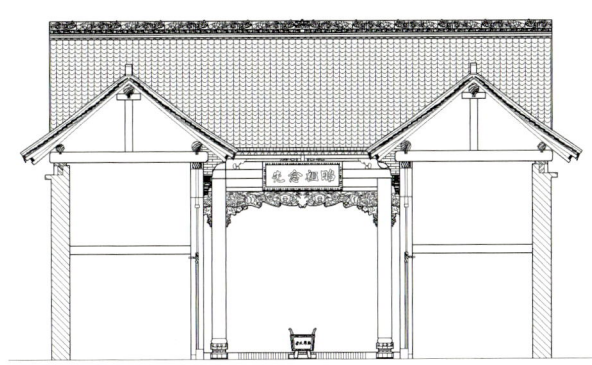
连氏宗祠	襄垣县南丰沟村	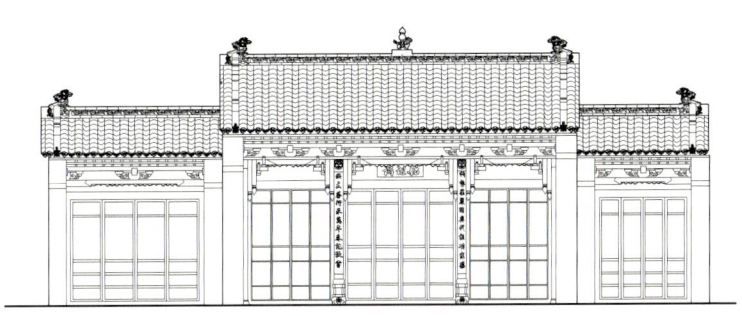
琚家宗祠	长治市上党区荫城镇琚寨村	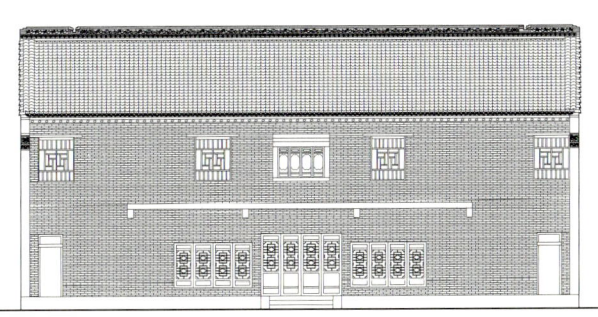
贾氏家庙	阳泉市平定县石门口村	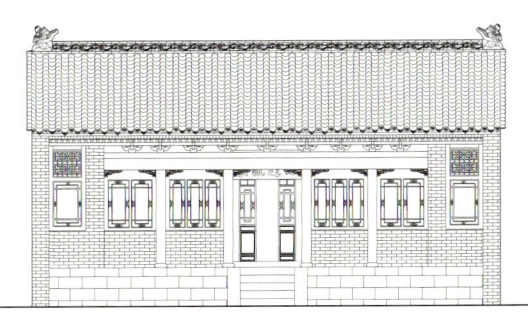

在宗祠建筑中与中轴线平行方向大致垂直的剖面，一般按照两边低、中间高的形式排列，符合古代封建礼制的想法，宗祠的寝殿作为最主要建筑，在建筑形制和台阶高度设计上都有等级的体现，不同于其他附属建筑。

万荣县李氏宗祠院落建筑剖面的横向结构，在建筑层次上有明显的等级结构差异（图3）。由于厢房与享堂的边界保持一致，两侧建筑外缘的水平线高低错落，增加了庭院空间的疏密感与层次感。河津市魏氏宗祠的剖面形态同样为中间高、两边低，而不同点在于魏氏宗祠的寝殿部分主要是以三层台阶的纵向抬升来大幅增加与寝殿、厢房高度的空间差距，从而充分突出寝殿的主体地位。

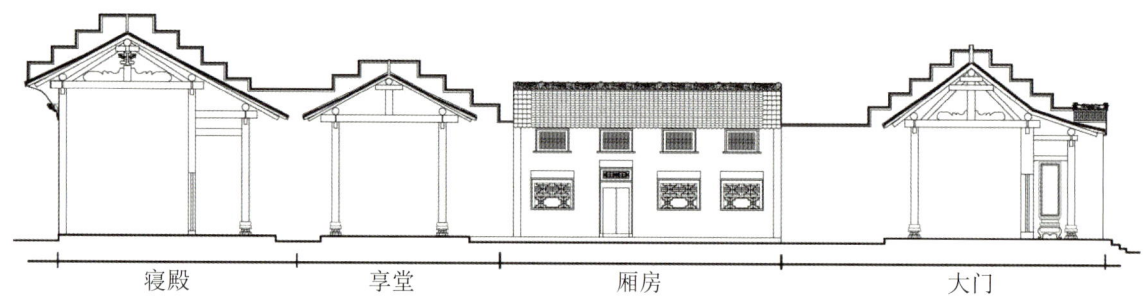

从建筑剖面构架上看，厢房空间与其他空间有着两种关系：第一种，直接关系，即厢房的顶部与其他建筑空间仅通过厢房薄薄的墙壁分割成两个空间；第二种，厢房与庭院之间的小檐廊连接两个空间，起到过渡作用，提高了建筑的空间感、节奏感，增加空间变化程度（图4）。

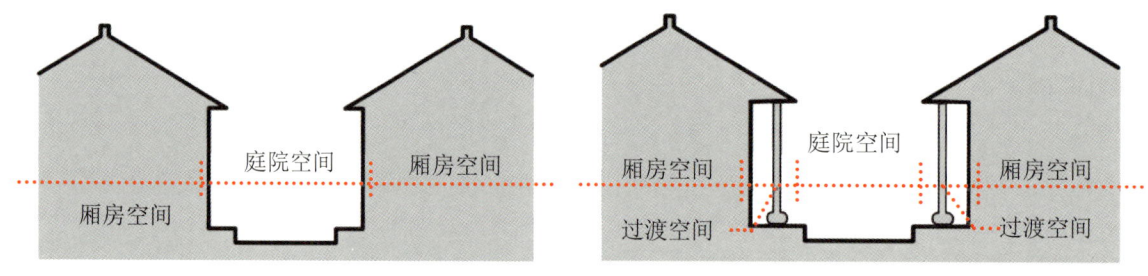

图3 运城市万荣县高村乡闫景村李家宗祠剖面图

图4 厢房空间与庭院空间的关系

2. 空间尺度研究

空间尺度的概念。与尺寸不同，尺寸为数字上的表达，尺度为不同物体之间相比较后得出的比例。在山西民间宗祠中，空间尺度由空间中的长、宽、高对照而成，因为人的身高是相对固定的，所以不同的空间尺度比例变化会给人带来不同的心理暗示。宗祠空间不仅仅是物质上的，更能给人传达精神上的氛围感受，因此空间尺度的把控尤为重要。

宗祠的空间尺度分为长宽比和高宽比。长宽比，即以宗祠平面中的进深方向为 L，垂直进深方向为 W，长比宽 L:W。在方形的宗祠中，L:W 的数值与 1 越近，则空间的围合性就越明显。L:W 的数值大于 1 小于 2 的情况下，空间使人感到比较舒畅和自在。L:W 的数值大于 2 时，空间进深变大，显得宗祠狭长而幽深。L:W 的数值小于 1 是比较少见的情况，人们会更加注意建筑的细部而不是整体深度。（图 5）

宽高比，即垂直于进深的尺度为 D，宗祠建筑的高度为 H。可以参照芦原义信所著的《城市空间理论》，D:H 的数值小于 1 时，空间较为狭窄，建筑高度会相对变大，人会有想要抬头的欲望，也就自然地将目光聚焦于屋檐、门廊处的装饰细部。D:H 的数值大于 1 小于 2 时，空间的宽高较为适中，给人感觉比较舒适自然。D:H 的数值大于 2 时，空间会令人感觉比较空旷畅通。（图 6）

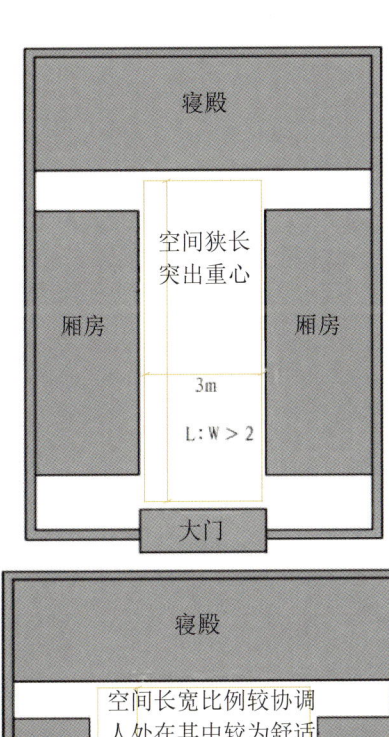

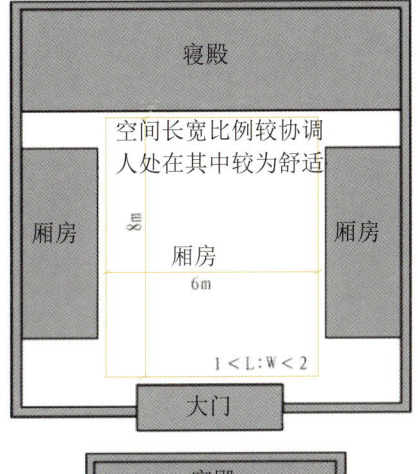

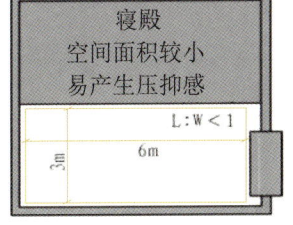

图 5　宗祠院落长宽比关系
图 6　宗祠院落宽高比关系

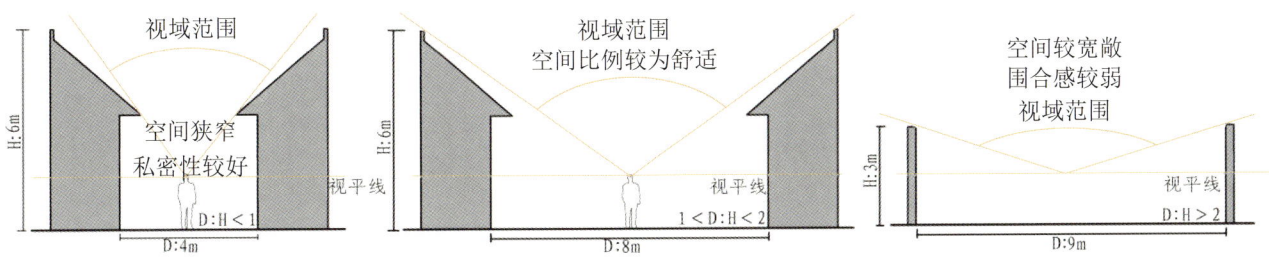

山西宗祠中长宽比 L:W 的值大部分都在 1~2 之间，大于 2，小于 1 的宗祠较少（表3）。由此可得山西民间宗祠大部分讲究深度长、宽度窄，深度越深越能将宗祠尽头寝殿的位置提升，并产生庄严肃穆的氛围感。部分长宽比大于 2 的宗祠是为增加祭祀空间的面积，满足容纳更多族人的需求，越是世家大族，其家族的宗祠就越是宽阔气派。

表3　山西部分民间宗祠空间尺度统计表

宗祠名称	长宽比(L:W)	宽高比(D:H)	基本布局	宗祠名称	长宽比(L:W)	宽高比(D:H)	基本布局
侯氏宗祠（河津市）	1.38	5.33		张氏宗祠（盐湖区）	1.49	4.82	
张氏宗祠（河津市）	4.8	0.49		张氏宗祠（翼城县）	1.12	1.52	
李氏宗祠（稷山县）	0.78	2.47		王氏宗祠（洪洞县）	0.72	7.62	
吴氏宗祠（万荣县）	1	5.66		高氏宗祠（襄汾县）	1.54	1.22	

续表

宗祠名称	长宽比(L:W)	宽高比(D:H)	基本布局	宗祠名称	长宽比(L:W)	宽高比(D:H)	基本布局
畅氏宗祠（万荣县）	2.5	1.28	H:4.5 / 14.5m / 5.8m	李氏宗祠（浮山县）	1.21	2.53	H:4.5 / 11.8m / 11.4m
荣氏宗祠（新绛县）	1.84	3.63	14.7m / 8m / H:2.2m	杨氏宗祠（平陆县）	1.08	4.44	H:2.7m / 13m / 12m
刘氏宗祠（新绛县）	2.17	0.52	H:3.8m / 5.3m / 2.02m	张氏宗祠（闻喜县）	2	1.32	H:5.5m / 14.4m / 7.2m
刘氏宗祠（汾西县）	1.08	2.21	7.9m / H:3.5m / 7.3m	薛氏宗祠（芮城县）	1.8	1.44	H:5.7m / 14.8m / 8.2m

（三）建筑空间研究

1. 建筑空间结构研究

建筑功能完整的宗祠一般由山门、享堂、寝殿、围合院落的廊房或厢房等建筑组合而成。与祭祀集会活动密切相关的是享堂、寝殿和建筑围合的庭院空间，发挥着各自不同的空间功能。祭祀作为宗祠建筑中最重要的活动，建筑空间也随这些功能复合组成（图6）。

宗祠的建造体现了家族的历史和实力，并非一朝一夕建造而成，而是众多族人花费数年甚至更长时间的成果。宗祠入口空间，将宗祠和外部空间分割开，因此，家族的实力和威望通常以在山门前或里建造牌坊、照壁和旗杆的方式展现。

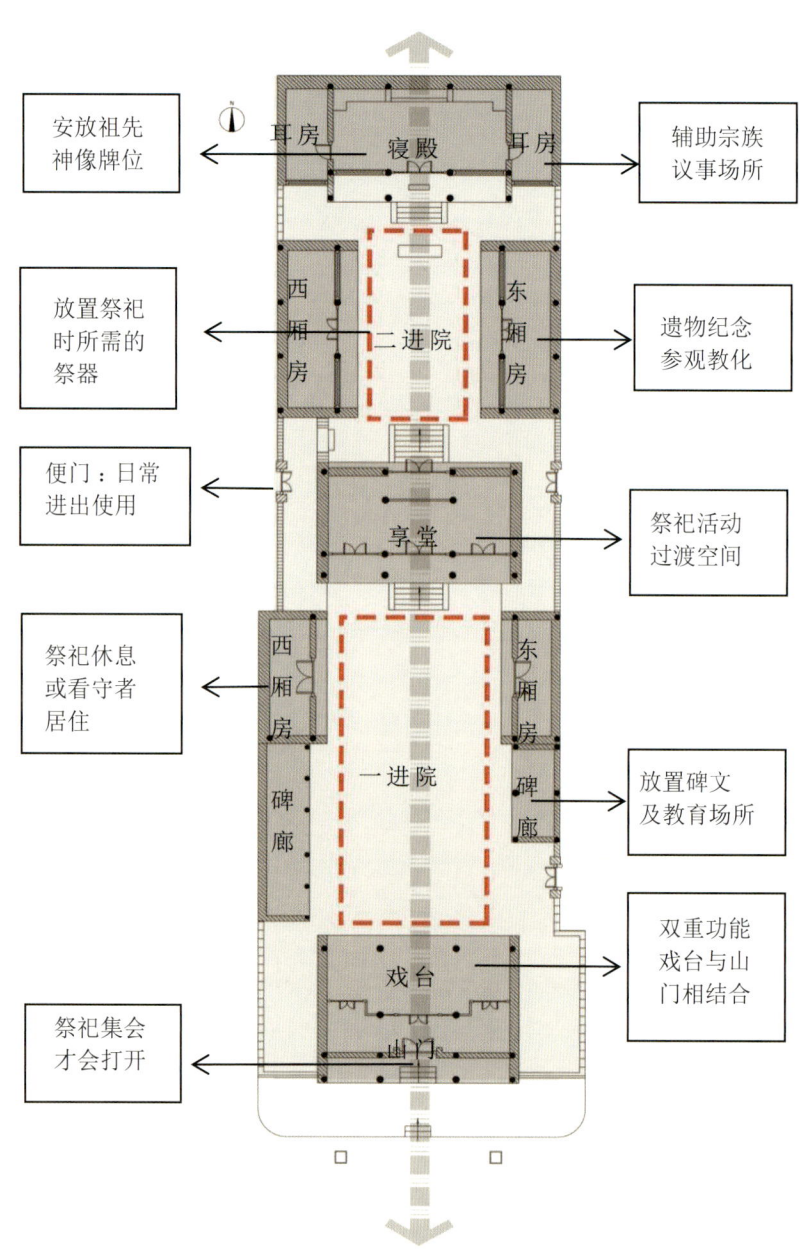

图7 何氏宗祠建筑功能示意图

晋中市灵石县何氏宗祠坐北朝南为二进院落布局，中轴线由南向北依次建大门、戏台、石牌坊（已毁）、过厅及正堂。中轴线的两侧分别建有牌楼、一进院东便门、东西碑廊、一进院东西厢房、二进院东西便门、月亮门、二进院东西厢房及东西耳房，整体布局完整，主次分明。宗祠内现存石碣两方，石碑五通，石狮一对。宗祠的大门及戏台前檐两侧竖立双斗石雕旗杆，尽显何氏家族的身份与地位，为何氏宗祠前巷的标志。何氏宗祠从建筑空间看，因属于山西规模较大的民间宗祠，其前导空间属于开敞式空间，但宗祠的山门前又有抬高的台基，这使得山门的前导空间与道路有了明显划分，其和山门前的一对旗杆一起构成了相对平衡的空间，这种台阶式的大门在视觉上会渲染出更加威严和具有仪式感的氛围。（图7）

（1）牌坊。牌坊的别称有牌楼、仪门或牌落等，以百岁坊、功德坊以及节孝坊为代表的牌楼数量最多、分布最广。牌坊体现了一个家族的历史和岁月变迁，也代表着家族与帝王之间的关系，象征着帝王对宗族的器重。乾隆皇帝曾命人建造介休市王家大院的牌楼，为了褒奖王氏的孝义行为，其上刻有精细的木雕，讲述着皇室对王氏家族四代的恩宠。由此可见宗祠牌坊体现着中国特定历史时期人们的思想与文化，对于后人学者的学习、研究有着极大的帮助。（图8）

图8 冀家太和岩牌楼

（2）照壁。照壁是中国古代传统建筑的特有组成部分。它是中国人受风水影响而产生的一种独特的建筑形式，古人相信风水的好坏会对家族产生影响，故认为气不能直对房屋或大门，要在门前修建照壁作为屏障。从视觉角度分析照壁可以增加宗祠威严的氛围，从风水角度分析可以抵挡"煞气"，防止宗祠里的"财气"散出。

照壁从位置上可以分为内部照壁和外部照壁。照壁从形式上可以分为一字形和八字形。其中一字开照壁的代表有交口县王氏宗祠的照壁（图9），建于光绪二十六年（1900），宗祠长为8米，其中主幅宽4.2米，两边侧幅各有1.9米宽。于宗祠大门正对面处上方书写祖训。八字形宗祠的代表有榆次常家宗祠的照壁（图10），其由三段"百寿图"（又称八字照壁）组成，因刻有240个字体风格不同的"寿"字而得名。按中国六十花甲子传统，取谐音"寿二百四十止"，祈愿主人安康长寿；其上书写着240个不同字体的"寿"字，根据中国古代六十岁为花甲的传统，240是60的4倍，寓意着家族四世同堂、枝繁叶茂的美好心愿。照壁两侧的短墙上绘制着鹿、松、桐、鹤，由于鹿和鹤可谐音为陆、合，因此代表着"六合同春"，有万物欣欣向荣之意。

（3）中堂。也叫享堂、中厅等，是宗族召开家族会议、祭祀祖先的聚集地。其场地开阔，平时摆放香炉，只有在会议时才会摆放相应的家具或祭祀时摆放牌位。此外也可选择不移动牌位，站在中厅向牌位存放的寝殿隔空祭拜。以晋中市榆次区常家宗祠为例，中厅无论从建筑层面还是装饰层面都十分赏心悦目，每三十年才会进行一次大型祭祀活动。因此内部没有用实体墙面进行分割，而是完全敞开待用，这样可以串联中厅与庭院两部分空间，有效延伸纵向空间的深度，打造大院的严肃感与深邃感。（图11）

图9　交口县王氏宗祠照壁
图10　榆次区常家宗祠八字形照壁

图 11 忻州市圣水头村韩氏宗祠山门

图 12 忻州市圣水头村韩氏宗祠寝堂

（4）寝堂。又被称作寝殿、后殿，通常祖先的牌位和神像均被安放在寝殿中。与其他建筑相比，寝殿的规格和形制、体量皆为最高等级。寝殿门口的台基比其他建筑都高，代表着建筑的等级制度。除此之外，面阔和开间越气派越能凸显家族的财力和权力。宗祠建筑主要有三、五、七、九开间，不同的建筑规格严格对应着不同的开间数量。以五台县东治镇槐荫村旁的赵氏宗祠为例，该宗祠坐北朝南，正殿面阔九间，进深七椽，硬山顶上以黄琉璃与灰瓦搭配而成，配有的牌匾书写着"三晋世族"。厢房面阔三间，进深五椽。在家具陈设方面，相比中厅仅仅摆放香炉，寝殿会额外增设香案和供桌，祖先的牌位根据古时"左昭右穆"的规矩有序进行排序。（图12）

（5）拜亭。又称仪亭，顾名思义是用以接旨报印的地方，通常以四根柱子支撑，与中堂前面的明间相接。其多为有官爵加身的家族宗祠所建，故而常采用卷棚歇山顶或是重檐歇山顶。拜亭是家族地位的象征。（图13）

（6）厢房。厢房与廊庑一样都位于庭院两侧，一些宗祠设置厢房使其具备休憩、谈话的功能，而在没有仪式之时则可以存放活动用具。而廊庑的作用在于连接不同厅堂，供人短暂地停留和休息。因此，二者虽位于同一位置，功能却有所不同。（图14）

（7）戏楼。宗祠戏楼戏台的建造通常是按照约定俗成的方式进行的，即宗祠戏台一般与大门相结合，背靠大门，进入庭院回望即可看到。每到年终，以常家为代表的各族为了酬谢各地掌柜而请戏班进宗祠表演。大门背后为戏台，一屋两用节约了空间，一方面可面向寝殿向先祖告慰族情，另一方面可让族众立于院落或廊庑中向戏台观望，获得更好的观赏效果。以五台县徐氏为代表的宗祠中便有后建的戏台，其戏台修建于照壁之前，依然可以很好地行使戏台的功能，待到节庆节日、祭祀活动时请戏班表演节目，此举使得族人的关系更加紧密。（图15）

图13　榆次区常家宗祠拜亭
图14　襄垣县下庄村郭家宗祠正殿
图15　襄垣县下庄村郭家宗祠戏楼图

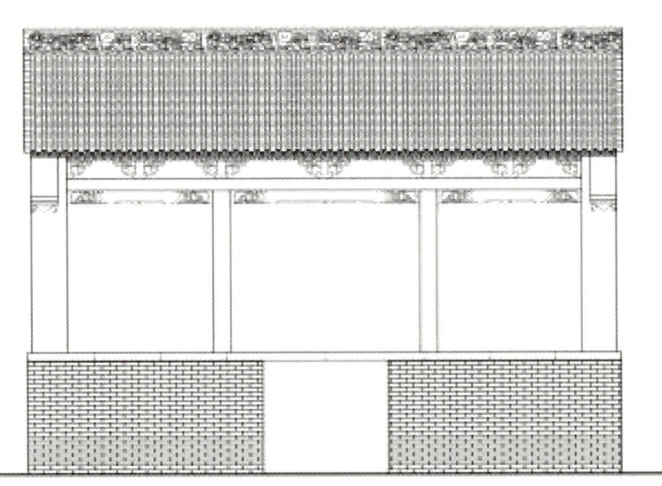
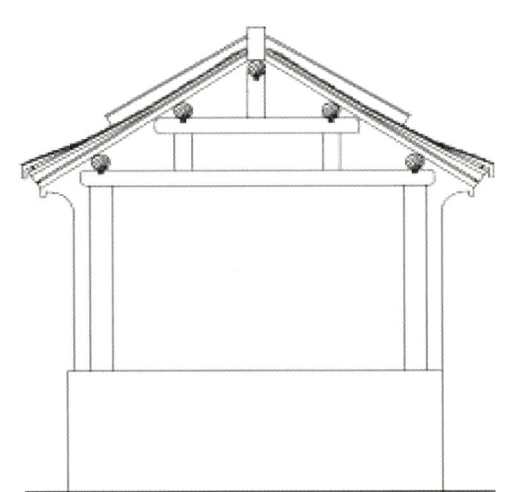

（a）戏楼正面图　　　　　　　　（b）戏楼剖面图

（8）钟鼓楼。分为钟楼、鼓楼两部分。晨钟暮鼓，在古代除了具有报时的功能之外还用于祭祀之时。钟鼓楼较少以单层形式出现，柳林县穆村贾家宗祠的东西厢房上各有一处亭子，歇山顶的四角挂铃，砖石为底座，其中一处亭内额外悬挂了铜钟，以供报时之用。（图16）阳泉市平坦垴村李氏宗祠，东西两侧各有两座钟鼓楼，同样采用砖石底座，不同的是顶部为六角攒尖顶，更吸引人眼球的是其上的十二条龙的装饰花纹，精致繁复、豪华大气，搭配基座上的猴子、寿桃元素，体现了李家对于封侯拜相、官运亨通的向往。（图17）

16
17

图16　吕梁市柳林县穆村镇二村贾家宗祠

图17　阳泉市平坦垴村李氏宗祠

2. 院落形制研究

（1）宗祠建筑空间中的"左昭右穆"。山西民间宗祠既有实用性，又能体现先祖的崇高地位，是山西人心理感悟、精神境界、伦理道德观念的集中体现，富于变化而又严整统一。从和谐有序的角度观察山西四合院式宗祠建筑，可发现它从平面布局、空间结构和供奉方位等处烘托出严肃的先祖崇拜与宗族统一、和睦互助的伦理美，体现了儒家传统文化的谦虚、谨慎、包容、含蓄，以及不可违背的"天地君亲师"之道。

《周礼·春官·冢人》载有宗法制度中最有名的"先王之葬居中，以昭穆为左右"的尊卑秩序理论，此话明确表明当主位朝南时，东边也即左边为尊，故而在山西民间宗祠平面当中宗祠坐北朝南，东边建筑便为尊。方位有阴阳之别，建筑也有阴阳之分，一般以日出之东为阳，日落之西为阴，面南位尊。在宗庙与社稷（谷神）相对时，以宗庙为阳而社稷为阴。据此"周代王城闾里示意图"中"宗庙"和"社稷"，分别位于"王城"内宫城前方的左、右即东、西两边。宋代之后的宗祠建筑也多遵从这种方向定位理论。

以榆次区常家庄园为例，整体坐北朝南，宗祠建造于东边，符合宗法制度之"左祖右社"。除了建筑位置的规定外，车舆、服装等同被纳入社会等级制度的规范文化之中。

（2）宗祠建筑空间中的"中轴对称"。山西民间宗祠形制采用中轴对称式，沿中线布置主体建筑，两侧布置其余配套建筑，共同组成一进院、二进院或三进院，后可增加花园。宗祠中最重要的建筑处在中轴上，这是宗法制度中的等级尊卑规定，也从嫡长制演化而来，从小家到大国都遵循此类宗法制度。

宗法制度源于住宅，后经过一系列的演化成为严肃的礼制建筑，形成周密的布局形式。在封建等级制度严明的古代，只有规模和势力足够庞大的宗族才有人力、物力、财力建造院落与厢房。山西民间宗祠中最常见的布局是三进院，以廊庑围之，个别更大规模的宗祠可在此基础上扩建。普通房祠、支祠可选择不建寝堂，则在厢房或拜殿中祭祀即可。小户人家只能在屋中摆放祖先牌位以此悼念先祖。

3. 家具布置研究

以祁县孙家为例，宗祠中的家具主要用于每年祭祀之时。在日常没有祭祀活动之时家具会被存放在厢房、耳房等使用率较低的房间内。另外，厢房、耳房也是为人提供短暂休憩和议事之所。寝殿中主要放置祖先的牌位、佛像等祭祀型家具，部分家族会根据需求放置棺材。由于科技的进步和人们观念的转变，寝殿内的家具陈设也会相应变化。

图 18　祁县孙家宗祠中的家具
图 19　乔家宗祠中的陈设

以乔家宗祠为例，家具陈设主要有神像、族谱、牌位、香炉、烛台、跪垫及贡品等，其木雕造型精致特别（图19）。宗祠为敬神和焚香之地，匠人们怀着对神灵的敬畏精工细作，宗祠装饰以镂空雕刻为主，贴金粉装饰，其图画内容均为吉祥图案，如八仙庆寿、鱼跃龙门、回回进宝、刘海戏金蟾等，宗祠精致传神、富丽堂皇。

以榆次区常家宗祠为例，其寝殿中摆放着历代祖师的塑像和木主（牌位）。平遥县李氏宗祠的寝殿里，除了先祖的雕像外，还悬挂着一幅家谱。每当祭祀开始的时候，人们会把放在寝殿里的其他物品拿出，供奉香烛为家族祈愿。自明清以来，先人画像常挂在堂中央。从民国往后，新建宗祠的供奉和祭祀的习俗逐渐因历史演变而有了分化。不同的家族有着不同的祭祀仪式，而不变的是山西各族族众崇族、祭祖、传承文化的心愿。（图20）

图20 宗祠寝堂陈设

（a）汾阳市王家宗祠　　（b）汾阳市吕家宗祠　　（c）榆次常氏宗祠　　（d）平遥县李氏家庙

（四）建筑装饰艺术研究

山西宗祠的建筑结构与建筑装饰艺术相互成就、缺一不可。建筑结构是宗祠的基础，装饰艺术则是锦上添花。其因为：一方面宗祠的建筑平面布局和结构反映了宗族实力与地位；另一方面装饰艺术的内容、形式、深度体现了宗族对文化的追求。古时候宗族可以通过大气庄重的宗祠建筑结构和布局营造庄重、森严的氛围，同时可以通过建筑上优雅、细致的装饰烘托建筑文化氛围。这些建筑装饰细节为后世研究宗祠文化提供了大量资料。

山西宗祠雕刻类装饰的材质分为石雕、砖雕、木雕三大类，通常被称为"三雕"。其中最多见的装饰是木雕，清代的木雕数量尤为多。由于木质易腐、易潮、易燃，因此主要用于宗祠梁架高处，才得以保存至今。与木雕相比石雕的材质坚硬不易改变，被广泛用于建筑承重、与地面较近的地方。砖雕由石雕发展而来，由于一整块的石雕材料难得，因此宋代经济繁荣之后开始大量使用砖雕建造墀头、照壁、屋脊等。"三雕"的花纹、材质和工艺体现了古代建造师极高的审美和技艺水平。

1. 木雕装饰艺术

山西宗祠常用木雕来装饰建筑，其中门、窗、斗拱等木制构建都会被雕刻上各式各样的花纹。木雕技艺在历代工匠手中逐渐精进，除了造型和技法上日益出神入化以外，木雕的题材、寓意也更加富有地域性和丰富度。总的来说，中国古代建筑的装饰主要是在满足结构功能的基础上进行的艺术创作，体现出十足的理性。山西宗祠木质装饰种类多样，主要包括柱子、梁枋、柁墩、驼峰、瓜柱、角背、檩木、椽木、雀替、梁托、斗拱、撑拱、牛腿、天花和藻井等，深入了解木构件装饰元素对于研究宗祠总体装饰而言很有意义（图21）。

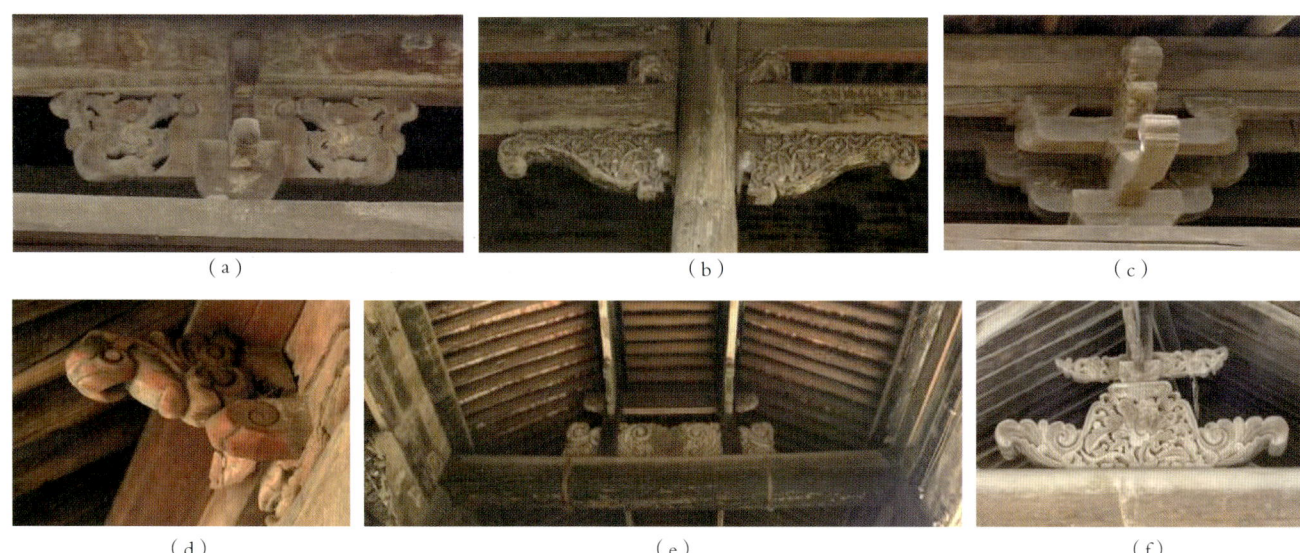

（a） （b） （c）
（d） （e） （f）

（1）雀替。在山西民间宗祠中的雀替通常用在建筑物的廊下或寝殿中，雀替功能在于分担檐柱的承重，通常放置于檐柱与梁枋的衔接处。三角的形状可以起到缓和结构重量的作用，并且容易进行雕刻，易创造出夺人眼球的视觉装饰效果。万荣县李氏宗祠大门、明间的雀替为麒麟造型，装饰比较少见，由于传说有麒麟出没的地方则是祥瑞之兆，因此麒麟雀替也寓意李氏家族的子孙世世代代能够祥瑞安康。

（2）挂落。挂落的形式类似于与之相连的雀替，其与雀替相连，即骑马雀替，功能主要以装饰为主，缺少结构支撑作用，且挂落的位置处于额枋下方。工匠们乐于在雀替上雕刻各类美观又富含寓意的图案，例如翼城县龙华镇朱氏宗祠大门上的雀替绘制了福、禄、寿三星，寓意吉祥如意，展现对称的美感。

图21 宗祠建筑构件示意图

（3）斗拱。山西清代的宗祠多为单层斗拱，较宋元时期体量与结构更为简洁。明清时期的斗拱主要为建筑的装饰功能，原有保持框架完整性和增加出檐的功能减少。例如稷山县格氏宗祠的梁卷云纹装饰斗拱极富特色。

（4）驼峰。驼峰是具有装饰性的结构元素，配合斗拱承接梁架。它有着与骆驼背上的驼峰相似的形状，因此被称为驼峰。驼峰的装饰性在宋代后愈发重要，以芮城县杜氏宗祠为例，其花朵形状雕刻复杂的驼峰保存完好。

（5）额枋。山西宗祠建筑装饰中有着不可忽视的细节——额枋和平板枋木雕，其上雕刻的繁复花纹中蕴含了丰富多样的故事情节。万荣县李氏宗祠大门上的额枋木雕细致入微、出神入化，其图案是以二十四孝为内容的木雕，主要目的是宣扬"孝道"，培育族人尊老敬老之意识。

表4　山西宗祠木雕装饰艺术分类

木雕分类	宗祠名称	地理区位	形态特点
雀替	李氏宗祠	运城市万荣县高村乡闫景村	
挂落	朱氏宗祠	临汾市翼城县隆化镇上石门村	
斗拱	葛氏宗祠	运城市稷山县稷峰镇杨赵村	

续表

木雕分类	宗祠名称	地理区位	形态特点
驼峰	李氏宗祠	运城市芮城县陌南镇朱吕村	
梁头	和氏宗祠	晋城市泽州县高都镇东元庆村	
屋脊装饰	黄氏宗祠	山西省阳泉市郊区保安村	
雕花木门	赵家宗祠	山西省大同市阳高县神裕村	

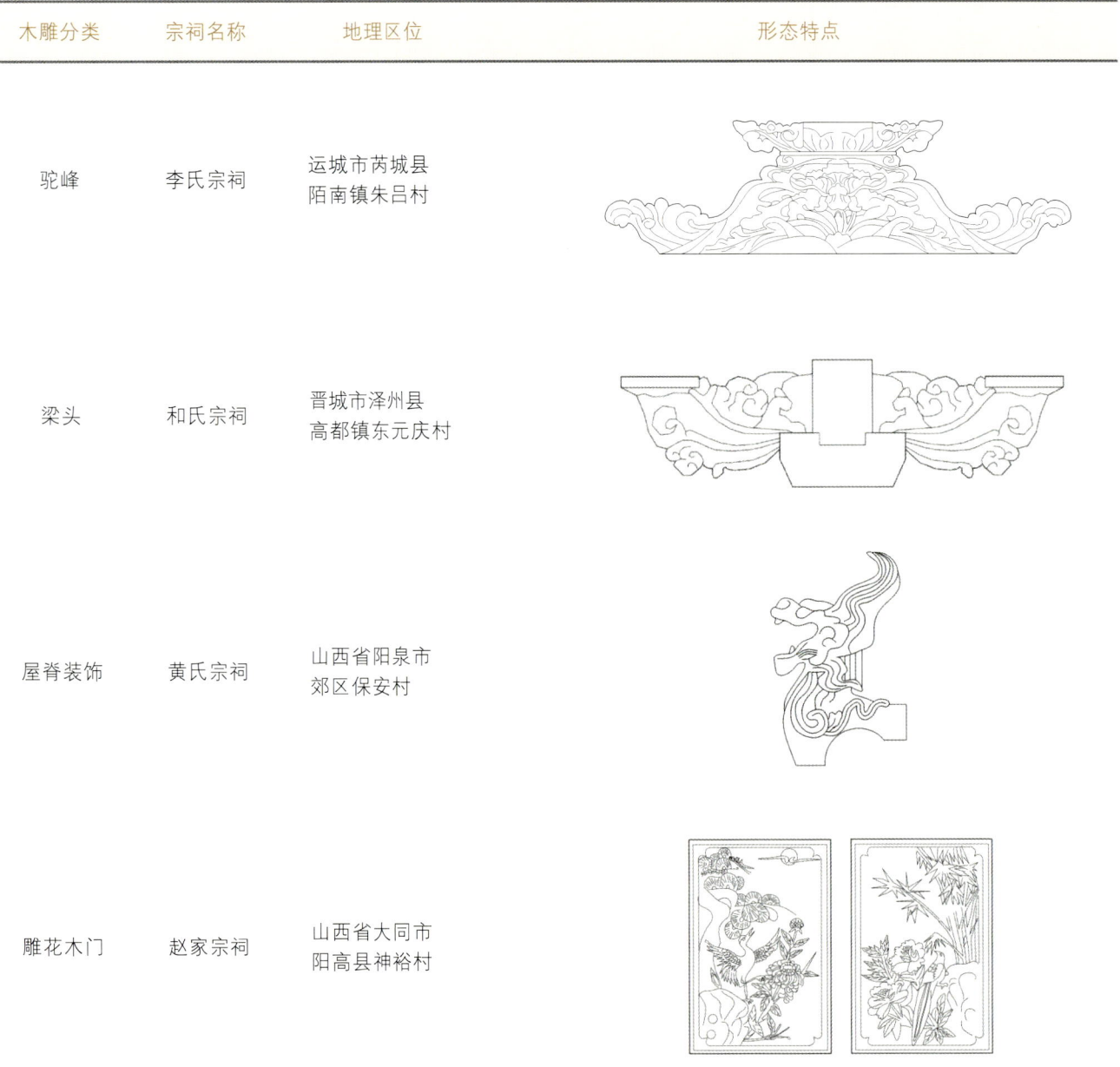

2. 砖雕装饰艺术

砖雕被广泛应用于山西民间宗祠中，常出现在山门照壁、雀替、墀头和屋脊等位置。

（1）照壁。大部分宗祠的照壁上都刻有砖雕。宗祠中的照壁主要体现家族思想、理念，可产生深刻而广泛的影响，照壁通常呈现完整的画面，雕工精细。

从内容上看，山西照壁多以"寿""禄"居多，以此祈求族人健康长寿、吉祥富贵。

（2）额枋。额枋形式的砖雕不为常见，而万荣县薛家公庙的门上有着为数不多的砖雕额枋，其造型比较简单，多为卷曲的云状，工匠在其上雕刻了五只蝙蝠，因"蝠"通"福"，五只蝙蝠便象征着五福临门。额枋中间雕刻着"寿"字，象征着长寿。

以临汾市襄汾县王家为例，其宗祠大门上的砖雕也是难得一见的珍宝。砖雕图案由两端的瓶子和中间的香炉组成，额枋上端的平板坊砖雕刻着八仙过海中八仙的各个法器。

（3）墀头。墀头位于硬山顶建筑山墙的最上端，其可以配合屋顶排水，也能起到一定的支撑作用和保护作用。山西民间宗祠热衷于使用植物搭配动物或人物来雕刻墀头，不同的题材则表达着同一个意义，即族人对于美好生活的期待。以河津柴氏为例，宗祠享厅中使用梅兰竹菊四君子作为题材，符合古人追求雅致、舒适、高洁的人生价值观，具有时代的意义和特点。

3.石雕装饰艺术

石雕主要用于装饰宗祠的栏杆、台阶、门枕石等建筑结构构件。这些石雕处于建筑外部，暴露在空气、阳光、雨水之下，因此选用能够抵抗风吹日晒的石材，同时展现出石雕特有的刚硬、明快的气质。

山西民间宗祠的石雕装饰艺术与中国古建石雕发展一脉相承，按照《营造法式》石作总结，关于其雕刻效果由深到浅的镌刻方式依次为：剔地起突、压地隐起、减地平钑和素平四种方式。材料大多是厚重结实的青石和沙石，两者相比较，从材质上看，青石石质更为细腻，工匠可以雕刻出更多的细节，达到流畅、多层次的视觉观赏效果。用沙石的雕刻形象则较为概括，雕刻出的作品保持着典雅、简约、古朴的特性。从雕刻主题上看，二者都为花鸟鱼虫、飞禽走兽、人文山水等，与石雕、砖雕的主题也十分相似，图案凝聚着祖先期盼子孙后代美好生活的殷切希望。

表5 山西宗祠砖雕装饰艺术分类

石雕分类	宗祠名称	地理区位	形态特点
照壁/影壁	樊家宗祠 袁氏宗祠	晋城市阳城县润城镇上庄村 运城市河津市僧楼镇北方平村	 
屋脊	黄氏宗祠	阳泉市郊区保安村	
墙面	宋家宗祠	吕梁市汾阳市聂生村	
墀头	刘氏宗祠	大同市浑源县沙圪坨村	 

栏杆用于防止人员坠落，栏杆可以拆分为扶手、栏板和望柱三个部分，其中装饰性元素主要雕刻于望柱和栏板之上。榆次区常家的宗祠中，献厅的栏杆以砂岩为主要材质，上面的雕花十分精细典雅。狮子和蝴蝶图案刻于望柱之上，葡萄、石榴为主的花草纹则刻于栏板之上。除此之外门前的青石旗杆上刻有佛教的八宝图案和道教的八宝图案，以此用于祭祀祈福，表达了族人对于平安、幸福的美好心愿，佛道结合体现了山西文化的包容性。

表6　山西宗祠石雕装饰艺术分类

石雕分类	宗祠名称	地理区位	形态特点
栏杆	常家宗祠	晋中市榆次区	
台阶	赵家宗祠	临汾市洪洞县兴唐寺乡兴唐寺村	

山西民间宗祠造型装饰中不仅种类和题材相当丰富，而且雕刻技艺也力求完美，让人过目不忘。另外，雕刻艺术可以有效烘托宗祠文化的氛围，宗祠雕刻的细致程度则显示家族的社会地位及品位，同时其雕刻题材的选择可以体现其地域特色和家族文化。

表7 山西宗祠石雕装饰艺术分类

石雕分类	宗祠名称	地理区位	形态特点
门枕石	王家宗祠	晋城市沁水县嘉峰镇郭北村	
柱础石	葛氏宗祠	运城市稷山县稷峰镇杨赵村	
柱础石	柴氏宗祠	运城市河津市杨树镇太阳村	
柱础石	王氏宗祠	晋中市灵石县静升镇静升村	

续表

石雕分类	宗祠名称	地理区位	形态特点
抱鼓石	王氏宗祠	晋中市灵石县静升镇静升村	
	孙氏宗祠	运城市闻喜县桐城镇岭东村	
	郑氏宗祠	运城市夏县水头镇张付村	
墙面	王家宗祠	晋城市沁水县嘉峰镇郭北村	

4.彩绘装饰艺术

山西民间宗祠不仅结构非常严谨,彩绘和装饰也有着相对严谨的选用原则和地方特色。主要分为两种:第一种是整体性原则下的色彩选用,色彩装饰与整体建筑设计的形制、特色保持协调一致,主要用于装饰宗祠的柱、梁等建筑构件,表现出与建筑身份相符的色彩组合;第二种则是通过对宗祠建筑的细节构件的研究来选用具体的色彩,细节着色主要集中在非功能性建筑构件,如梁枋等细节建筑构件上。

彩绘的建筑色彩装饰虽然面积小,但其精湛程度的表现和所需消耗的时间不亚于建筑的其他装饰。木质构件上的色彩不仅可以使木构件免受潮湿、冷热、风雨的腐蚀,还可以提高建筑的美观性。

表8 山西宗祠彩绘装饰艺术分类

宗祠名称	地理区位	样式特点
李家宗祠	长治市黎城县停河铺乡霞庄村	
田氏宗祠	长治市沁县郭村镇仁胜村	
温家宗祠	长治市长子县岚水乡南温坪村	
蔡氏宗祠	河津市僧楼镇北方平村	

续表

宗祠名称	地理区位	样式特点
常家北宗祠	晋中市榆次区	

提到传统彩绘必不可少的是山西晋中几乎失传的汉纹锦彩画，根据古时彩绘师傅的口述记载，汉纹锦彩画出现于明清时期的宗祠建筑上，明代之前无从考究。经过历代师傅的技艺传承，逐渐演变成为山西彩画的一大特色装饰工艺。山西榆次常家宗祠汉纹锦彩绘很好地诠释了孟德献刀、蒋干盗书、空城计、舜王成孝、慈母缝衣、行佣供母等。以榆次区常家为代表的宗祠建筑风格较为典雅，青砖灰瓦原木色的木构件令建筑显得十分雅致，配上黑色柱体，使氛围多了一分庄重、肃穆之感。中堂的颜色主要运用木色和灰色，相比起寝殿而言显得更加低调和朴素，由此衬托出寝殿的地位等级。

表9　山西宗祠部分匾额、楹联装饰艺术分类

宗祠名称	地理区位	样式特点
田氏宗祠	长治市沁县仁胜村	

续表

宗祠名称	地理区位	样式特点
李家大院	运城市万荣县高村乡闫景村	
赵家宗祠	吕梁市方山县张家塔村	
吕家宗祠	吕梁市汾阳市肖家庄镇肖家庄村	

续表

宗祠名称	地理区位	样式特点
赵氏宗祠	吕梁市文水县西槽头乡王家村	
李家宗祠	长治市黎城县停河铺霞庄村	 
赵家宗祠	吕梁市方山县张家塔村	 

5. 匾额、楹联装饰艺术

匾额和楹联直观地用文字表述了族规、家规与宗族文化，传达了前辈对后人的美好期望与对于后辈的要求。

匾额悬挂在建筑高处的显眼位置，是用以展示家族名望、地位和价值取向的重要载体。如今它作为中国特殊的一种文化符号用于中国的各种传统建筑之中。匾额悬挂在宗祠屋檐下，可分为五类，分别是堂号匾、职官匾、颂德匾、寄情匾和题赠匾，以此作为体现家族精神和血脉的不二之选。匾额不仅体现宗族的文化内涵和族规，而且能与传统建筑合为一体。匾额经过历史变迁已经成为独特的文化载体，不仅显示家族的格调，而且有益于规劝族人，警醒后世，维系血脉。例如山西五台县泉岩村杨氏宗祠，其匾额教育后人勿忘祖德，不愧于先祖。

楹联文字简洁，有丰富的内涵和较高的文学艺术水平，寓意深刻。以孝义市寺家庄村宋家宗祠的楹联为例："春露秋霜心不散，云蒸霞蔚孝长存。"体现了后人不忘先祖的美好期望，以此展现祖上的荣光和祖上的根脉。其中交口县王氏宗祠对联内容为："拾金不昧祖功宗德流芳远，王氏同族子孝孙贤世泽长。"其内容体现了家族对于气节的赞扬，同时也对后辈作出严格的规定，要求清清白白做人做事。山西晋中常家北祠堂寝殿山墙砖雕篆书对联"左昭右穆，序一家世代源流，钟福裕后，天不言而应自爽，恭谦克俭敏于行，人世间第一品格，还是尽孝""春祀秋尝，遵万古圣贤礼乐，偷色婉容，孝无形而顺有迹，仁爱忠恕抒于心，古今来许多世家，无非积德"，正是"君子无物而不在礼矣"的体现，可见祠堂建筑规划时对"礼"及"孝"的遵循及广泛运用，并贯穿于宗祠营建的全过程，使人们体验到宗祠空间循序渐进教化的空间叙事关系。榆次常氏宗祠，其匾额、楹联更着重于其教化功能，文字内容从家族的寻根祭祖、歌颂祖先的光辉事迹到宣扬道德思想、祝福子孙繁荣昌盛均有着一套严格的体系。

宗祠广泛运用了儒家文化，可从以下几个方面展现：第一，儒家思想中的《中庸》代表着对称、中和，体现于石雕、砖雕、木雕等多种建筑装饰艺术中。第二，儒家思想中有关仁义道德的仁义礼智信，体现在了宗祠装饰彩绘以及楹联匾额中。第三，装饰位置的选用也体现了儒家思想的"三纲五常"中的"君为臣纲、父为子纲、夫为妻纲"。寝殿的此类装饰一般其细腻复杂程度要高于其他建筑，其装饰图案的最中心处纹饰则最为复杂。

宗祠建筑装饰艺术寄托了历代族人的情感思想与愿望，建筑装饰艺术蕴含了不同的寓意，体现了一个宗族和一个地域的文化，反映了宗族的生活环境与状态。宗祠装饰主题可分为求风调雨顺的农耕文明、求多子多福的传宗接代观念、求状元及第的科考文化等，古人在不同时代和生活环境下顺应而出相应的真实情感，并用装饰艺术铭刻在宗祠之上。

三、山西民间宗祠文化当代传承研究

1. 空间记忆研究

记忆是人脑对事物识别并形成一定印象的过程，由于不同的人在不同的环境中经历的事情不同，也就产生出不同的记忆。这是人类生活和感官中不可缺少的一部分，也是联系社会背景和传统文化的重要纽带。

宗祠文化空间中所包括的内容，可以通过参与仪式等方式形成社会记忆，因为宗祠建筑存在于特定"社会性"环境，是社会记忆的必要物质载体，而社会记忆可以唤起人们对文化空间的保护和传承意识，宗祠建筑文化空间在不同时期也推动了社会记忆的更新。社会记忆对个体的行为能够产生一定的影响，这一影响则对传统文化的保护和传承都具有重要的意义和作用。（图22）另外，族众拥有共同的祖先会产生强大的宗族凝聚力和家族归属感，从而促成集体记忆的产生，集体记忆的形成也加强了宗族中社会认同的形成。

祭祀文化在民族记忆中占有重大比重，祭祀文化从古至今都是山西十分重视的文化。根据《山西通志》记载，明清之际，山西各地神有神祠，山有山祠，水有水祠，县县有名人先贤祠，村村有宗祠、支祠，祭祀对象有山神、水神、天神、地神，也有英烈先贤以及家族尊长。可以看出，在明清时期民间宗族信仰深入人心。中国地广，地区之间的人文与气候方面都存在差异，致使宗祠建筑也有不同。仅就山西南部、北部地区的宗祠建筑风格也差异较大。因此在对其的研

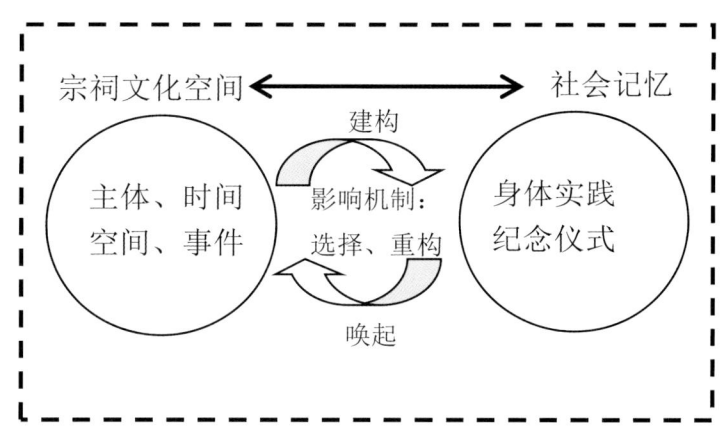

图22 宗祠文化空间与社会记忆的关系

究中，有助于人们了解不同地域祖先的精神、宗族的制度、氏族的文化。儒家文化倡导的孝敬长辈、与人为善、兄友弟恭等传统思想，在社会主义核心价值观的领导下，依然值得我们学习和继承，而山西民间宗祠中蕴含的优秀传统文化，值得我们对其深入研究，并传承下去。

宗祠的主殿在多数情况下只承担传统祭祀功能，具体的仪式因各宗族要求会有所不同，一些现存宗祠的祭祀习俗类似于明清时期的"三献礼"，以前的仪式到现在已经逐渐简化了，但主要流程仍然保持不变。祭祀活动主要在每年的清明节和春节举行，以有名的万荣县的李氏宗祠为例，正月初五、清明和十月初一这三天是每年进行祭祀活动的时间。有些家族举行祭祀仪式的范围不仅在宗祠内，还会延展到祖坟前。例如稷山县吴壁村就延续着这种祭祀形式。村中族谱记载："惟祭祀之礼，追远之诚，有时节耳。每逢元旦，朝拜于家庙，以序昭穆祭扫于祖茔，以安先祖之灵。"在祭祀仪式上族长亲自组织并读祖训，出席的族人身穿庄重的服饰，主殿供桌上摆放祭品。以苏氏举例，清代宗族家谱中记载其传统家训："孝顺父母，友爱兄弟，顾惜邻里，营建宗祠修身持家，编修谱牒。"家训讲完后，按照族内辈分先后进行跪拜礼。苏氏宗祠的传统祭祀仪式曾中断四十多年，后在族人的强烈要求和共同努力下恢复。中断由多种原因所致，如宗族仪式人的缺失、社会变革等，在此期间只保留简单的祭祀和供奉。（图23）

图23 苏氏宗祠附近举办结婚仪式

2. 宗祠教化研究

儒家思想的内涵丰富复杂，体现在乡俗中，多为劝诫人们好好读书，对长辈孝敬，不贪婪不焦躁。族人也因这些族训家训而被潜移默化地影响着。其中"礼乐"使人与人的关系和谐，诉说出人们对于美好生活的憧憬。而如今保留下来的宗祠文化，多是用现代语言将古代文化进行转译，以期家族、宗族后人的发展使现代与传统融合，使"民族"与"世界"融合。

宗祠作为曾经宣扬礼教的场所，在新时代依然可以作为村民的教育基地。山西宗祠建筑中的装饰艺术不仅直观表达信息，而且其背后还具有较强的教育意义。宗祠是集造型、装饰、氛围为一体的庄严祭祀性建筑，并且把建筑空间文化这样的非物质文化转换成人们可以直接体会的物质装饰语言。举行祭祀活动时，在强烈秩序的空间内会给族人充分的心理暗示，能够精神更集中地接受教导和训诫。宗祠建筑装饰分为雕刻、彩绘、文字三部分，通过图案、色彩和文字语言的表达，用文化创造和艺术创造的方式使人们更直观地感受宗祠的教化功能。

在宗祠装饰的雕刻中，大家族在建造宗祠之时就把一些具有教育意义的图案刻在宗祠装饰上，无论是男女老少、是否识字都能直接地看懂其中的意义和道理所在。如大同市平城区的武氏家庙中有较多具有特色的雕刻图案，其希望子孙时刻能受到宗族内艺术文化的熏陶。如《荀子·劝学》中提到"骐骥一跃，不能十步；驽马十驾，功在不舍"，其意思就是告诉我们虽然驽马行动缓慢，但是只要坚持不懈，哪怕走十天也可以到达目的地。武氏家庙中一些特殊的木雕上刻有裸婴，表现了儒学的根蒂，即赤子之心，报效国家，同时表达人生下来就无善恶之分，只是后天受教育的程度不同罢了。武氏家庙内戏台建筑中间额枋上的"凤捧炉鼎龙在外"木雕，和其他建筑相比更有特色，凤在中、龙在外，

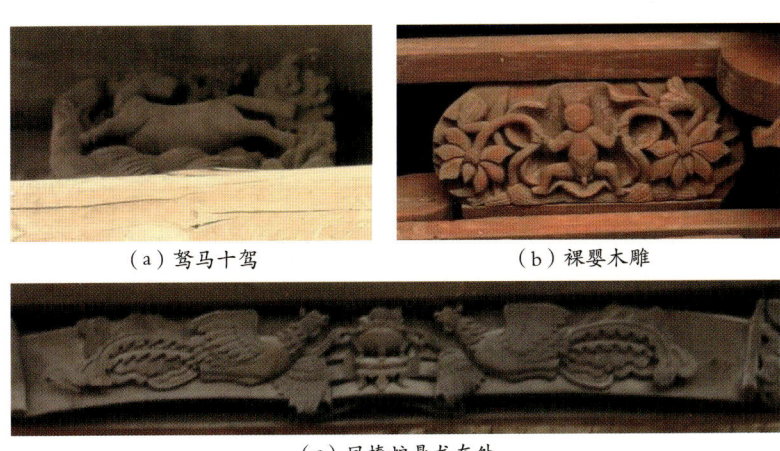

（a）驽马十驾　　（b）裸婴木雕

（c）凤捧炉鼎龙在外

图 24　宗祠文化空间与社会记忆的关系

凤在上、龙在下，凤为主、龙为辅，借此来时刻提醒后世子孙武氏宗族昔日的辉煌（图24）。

在传统封建社会中，并非人人都能受到良好的教育，彩绘即作为世人传达道理且通俗易懂的物质媒介。随着社会发展，彩绘渐渐体现出建筑等级的作用，内容多选择具有儒家教化思想的故事，其中二十四孝的彩绘运用最广泛。如临汾市洪洞县西崔堡村王家宗祠、运城市稷山县秦氏宗祠、汾阳市肖家庄镇吕家宗祠、吕梁市方山县张家塔村赵家宗祠都有儒家二十四孝的体现。

武氏家庙有雕刻着堂号内的匾额，堂号是家族门户的代称，既是祖先道德的彰显，也是家族宗亲特点的概括，同时还训诫子弟继承发扬先祖之余烈。大同市平城区的武氏家族出过三位状元，堂号取名"梦梅堂"（图25），取意自"宝剑锋从磨砺出，梅花香自苦寒来"，状元是刻苦磨炼得来，即比喻武氏族人像梅花般不畏严寒坚韧不拔，又告诫后人才华需要不断地修炼。

图25　武氏家庙堂号

四、总结

宗祠在文化和建筑两方面都是极具研究价值的祭祀性建筑，与当地的民风民俗、建筑文化等息息相关。现阶段，对民间宗祠的研究在建筑学、社会学、心理学领域尚未形成完整的理论体系，还有待完善，但对民间宗祠的研究极具社会价值和科研价值。

经过前期文献的归纳整理、相关知识扩充、实地测绘和现场调研等研究，希望从空间、结构、装饰几个方面，并基于社会学研究视角，填补民间祭祀性建筑的传承与完善不足的空缺。以山西省宗祠研究为本源，归纳出重要论述价值，剖析其成因，归纳其宗祠文化的地域性特征。

首先，由于地域因素影响，建筑空间形态显示出文化差异性，具体表现为宗族礼法秩序与空间之间的关系。宗祠作为儒家文化传统建筑，还承载着祭祀功能，建筑大多数呈中轴对称。

其次，等级制度对山西民间宗祠建筑产生深远影响。在其符合明清时期的建筑样式标准的同时，建筑的布局、进深和开间也不同程度被所有者的社会地位所制约。通常来讲，装饰题材是宗族文化的映射，且带有一定的地域文化倾向性。在山西宗祠建筑装饰研究中，数量最多的是带有吉祥、祈福和避灾等寓意的装饰。在山西宗祠建筑装饰研究中，宗族文化装饰题材尤为突出，其中数量最多的是带有吉祥、祈福和避灾等寓意的装饰。

最后，基于社会学角度，深入分析山西民间宗祠建筑保护与传承的问题，并提出三个建议：第一，先从社会学出发剖析成因。建筑的可持续发展与修缮存在问题，传统文化保护意识淡薄、宗族观念逐渐落没，对宗祠建筑保护和管理缺失。第二，通过分析宗族观念和宗祠建筑遗产保护等社会学问题，提出具有实践意义的革新观点。第三，优化宗祠遗产保护的思路与措施。现阶段可采取宗祠文化遗产保护与革新技术相结合的形式。

普遍性与特殊性是事物所具有的普遍性质，民间宗祠的也不例外。宗祠建筑作为一种遍及全国的特殊祭祀建筑，具有深厚的文化底蕴与研究意义。其特殊性又决定了在实地调研时，获取一手资料耗费成本较大、困难较多。望本书提供的山西民间宗祠之内容，能为各方学者专家提供参考。

山西省民间宗祠测绘图典选集

山西省民间宗祠测绘图典选集

卜氏宗祠

山西省晋中市昔阳县乐平镇河东村

一、建筑区位分析

卜氏宗祠位于山西省晋中市昔阳县乐平镇河东村（该文物点经纬度为 37°61′N，113°71′E）。

河东村是昔阳县城的东大门，处于九榆线两侧，交通便利，是典型的城郊村，耕地面积558亩，饮用水源为关山水库。河东社区与北关社区、树条峪社区、胡窝社区等社区相邻。

二、建筑空间结构

卜氏宗祠，坐北朝南。正殿为硬山顶建筑，面阔三间7.2米，进深4.8米，院落约占地一亩。现存山门和正殿。

三、建筑空间记忆

卜氏的历史与卜子夏有关，卜子夏为孔子高徒，贤人之列，十哲之一，长于文学，教授西河。一世祖永庆，相传明代由山西洪洞移籍至此，百年间开枝散叶，子孙遍布全国各地。

卜家祠堂始建年代无考，现存大部分建筑为清道光三十年（1850）由族人陈畴主持重建。重修时将正房拆除退后丈余再建，原台基遂筑成月台。

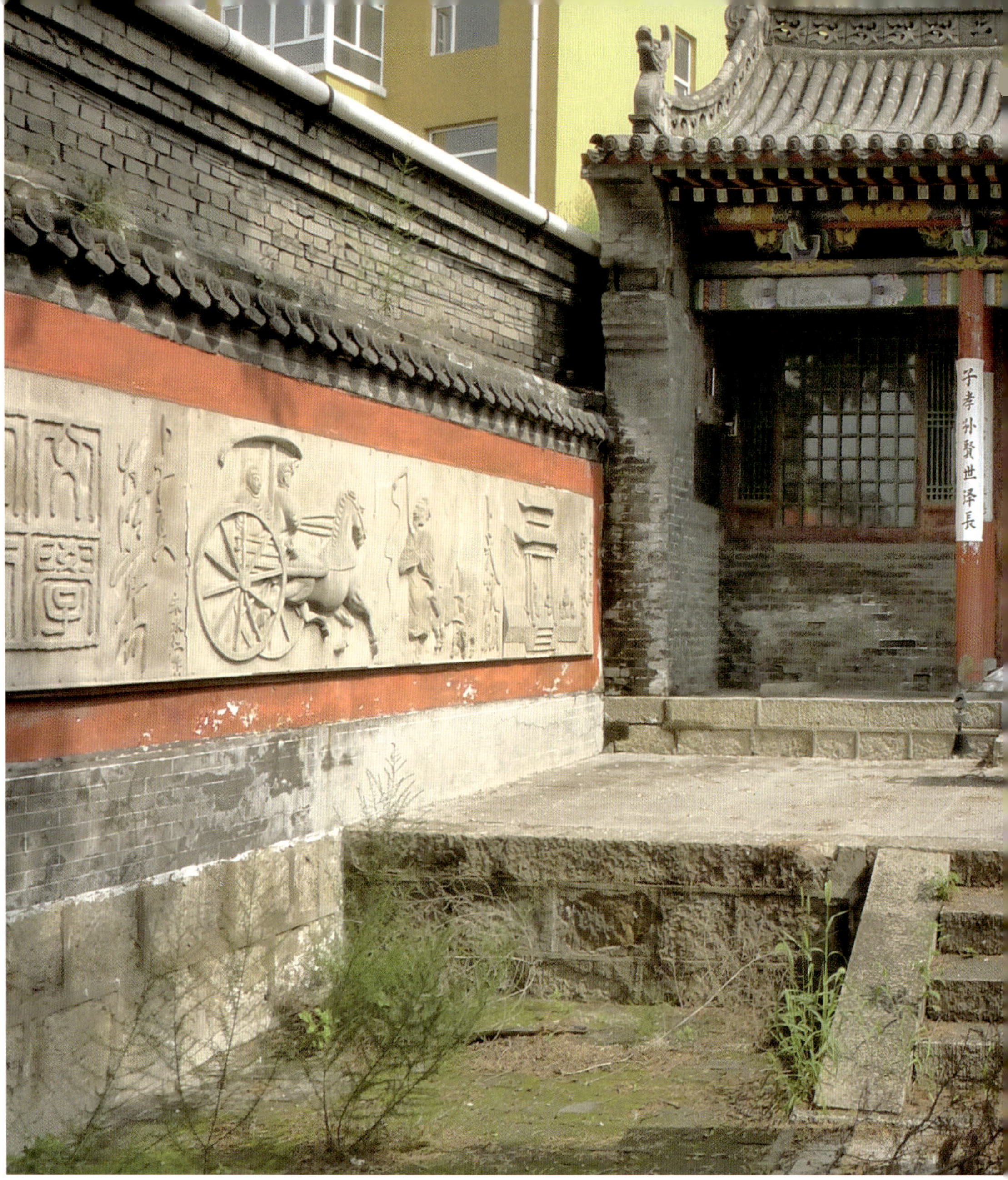
子孝孙贤世泽長

宗能秉公師作明神
祖則無私無為善長

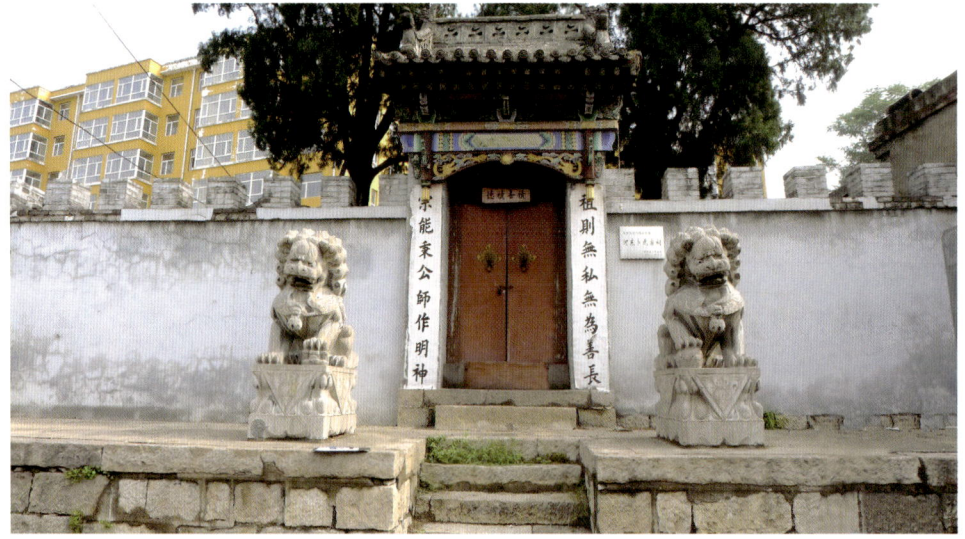

1

2 3 4

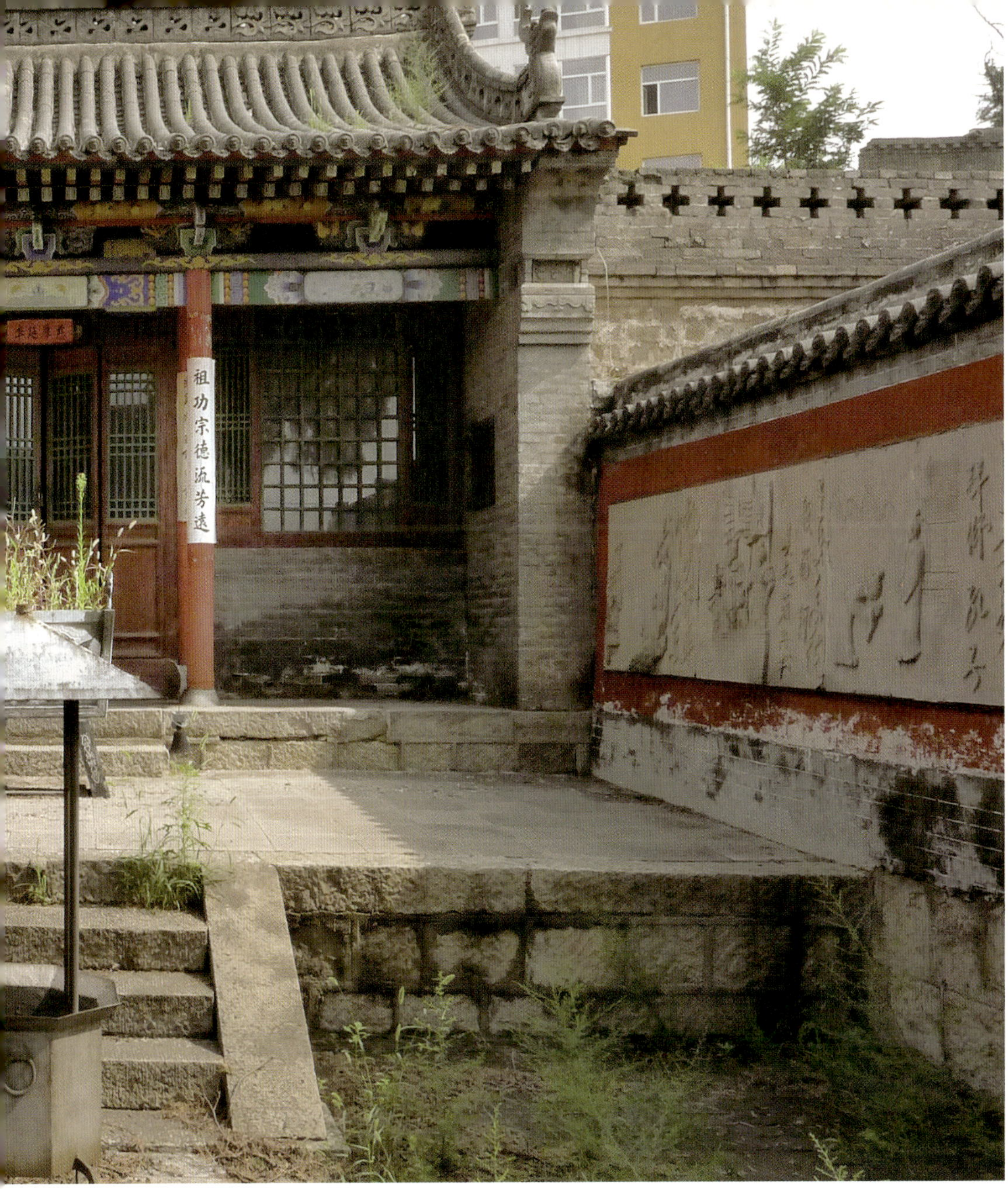

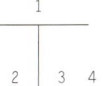

图 1　卜氏宗祠正殿

图 2　卜氏宗祠山门

图 3　卜氏宗祠院内壁画

图 4　卜氏宗祠牌匾

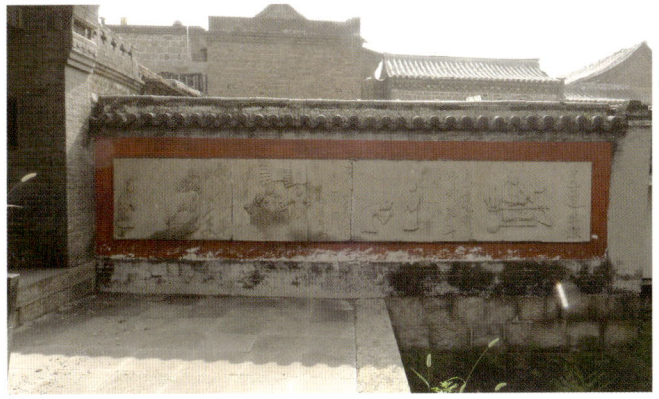

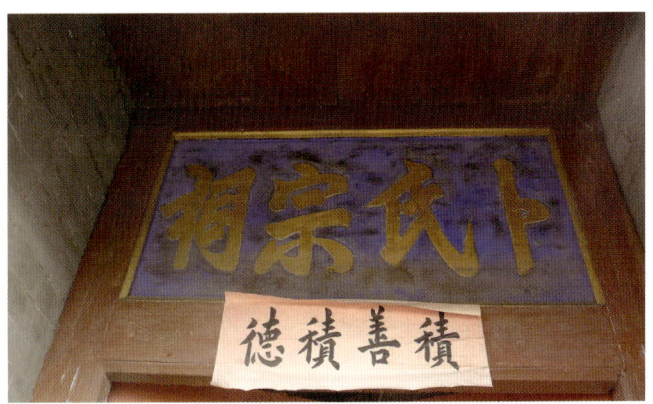

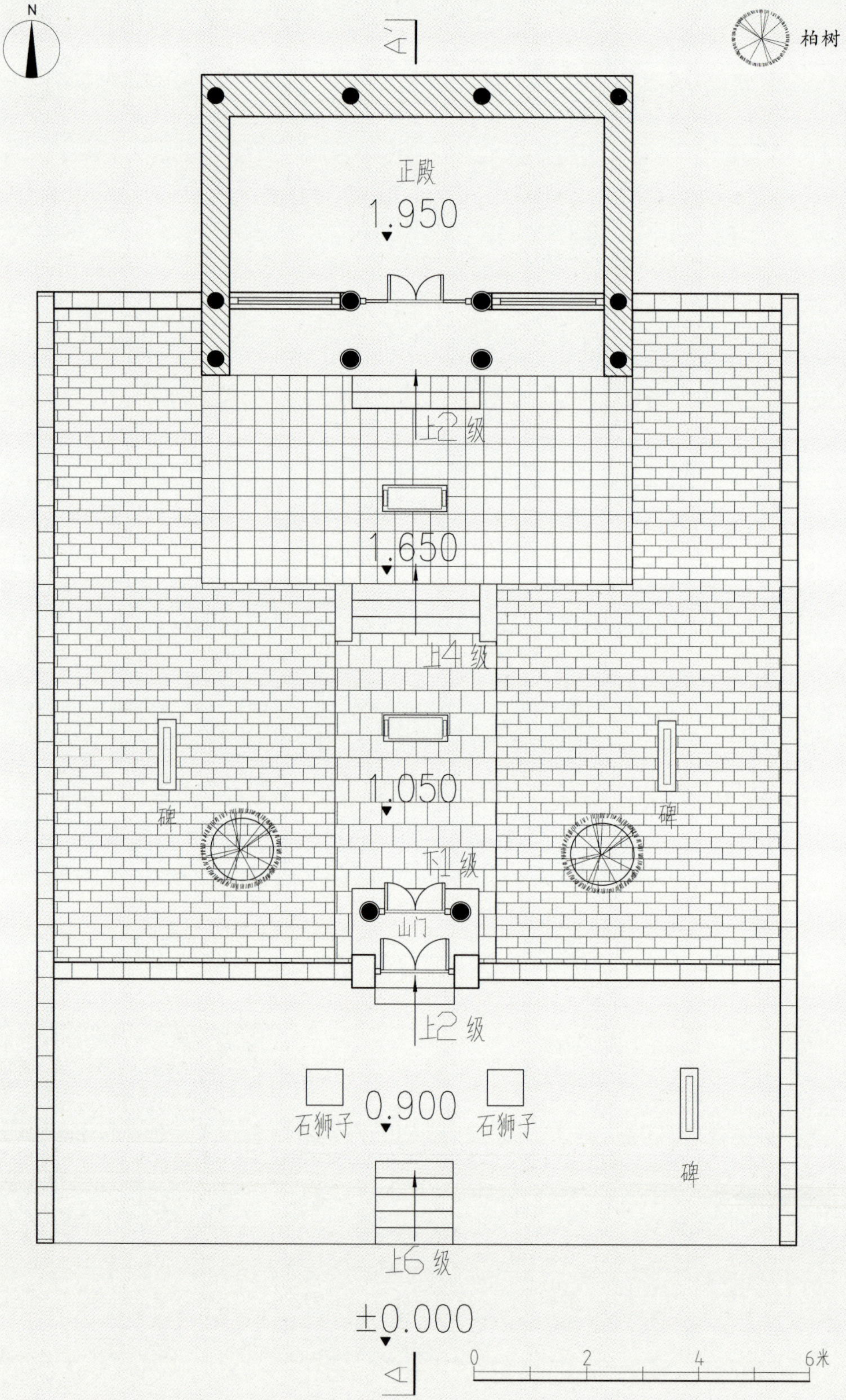

图5 卜氏宗祠总平面图

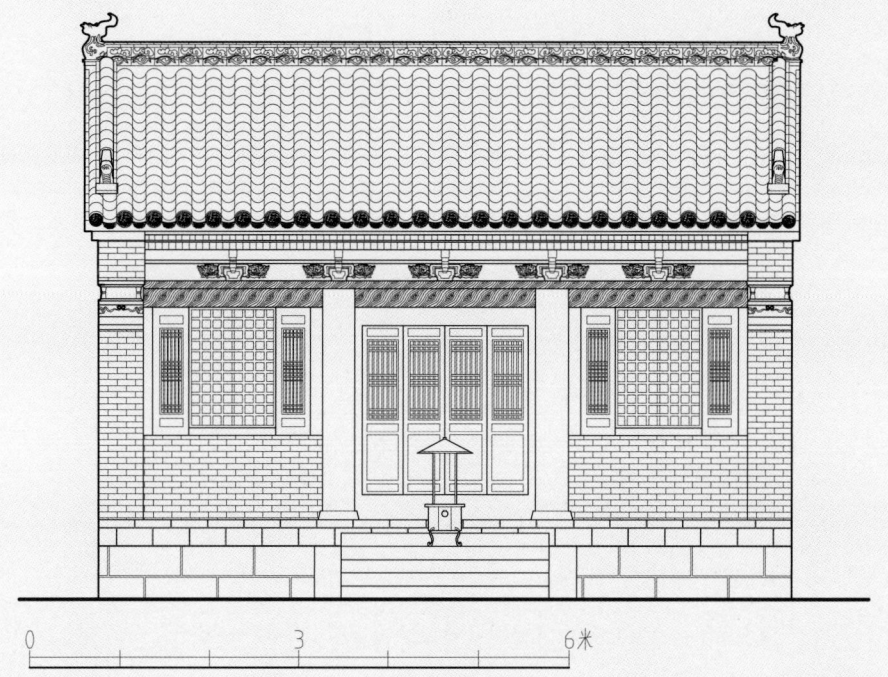

图 6　卜氏宗祠正殿立面图

图 7　卜氏宗祠山门立面图

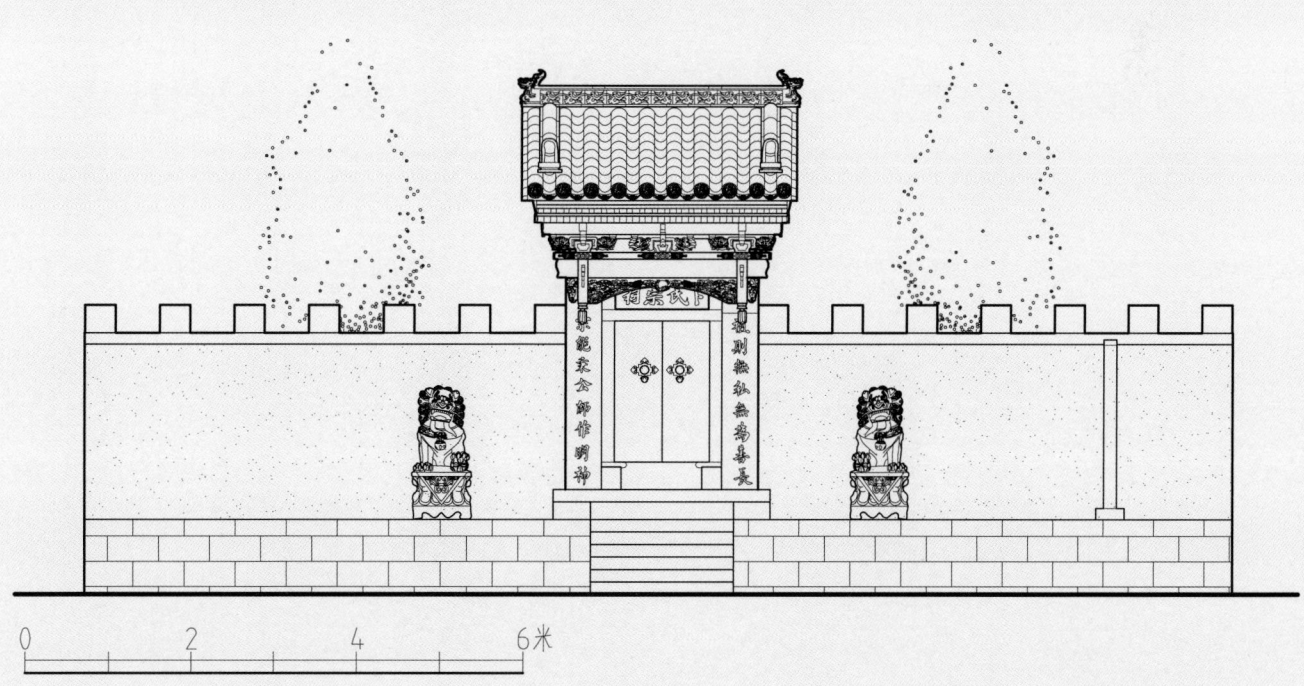

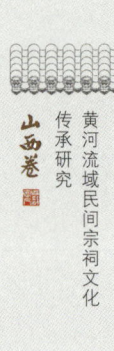

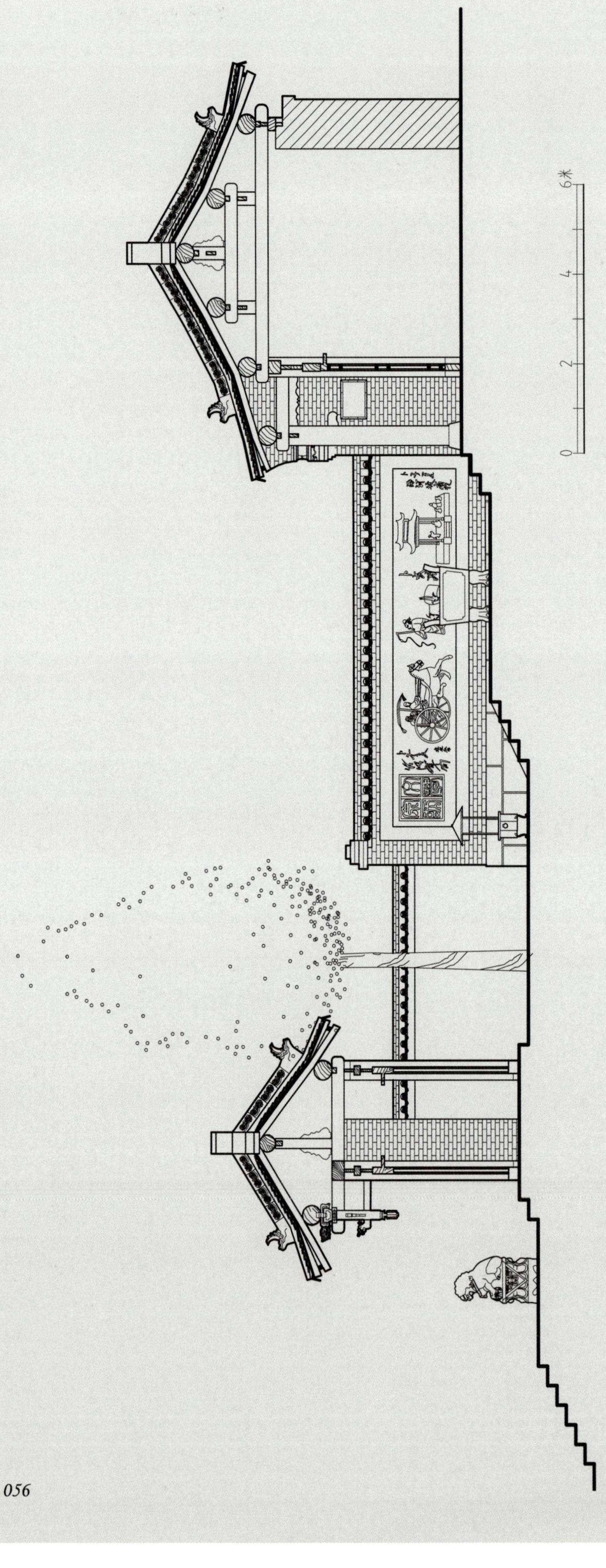

图8 卜家宗祠 A-A' 剖立面图

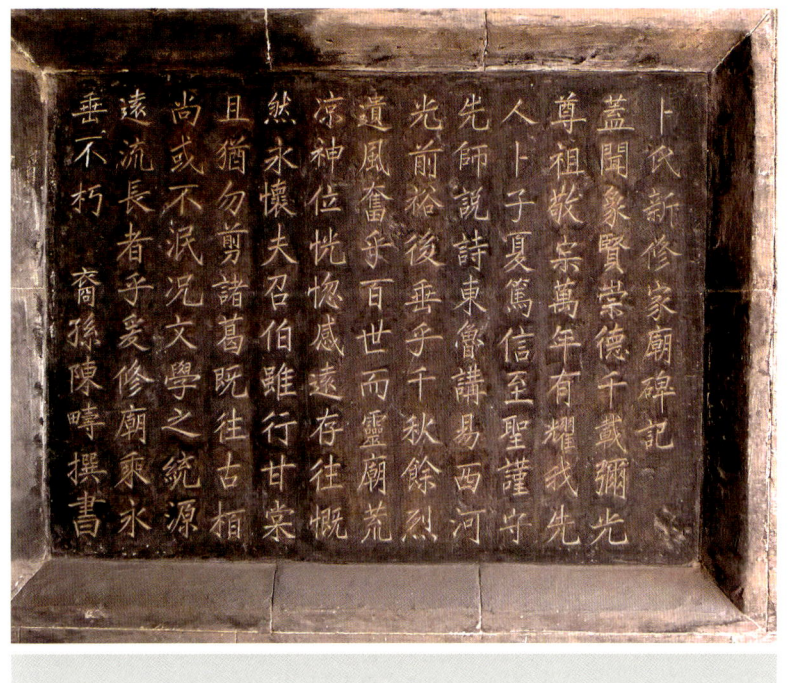

图9 卜氏新修家庙碑记

卜氏新修家庙碑记

盖闻象贤崇德千载弥光尊祖敬宗万年有耀我先人卜子夏笃信至圣谨守先师说诗东鲁讲易西河光前裕后垂乎千秋余烈遗风奋乎百世而灵庙荒凉神位恍惚感远存往慨然永怀夫召伯甘棠且犹勿剪诸葛既往古柏尚或不泯况文学之统源远流长者乎爱修庙乘永垂不朽

裔孙陈畴 撰书

四、建筑装饰艺术

卜氏宗祠门额上书"卜氏宗祠"四字，蓝底金字，熠熠生辉。朱红大门，兽首衔环。据传古有规制，唯皇宫、寺观、衙署大门可为朱色，普通百姓岂敢僭越。然则先辈相传，天下众姓惟孔、孟、卜姓宗祠大门准涂朱色，余者皆黑。

刘氏祠堂

山西省晋中市介休市张兰镇西北里村

一、建筑区位分析

刘氏祠堂位于山西省晋中市介休市张兰镇西北里村（该文物点经纬度为 37°13′N，112°07′E）。

西北里村位于张兰镇西，北邻张兰村，南接涧里村、仙台村，东接东北里村，西接连福镇东杨屯村，交通条件便利。西北里村与朱家堡村、东北里村、穆家堡村等村相邻。

二、建筑空间结构

刘氏祠堂，坐北朝南。正殿为硬山顶建筑，面阔三间 11.2 米，进深 7.0 米。现存山门和正殿，正殿有损。

三、建筑空间记忆

西北里村居民姓氏以刘氏居多，村中曾建有刘氏祠堂及郝氏祠堂 6 座。由于年久失修无人维护，任其风吹雨淋，现保存状态较差。

基于深厚的历史文化底蕴，如今的张兰古镇拥有中国农村最大的古玩市场，古玩品类齐全、珍品繁多，人称"中国古玩第一村"。张兰镇于 2019 年 10 月入选"2019 年度全国综合实力千强镇"。

1	
2	3
4	

图1　刘氏祠堂山门

图2　刘氏祠堂正殿

图3　刘氏祠堂山门雕花细节

图4　刘氏祠堂刘氏家谱

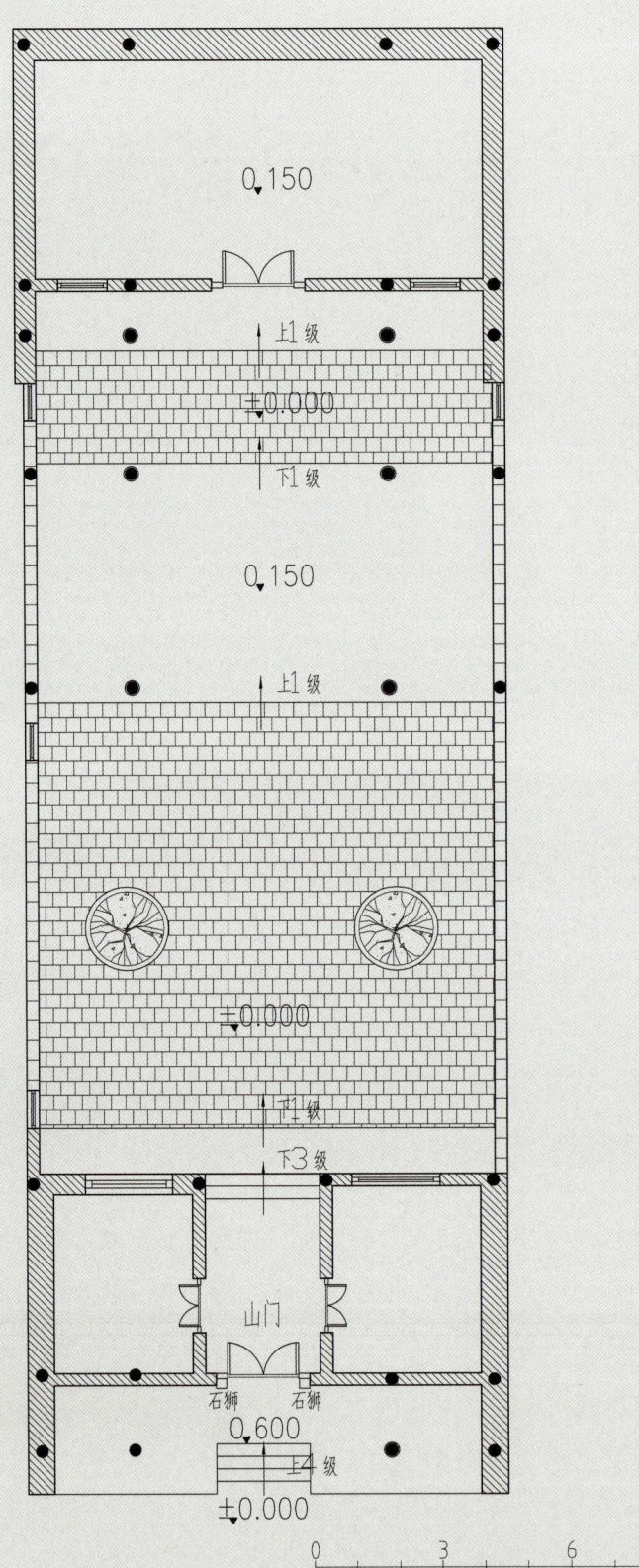

图5 刘氏祠堂总平面图

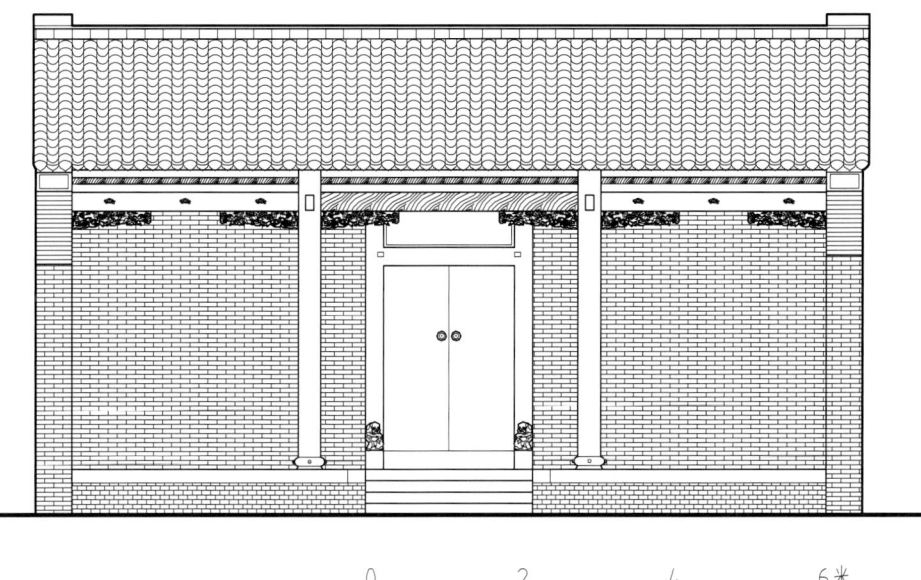

图 6 刘氏祠堂山门立面图
图 7 刘氏祠堂雀替大样图

四、建筑装饰艺术

牡丹花雀替。即雀替雕刻纹样为牡丹。牡丹与凤凰结合为"凤穿牡丹"图案，和花瓶结合为"富贵平安"图案，也可以单独作为装饰图案。应用在雀替中的牡丹装饰图案，其花茎大多采用柔美曲折的线条，看似卷草，这样的花茎和大朵的牡丹花结合在一起，非常动人。

古戏台

山西省晋中市榆次区东赵乡后沟古村

一、建筑区位分析

古戏台位于晋中市榆次区东赵乡后沟古村（该文物点经纬度为 37°70′N，112°90′E）。

二、建筑空间结构

此建筑古称乐楼、乐亭，是酬神娱人的场所。这是一座前棚后殿，砖木结构的古建筑，前后衔接自然，造型沉稳大气，吊柱暗悬，斗栏明纹，檐角平级，耳墙朴实，砖、石、木三雕俱精，卷棚顶弧线优美，有较高的艺术价值和实用价值。

三、建筑空间记忆

该村有文字可考的历史可追溯至唐代。当地地貌为典型的黄土高原低山丘陵，民居多为清、民国年间建造的独立式窑洞，以传统的三合院、四合院为主，门前的抱鼓石、门枕石、门楣及照壁保存完好，村内现存18座大小庙宇和12个民俗老院、祠堂及戏台。

古戏台始建年代不详，但从其遗存的构件工艺来看，当不晚于清乾隆年间。清咸丰七年（1857）重修；"文革"时期在"破四旧"中遭局部损坏；2005年5月重修。

图1　古戏台正面
图2　古戏台房梁构架
图3　古戏台雕梁细节
图4　古戏台标牌
图5　古戏台柱础
图6　古戏台内门

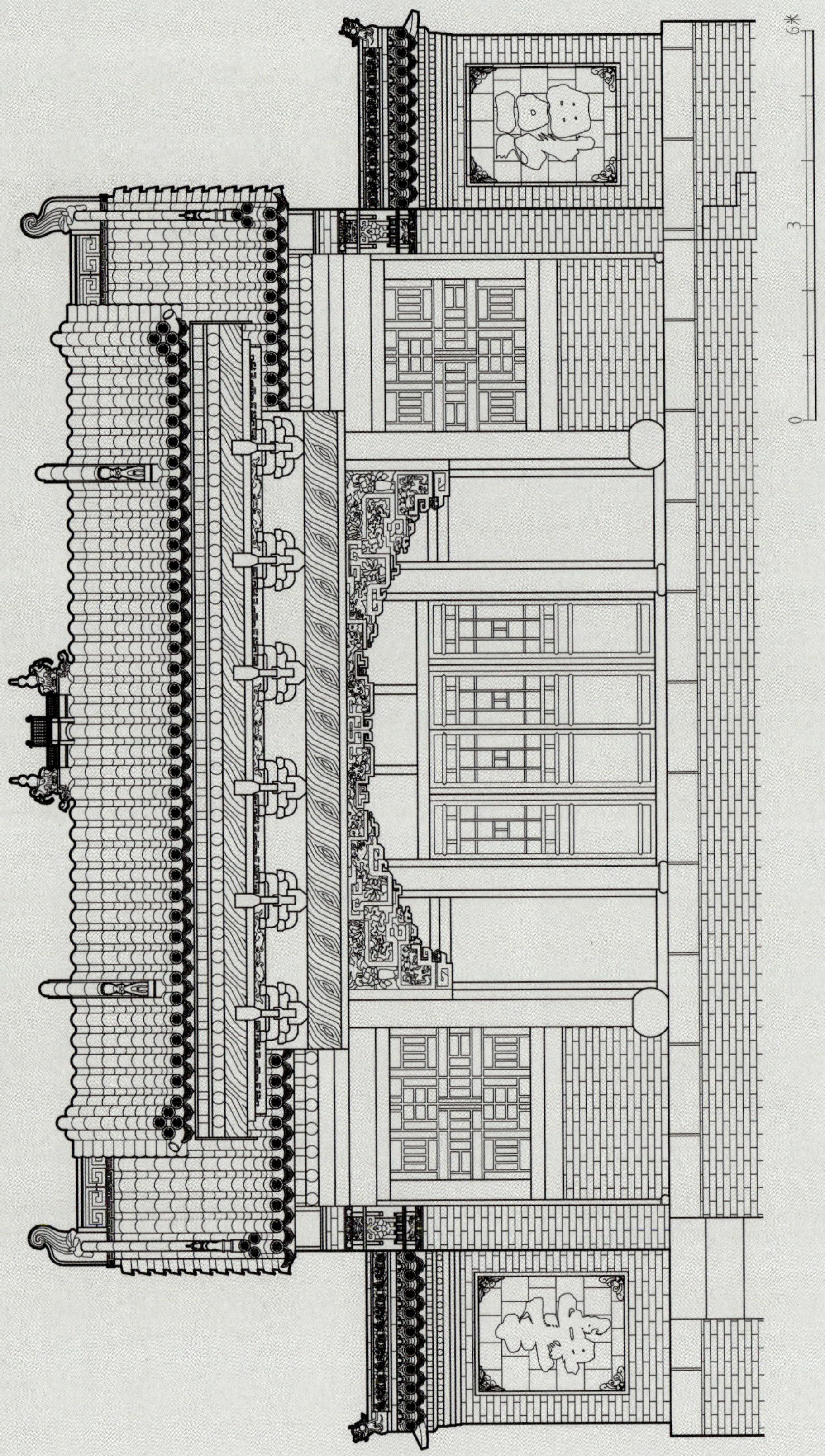

图 7　古戏台立面图

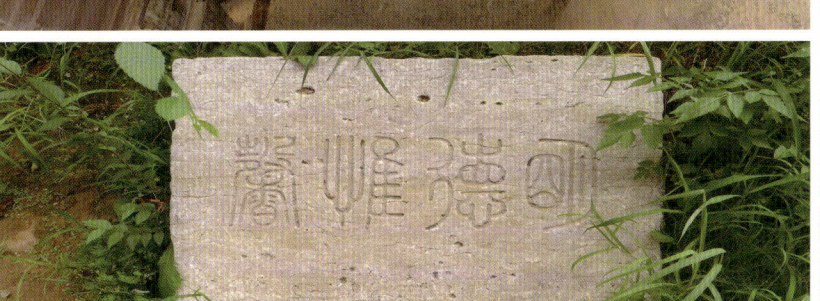

四、建筑装饰艺术

宝瓶纹样挂落。宝瓶纹饰的"瓶"与"平"同音,有平安、吉祥之寓意。瓶身美观大方,各种样式的瓶都有其美好的寓意。如观音尊手中的玉净瓶,有平安祥和之意;大口、粗颈的莲子瓶有"连生贵子"寓意;瓶体似葫芦的葫芦瓶,取其谐音"福禄",且器形像"吉"字,故又名"大吉瓶",寓意大吉大利;等等。所以,带着瓶本身具有的吉祥寓意而制成的宝瓶木雕,更是吉上加吉,受到了一代代民众的追捧。

8	9
10	11
12	

图 8　古戏台房梁结构

图 9　古戏台"明德惟馨"石碑

图 10　古戏台窗户细节

图 11　古戏台"寿"字照壁

图 12　古戏台房屋构件

侯氏祠堂及戏楼

山西省晋中市介休市张兰镇旧新堡村

一、建筑区位分析

侯氏祠堂位于山西省晋中市介休市张兰镇旧新堡村（该文物点经纬度为37°13′N，112°07′E）。

旧新堡村系明清两代的文化遗产，村内建筑比较完整，明清两代历经三百余年不断修建，成为建筑珍品，有龙天庙、古民居和侯氏祠堂。

二、建筑空间结构

侯氏祠堂，坐北朝南。正殿面阔三间15.0米，进深7.6米；厢房面阔三间8.3米，进深5.5米。

三、建筑空间记忆

侯氏清乾隆年间为晋商。

侯氏祠堂于清嘉庆十三年（1808）创建，侯氏祠堂和戏台位于侯氏的宅院之中，但由于战乱及"文革"时期损毁，侯氏宅院所剩的几处建筑也已受到严重损坏，但从其三纵三横的构架和整个村庄同一规格的建筑气势中，仍然可追忆侯氏当年之兴盛。

图1　侯氏祠堂戏楼房外观
图2　侯氏祠堂戏楼房北立面
图3　侯氏祠堂戏楼房西立面
图4　侯氏祠堂戏楼房南立面

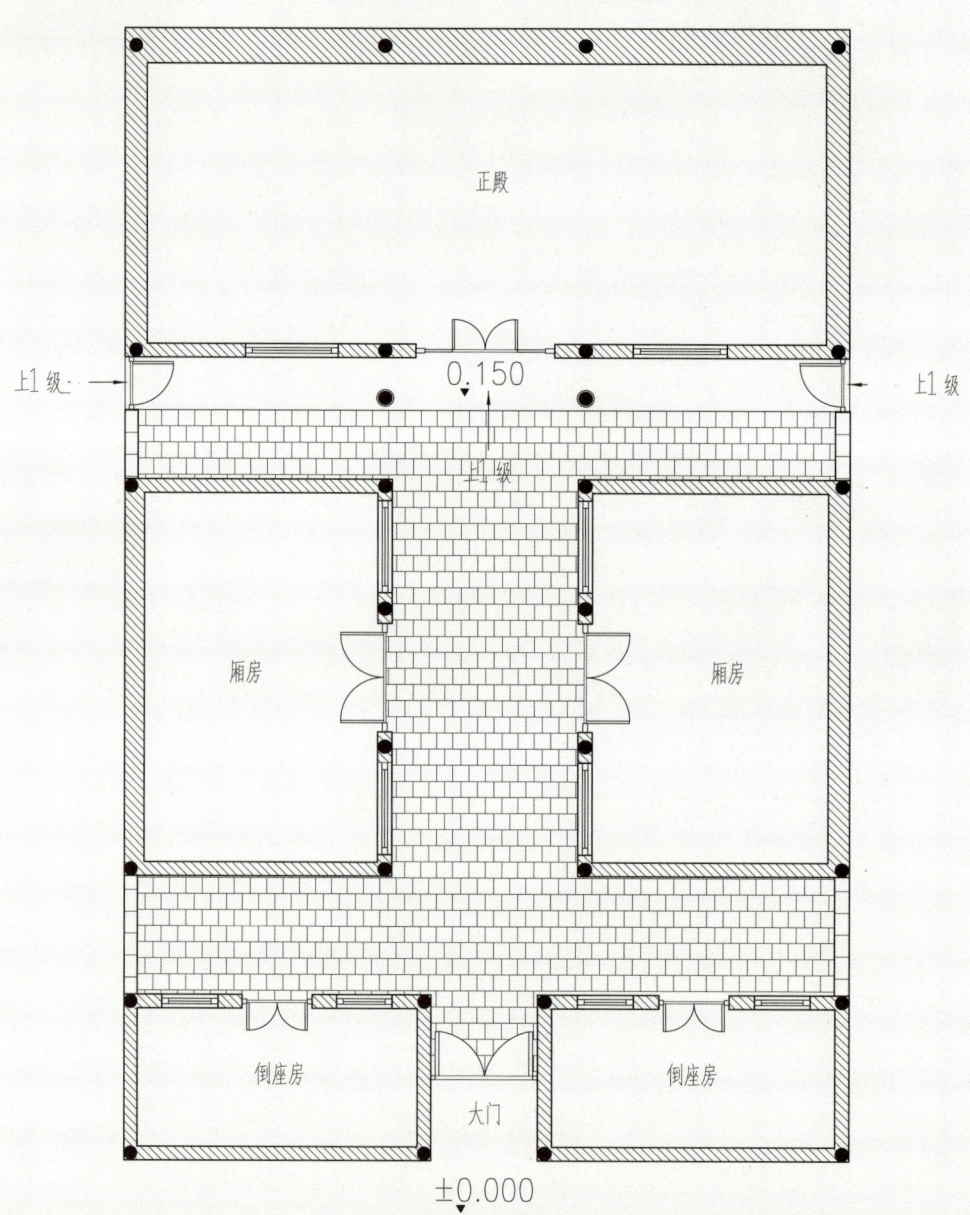

图 5 侯氏祠堂总平面图

图 6 侯氏祠堂戏楼立面图

图 7 侯氏祠堂戏楼剖面图

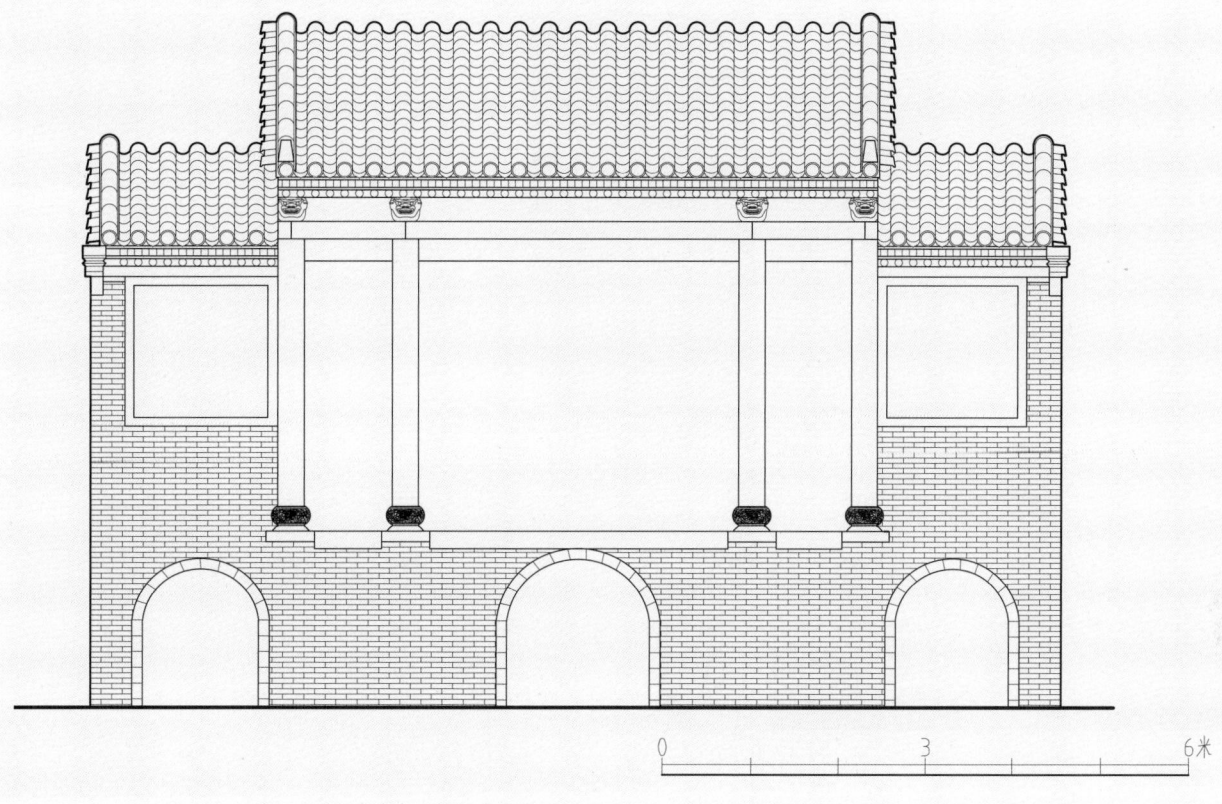

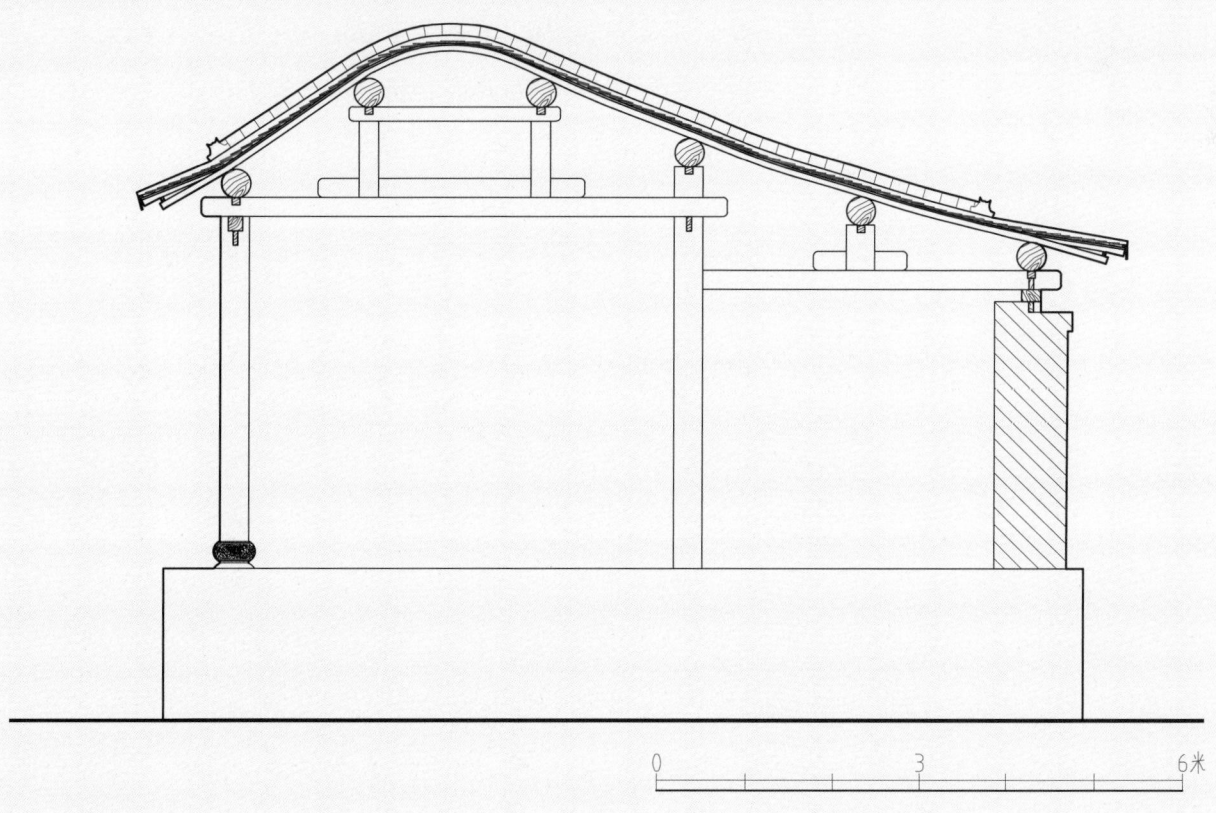

图8　侯氏祠堂斗拱雕花

图9　侯氏祠堂柱础雕花细节

图10　侯氏祠堂柱础雕花大样图

四、建筑装饰艺术

（1）狮子纹。狮子，亦称百兽之王，是权力与威严的象征。

（2）荷花纹。荷花又称莲、莲花、藕花、芙蓉、水芝、玉环、水华、水旦、水芸等。自古以来，荷花一直是国人喜爱的花卉，是谐音取意最为吉祥的花卉。

耿氏宗祠

山西省晋中市平遥县岳壁乡岳南村

一、建筑区位分析

耿氏宗祠位于山西省晋中市平遥县岳壁乡岳南村（该文物点经纬度为 37°16′N，112°22′E）。岳壁乡地处平遥县东南部，东与东泉镇接壤，南与卜宜乡相接，西与中都乡相连，北与古陶镇、洪善镇毗邻，面积 75.91 平方公里。岳南村与黎基村、岳北村、岳中村等村相邻。

二、建筑空间结构

耿氏宗祠，坐北朝南。正殿硬山顶建筑，面阔三间 9.9 米，进深 6.7 米；厢房面阔 6.9 米，进深 2.9 米。现存山门、正殿和东西厢房。

三、建筑空间记忆

耿氏宗祠的来源可追溯至洪武七年（1374），耿氏先祖耿仁、耿羲由陕西省韩城市雷华镇迁至山西省晋中市平遥县岳壁乡岳南村，耿氏有家谱共五支，至今有二十多辈子孙。

耿氏家族于清乾隆五十二年（1787）修建耿氏宗祠，清光绪十二年（1886）补修祠堂。

图 1　耿氏宗祠正殿远景
图 2　耿氏宗祠正殿
图 3　耿氏宗祠山门

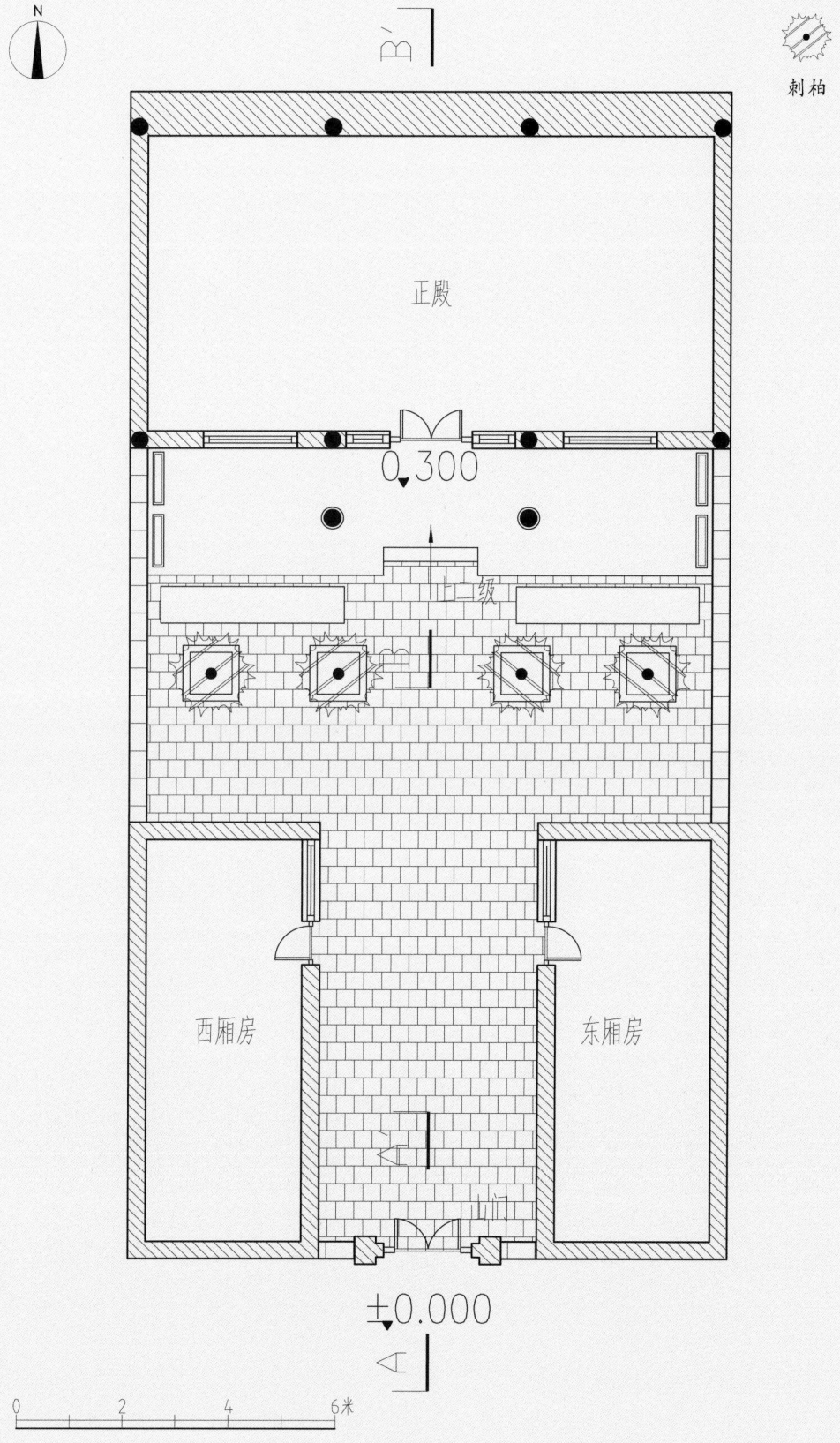

图 4 耿氏宗祠总平面图

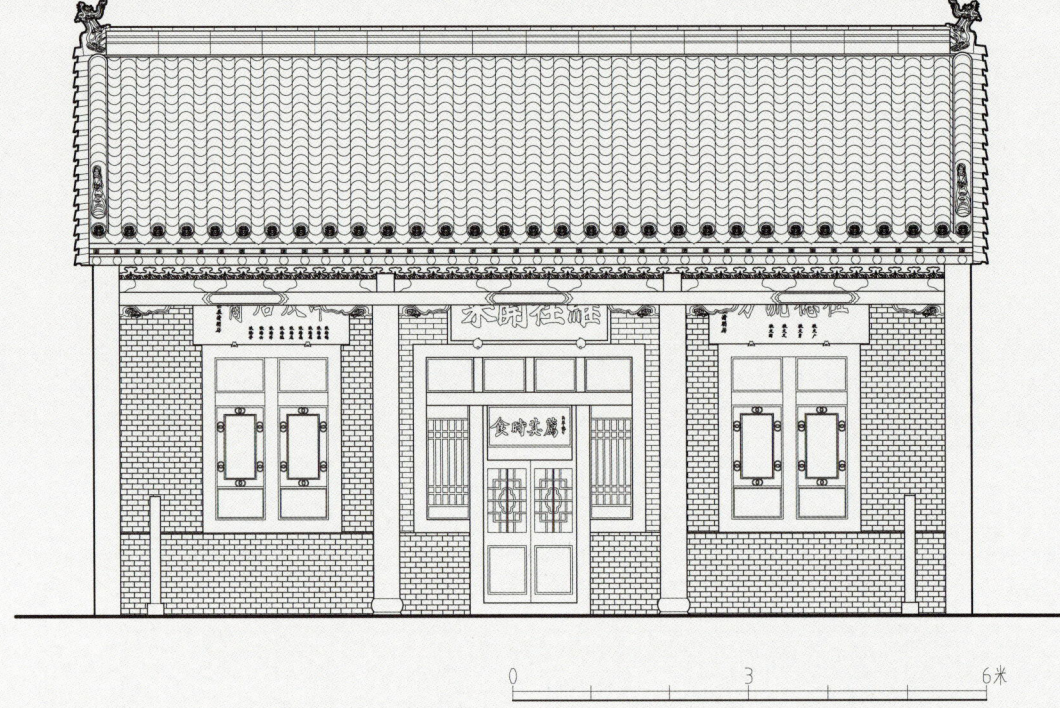

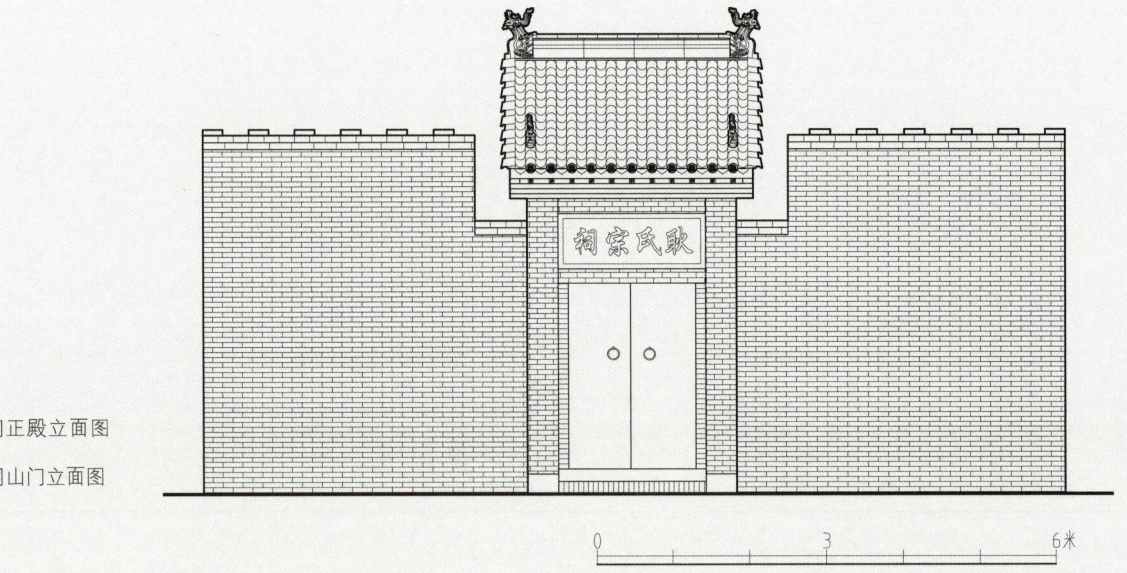

图 5 耿氏宗祠正殿立面图
图 6 耿氏宗祠山门立面图

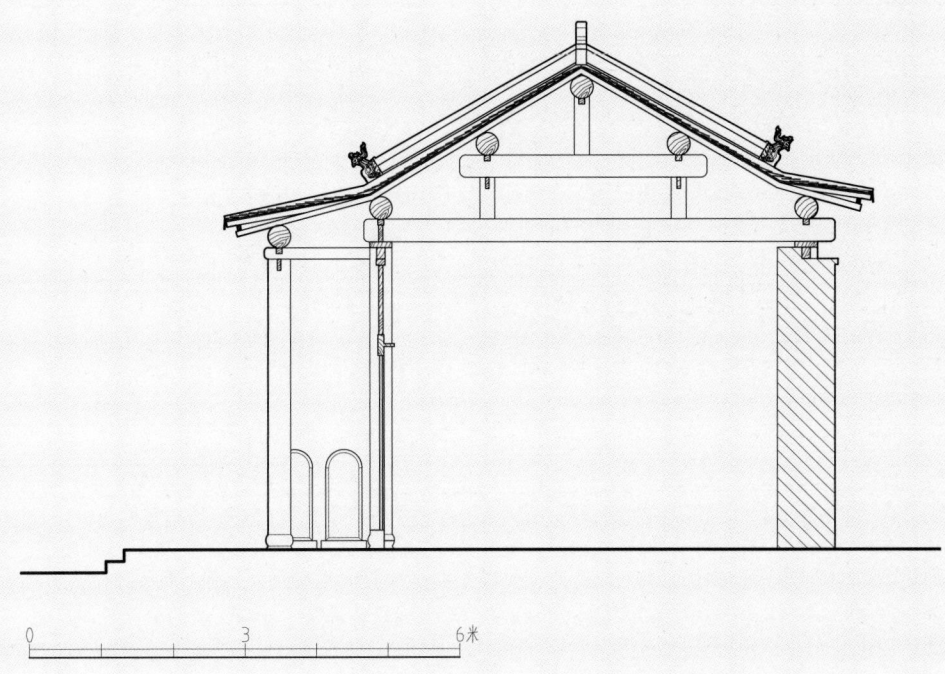

图 7 耿氏宗祠正殿剖面图
图 8 耿氏宗祠山门剖面图

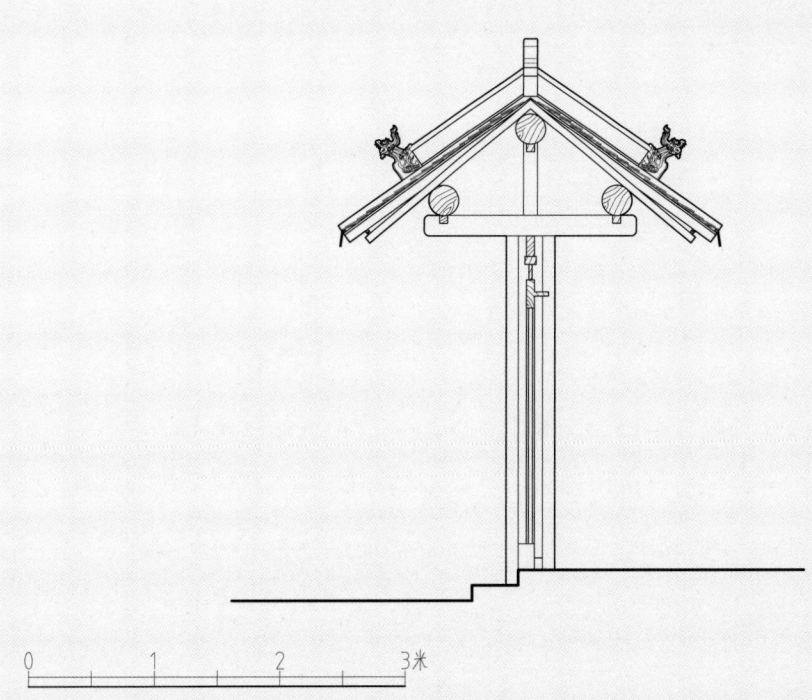

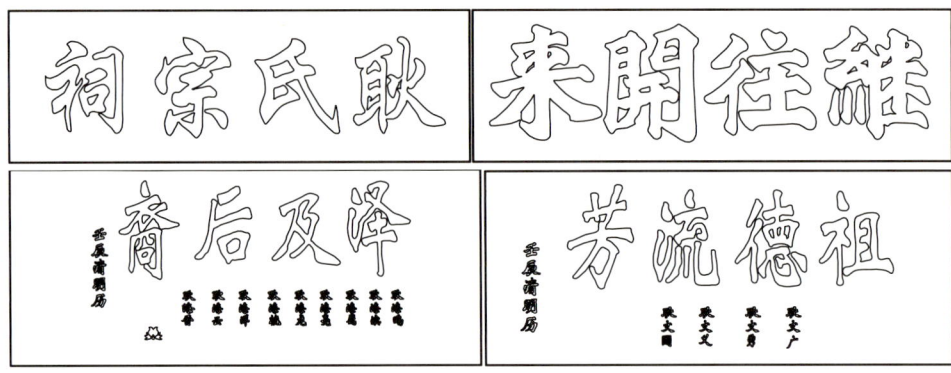

图 9　耿氏宗祠牌匾大样图
图 10　耿氏宗祠鸱吻大样图

四、建筑装饰艺术

鸱吻，通常置于古代大型建筑的屋脊之上作为"避邪"之物，传说可以驱逐来犯的厉鬼，守护家宅的平安，并可冀求丰衣足食、人丁兴旺。为此，不论建筑等级是高是低，宅主均在戗脊端、角脊上饰有龙来避邪，并以此来显示宅主的职权和地位。

古人传说，宫殿、庙宇等屋脊上装饰"龙吻兽"可避火灾，驱螭魅。起初并不是龙形的，而是由简单的翘突逐渐形成动物形的脊饰，有鸟形的，更多的是鱼龙形的。最早的记载可以追溯到周代。《三礼图》中的周王城图的屋脊两端就有这类装饰物。鸟形演变为鸱尾（传说是一种海中能灭火的神物），至中唐或晚唐出现张口吞脊的鸱吻。宋代以后龙形的吻兽增多，清时已很普遍，表面饰龙纹四爪腾空，龙首怒目张口吞住正脊，脊上插着一柄宝剑，其艺术形象堪称完美，被称为"正吻""龙吻""大吻"。正脊以外的垂脊、戗脊上则常用兽头，这些兽头顺着脊的方向面向外望去，故名望兽。吻兽的使用也逐渐形成较严格的定制和比较严谨的格局。

耿氏补修祠堂碑记

且事必有其创业亦必有其继也不有其创无以见先人报本追远之诚不有
其继无以愿后人继志述事之善我耿姓鼻祖自前朝洪武七年由陕西韩城雷华
镇迁居兹土越十数世至乾隆五十二年立祠祀之迄今已百年祠宇倾圮凡我后
裔目睹心伤于是会集族人商酌补葺莫不鼎力捐资乐襄孝事共聚钱百千有奇
因将南廊插檐北廊成屋西庭依旧补修桓虽不壮丽聊具粗备而先
人享祀以妥子孙心意以安告竣之余略记数语俾创者继者不至湮没云尔儒学
生员第十八世孙昌裕撰并书

经理人 庆茂　宗文　乡耆 盛祯　九如
玉瑚　元富　维奎　　乡耆 天和　万和　全义　宏光

大清光绪十二年岁次丙戌七月下浣

图 11　"继往开来"牌匾
图 12　"泽及后裔"牌匾
图 13　"祖德流芳"牌匾
图 14　耿氏补修祠堂碑记

罗氏祠堂

山西省晋中市祁县西六支乡河湾村

一、建筑区位分析

罗氏祠堂位于山西省晋中市祁县西六支乡河湾村（该文物点经纬度为 37°16′N，112°22′E）。

河湾村位于县城以东 7.5 公里处，北依省道东夏线，南临同蒲铁路线，地处平川，交通便利。

二、建筑空间结构

罗氏祠堂，坐北朝南。正殿面阔三间 5.4 米，进深 5.0 米；厢房面阔一间 4.0 米，进深 3.7 米。现存的主要建筑有照壁、山门、南厢和正殿。祠堂小巧玲珑，建筑精致且保存完好。

三、建筑空间记忆

山西省祁县西六支乡河湾村是一个有着深远历史文化的古村。据说，中国元末明初著名小说家、中国章回体小说的鼻祖、《三国演义》的作者罗贯中就出生在这里。村中建有罗贯中纪念馆。近年间，引起了许多历史学家的关注。

罗氏祠堂位于河湾村贯中街南侧一条深胡同内，一进院落，始建于元代。周边有一片罗氏先茔墓葬地，该墓地现已不再使用。2003 年 1 月，被批准公布为晋中市重点文物保护单位。

图1　罗氏祠堂正殿全景
图2　罗氏祠堂正殿
图3　罗氏祠堂山门
图4　罗氏祠堂正殿牌匾

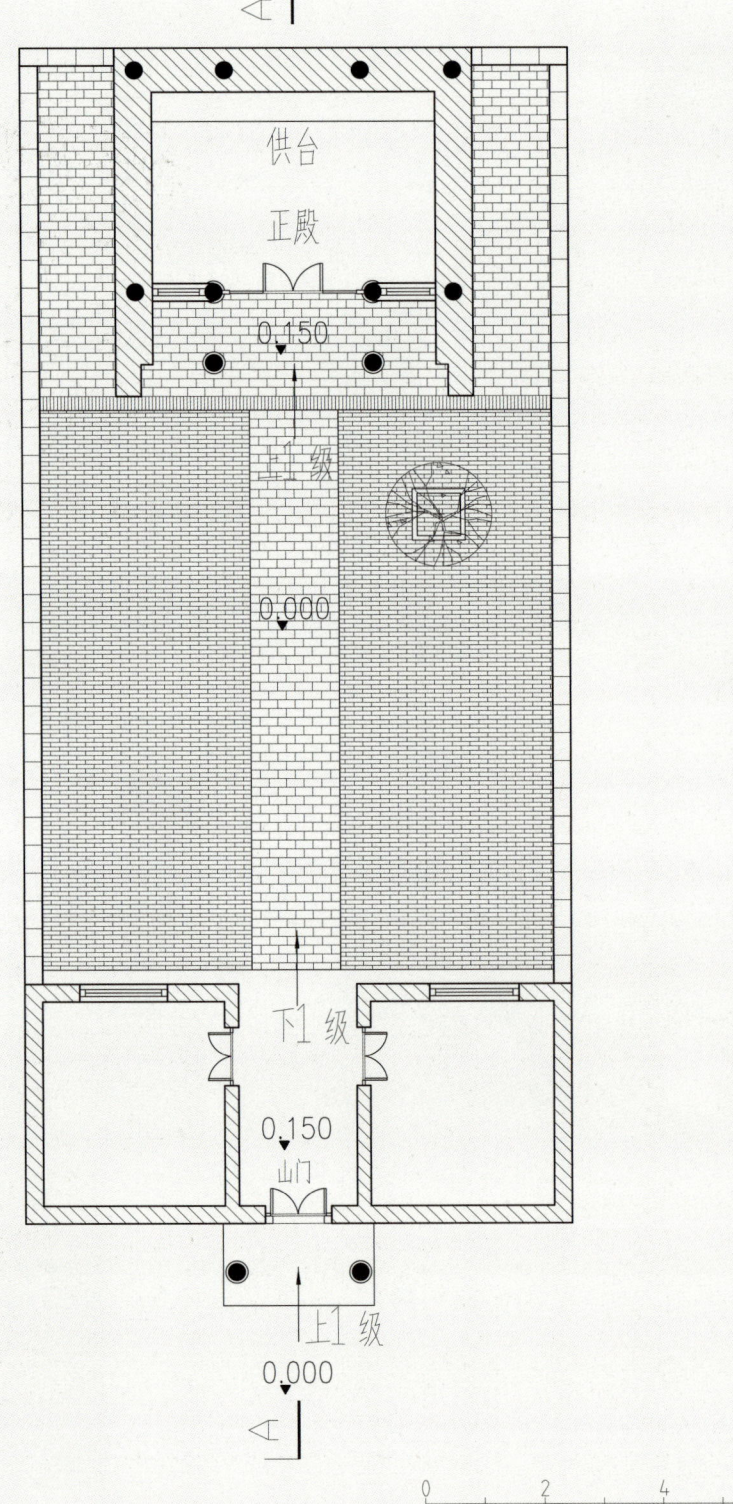

图5 罗氏祠堂总平面图

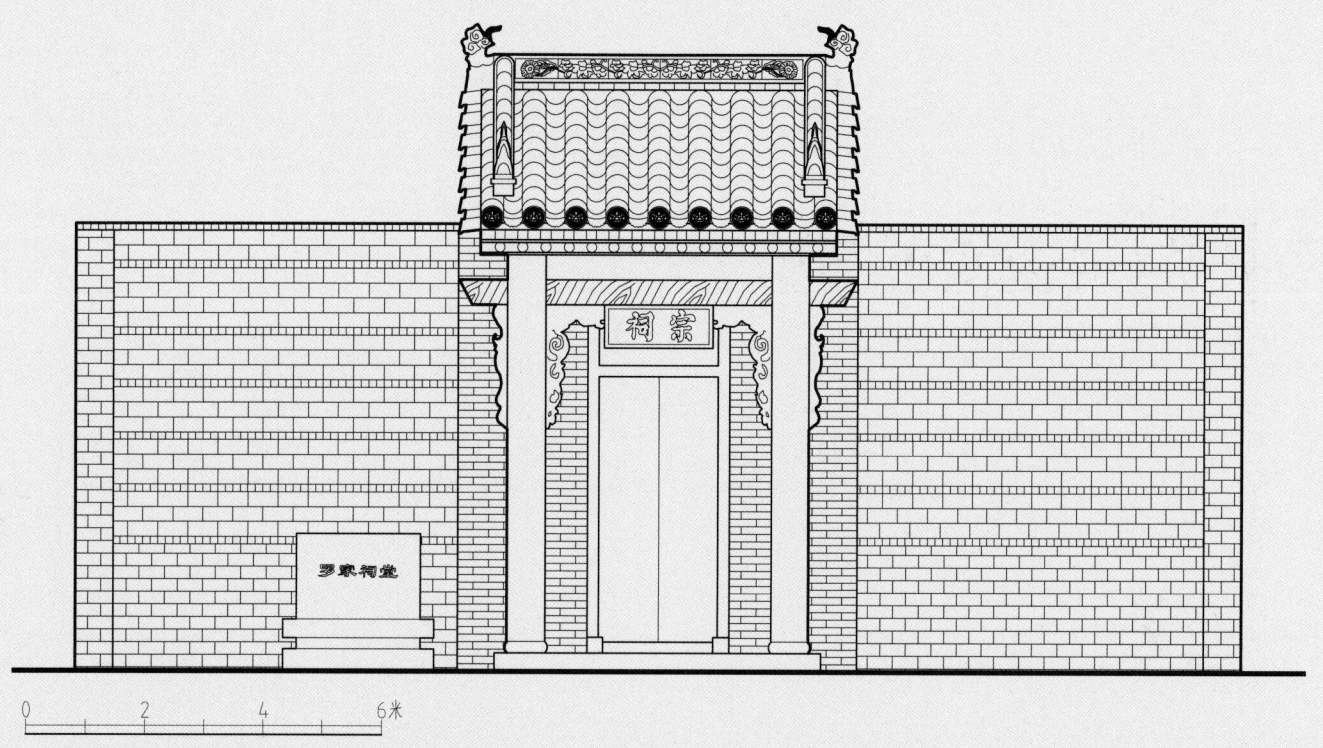

图 6　罗氏祠堂山门立面图
图 7　罗氏祠堂正殿立面图

图 8 罗氏祠堂 A-A' 剖立面图

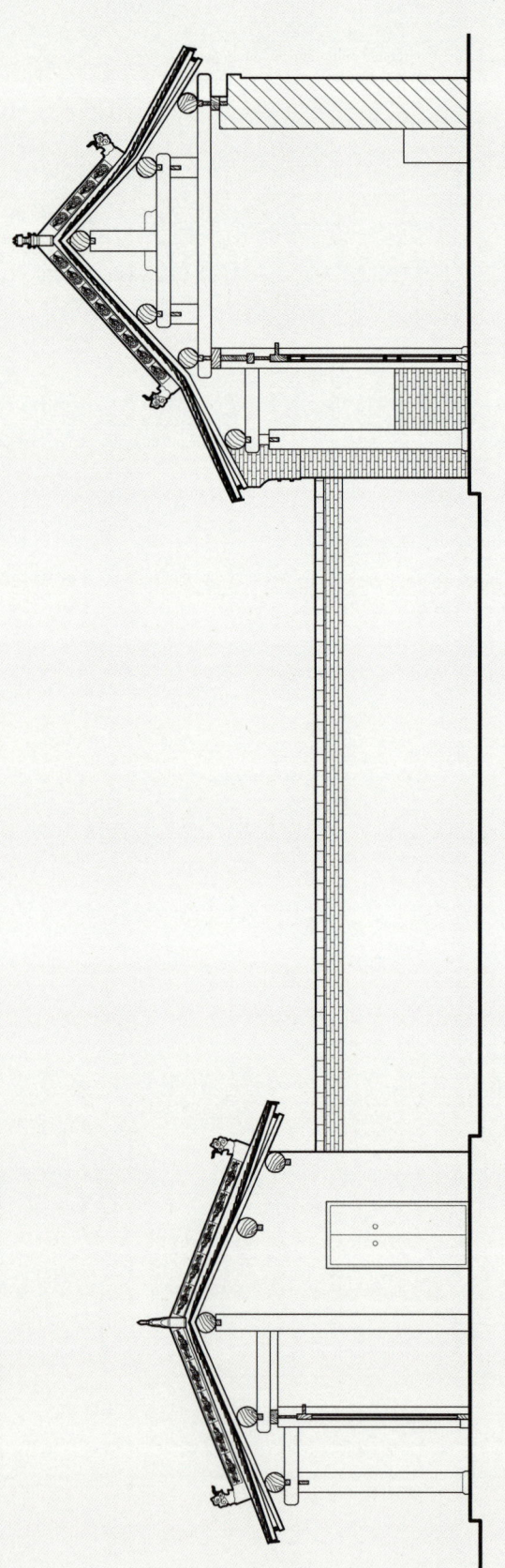

四、建筑装饰艺术

龙纹雀替。此纹饰采用浮雕雕刻手法，把龙头、龙爪刻画得栩栩如生。龙纹用在祠堂中代表着威严，同时也传达着长久兴盛的寓意，被认为能带来福瑞安康。

吕氏宗祠

山西省晋中市昔阳县大寨镇郭庄村

一、建筑区位分析

吕氏宗祠位于山西省晋中市昔阳县大寨镇郭庄村（该文物点经纬度为 37°57′N，113°72′E）。

郭庄村位于昔阳县城南 10 公里处，东面临山，南面和西面与麻汇村相连，北邻神堂岭村，地处 207 国道边，地理位置优越，距大寨镇约 7 公里。

大寨镇地处山西省东部，昔阳县城南郊，属典型的北方干石山区，辖区内重峦叠嶂，沟壑纵横，起伏不平，属温带大陆性气候，四季分明。这里是"大寨精神"的发源地，有便捷的交通、厚重的人文、丰富的资源、淳朴的民风、良好的产业基础，是全县的经济强镇。

二、建筑空间结构

吕氏宗祠，坐北朝南。正殿为硬山顶建筑，面阔三间 7.4 米，进深 5.1 米；东西耳房为硬山顶建筑，面阔一间 5.7 米，进深 5.3 米。

三、建筑空间记忆

吕姓出自姜姓，以国为姓，其始祖是姜子牙。相传上古部族首领神农氏炎帝，因居姜水流域，而称姜姓。后来姜姓羌人发展出四支胞族即"四岳"，吕部族就是其中一支。该部落的首领在夏时被封为吕侯，建姜姓诸侯国吕国（在今河南南阳）。春秋时，吕国被楚国所灭，其后子孙以国为姓，称吕氏，史称吕姓正宗。

吕氏宗祠创修年代无法考证，2017年，族人集资对祠堂的正殿、厢房及山门进行修缮，于2018年修缮完成。修缮后的宗祠焕然一新、古朴典雅。祠堂大门额上书"吕氏宗祠"，对联为"府第生辉家兴业旺　族堂昭德源远流长"。

图1　吕氏宗祠山门
图2　吕氏宗祠正殿
图3　吕氏宗祠正殿内部结构
图4　吕氏宗祠正殿全景

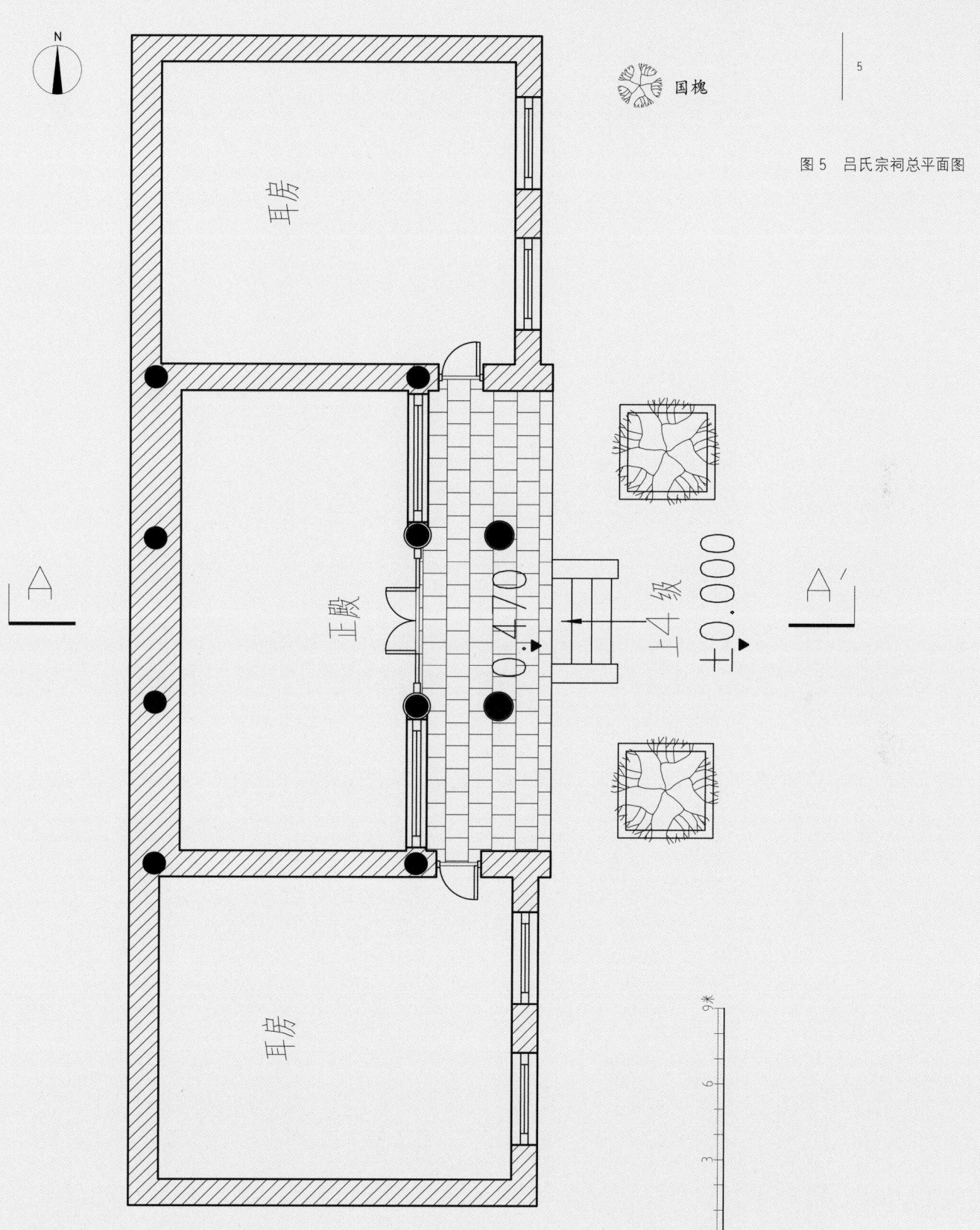

图 5 吕氏宗祠总平面图

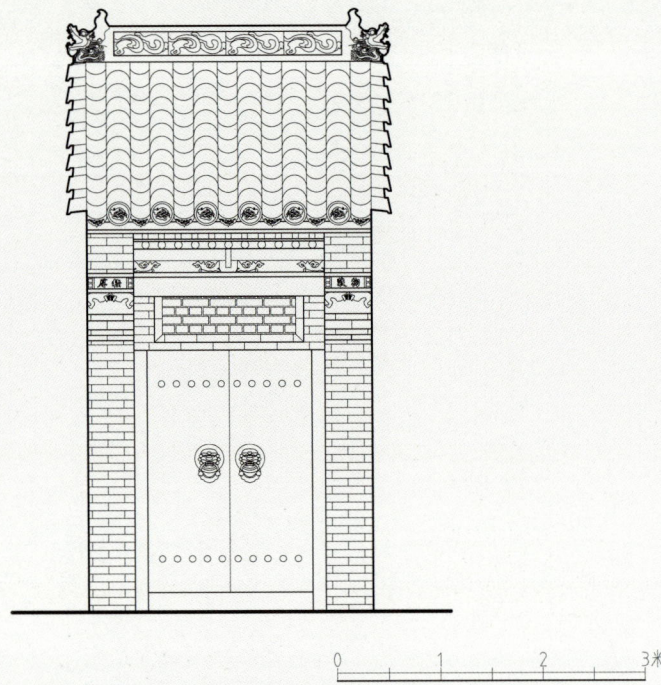

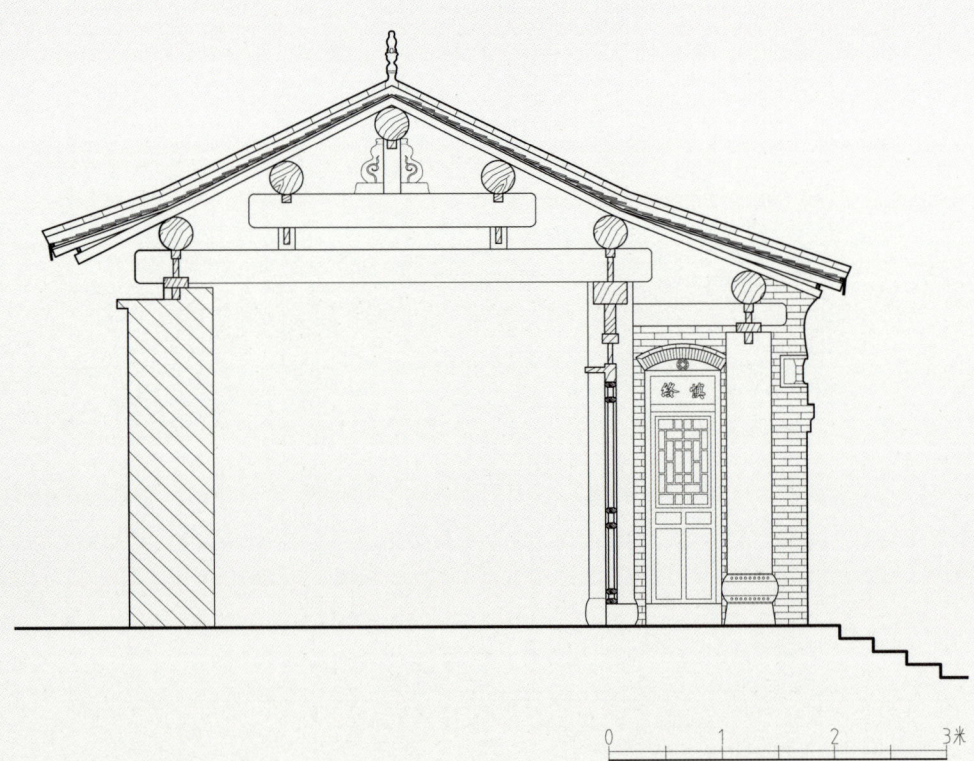

图 6　吕氏宗祠山门立面图
图 7　吕氏宗祠 A-A' 剖立面图

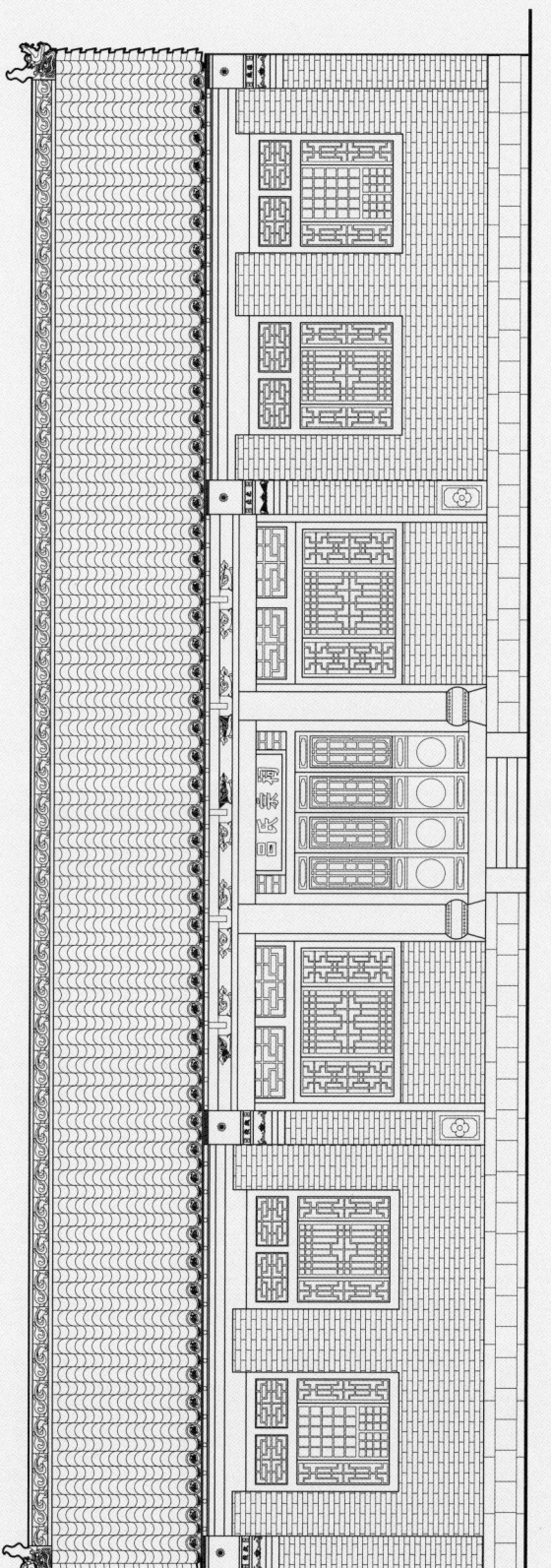

图 8　吕氏宗祠正殿立面图

四、建筑装饰艺术

水波纹彩绘。水波纹，又称"海波纹""海水纹"。水，滋养万物，造福万物，因此，水波纹被世人赋予了厚德载物、海纳百川的寓意。吕氏宗祠在建筑上绘制水波纹，正好与其"厚积""载物"二词形成呼应关系。

毛氏宗祠

山西省晋中市昔阳县乐平镇西南沟村

一、建筑区位分析

毛氏宗祠位于山西省晋中市昔阳县乐平镇西南沟村（该文物点经纬度为37°16′N，112°22′E）。

西沟村位于昔阳县乐平镇西南，距县城6公里，毗邻317省道，交通便利。

二、建筑空间结构

毛氏宗祠，坐西朝东。正殿为硬山顶建筑，面阔五间11.5米，进深4.2米；厢房为硬山顶建筑，面阔4.4米，进深2.2米。现存正殿、山门及耳房。

三、建筑空间记忆

毛氏宗祠在毛家大院内，毛家大院始建于嘉庆年间，至今已有二百多年历史，共有34户人家，至今仍有5户未搬出大院。其拥有土地千余亩，还经营钱庄、作坊、店铺、商号等产业。

毛氏宗祠于道光年间（1821—1850）修建，经咸丰、同治、光绪、宣统五朝，清末至民国初年复建。

| 1 | 图1 毛氏宗祠正殿
| 2 | 图2 毛氏宗祠山门
| 3 | 图3 毛氏宗祠山门内侧

N
A'
正殿
0.900
上5级
0.150
下2级
山门
0.450
B
B'
±0.000
上3级
A
0
3
6米

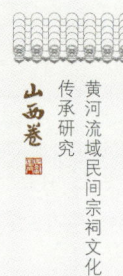

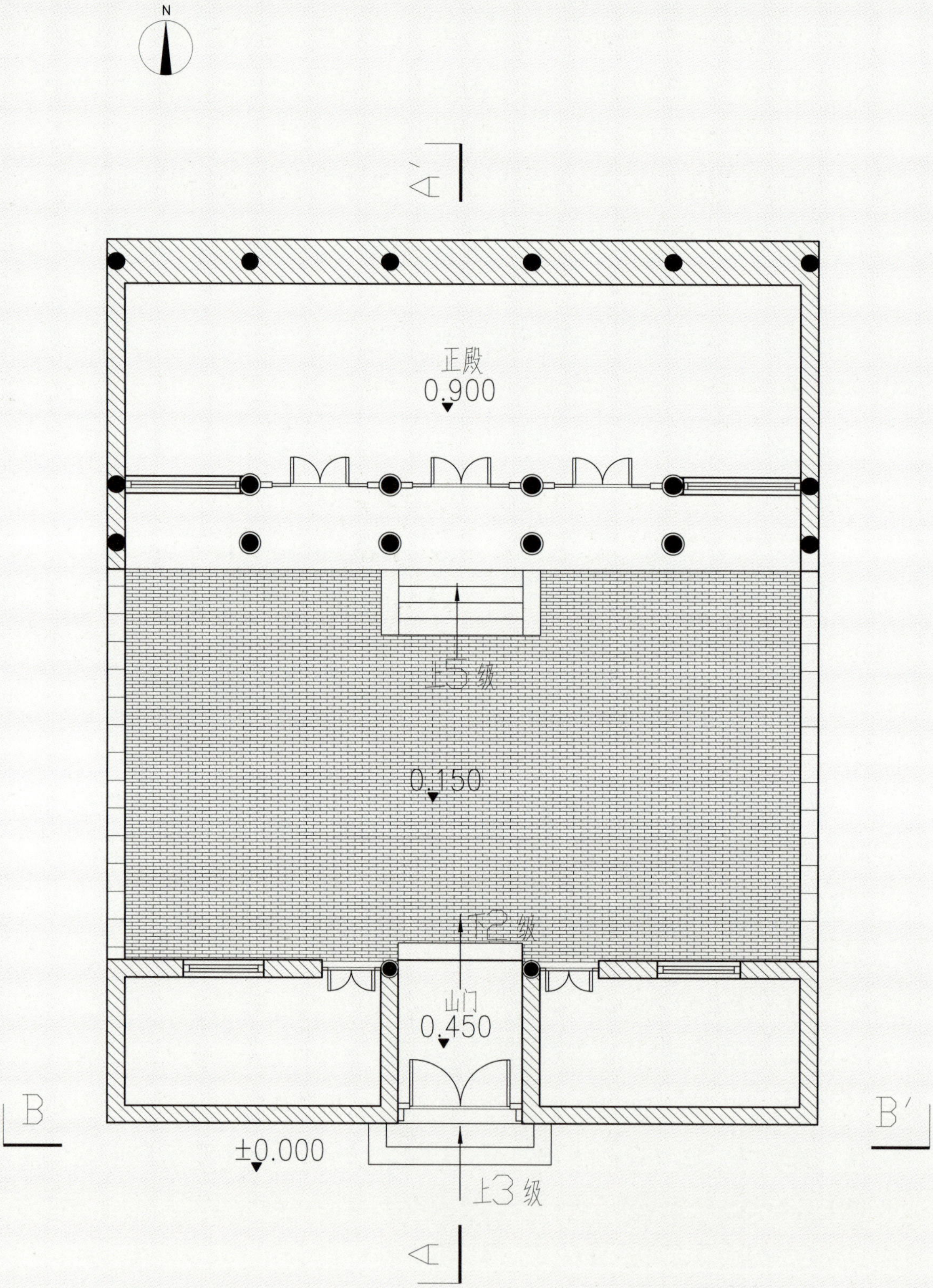

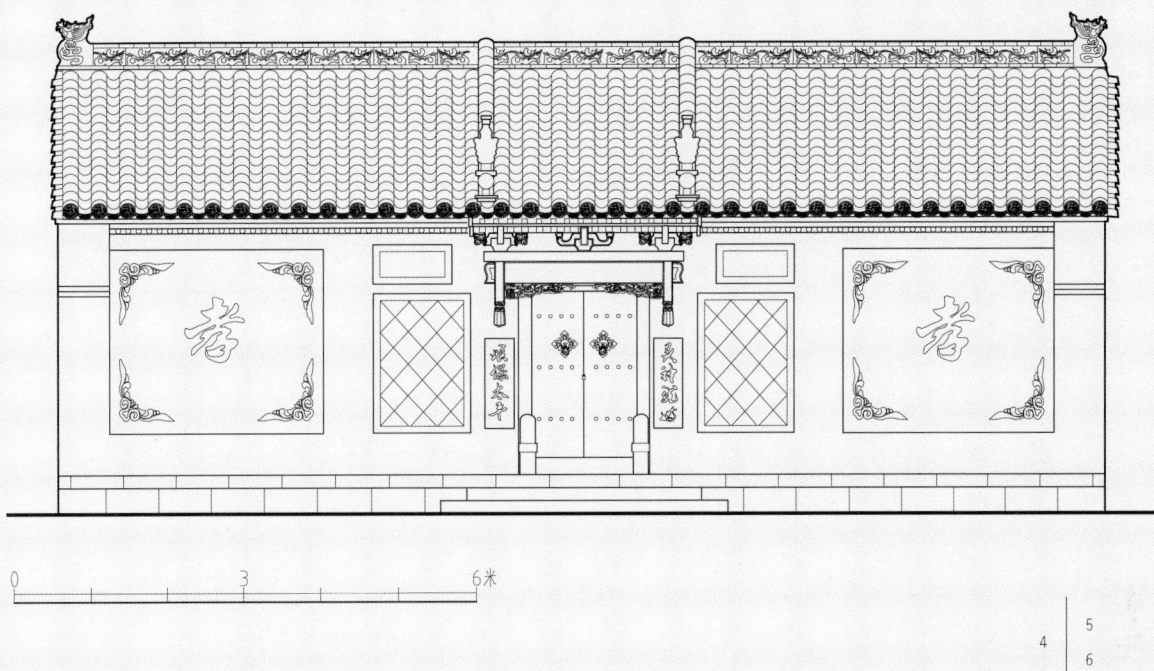

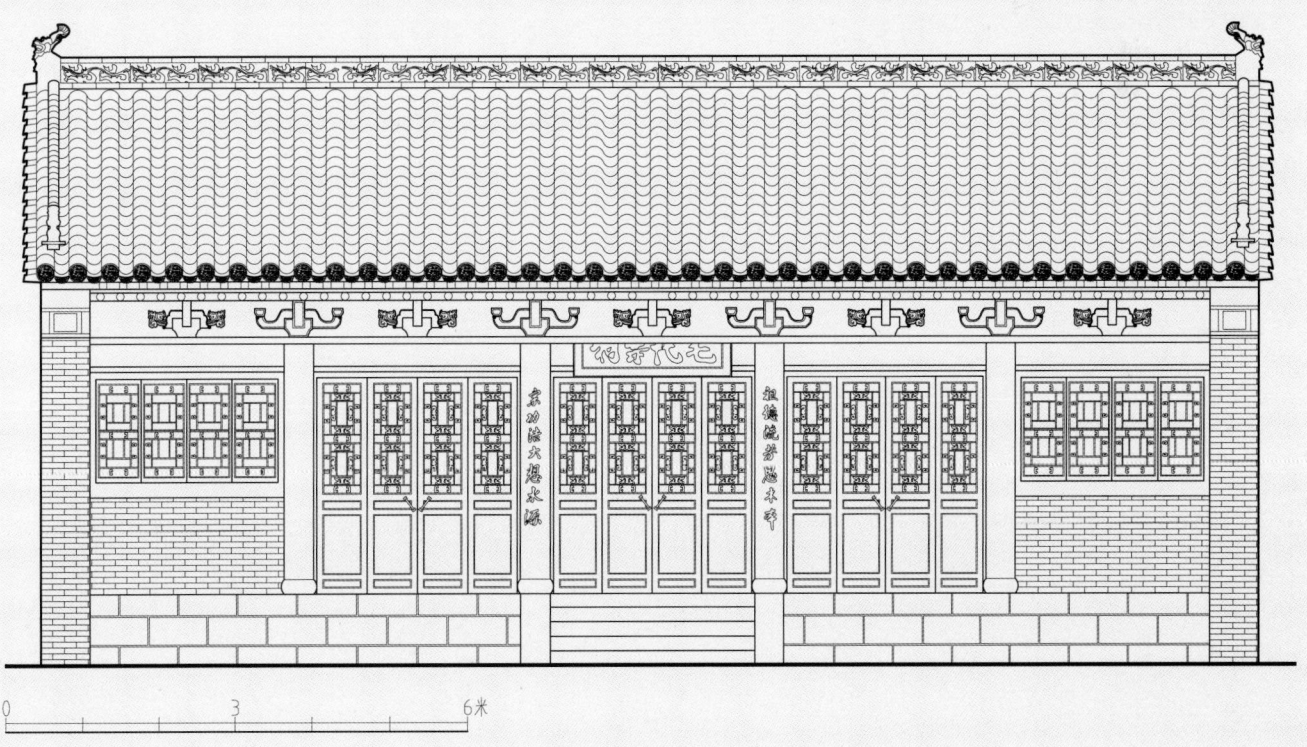

图 4　毛氏宗祠总平面图

图 5　毛氏宗祠山门立面图

图 6　毛氏宗祠正殿立面图

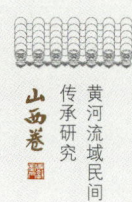

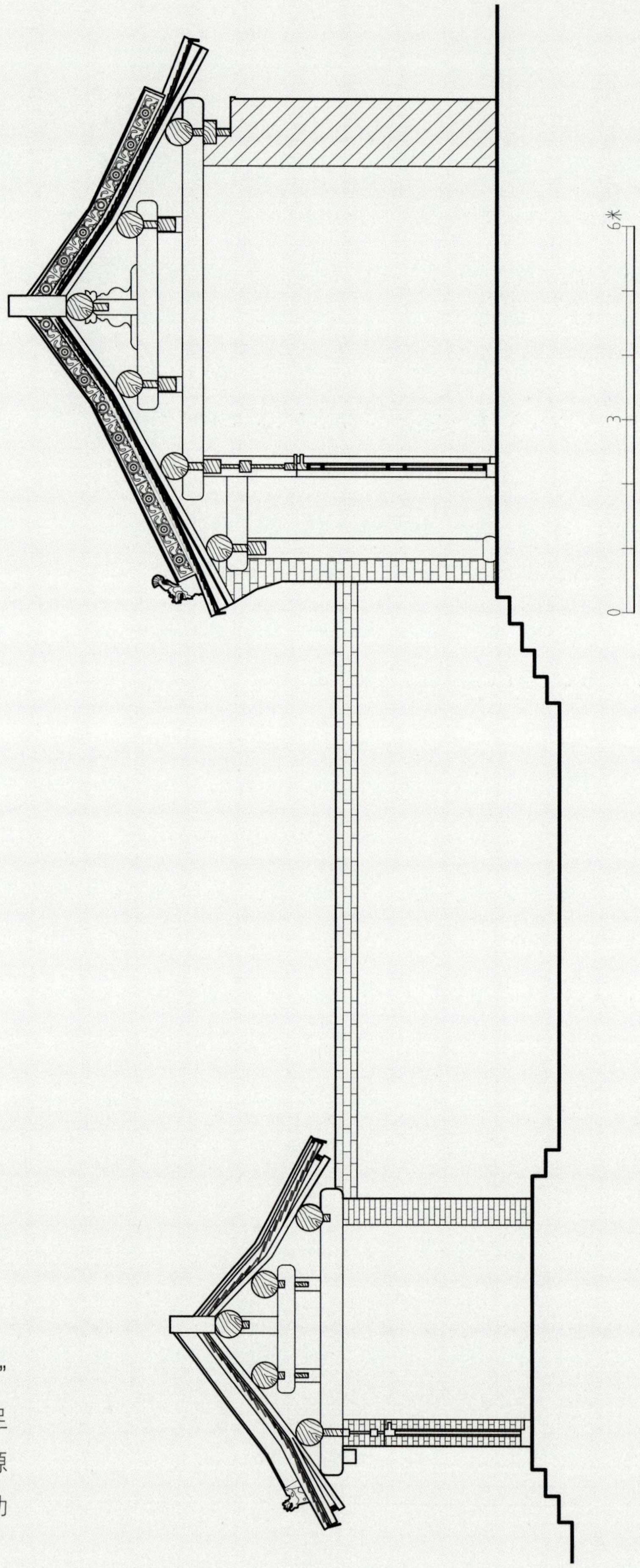

图 7　毛氏宗祠 A-A' 剖立面图

四、建筑装饰艺术

"祖德流芳思木本，宗功浩大想水源"楹联解析：祖先的圣德流芳百世是后世立足的根本，当子孙将宗族发扬光大时要想着源头。因此，楹联一方面赞扬了祖先的劳苦功高，另一方面提醒后人不忘饮水思源。

李氏祠堂

山西省晋中市昔阳县赵壁乡水峪村

一、建筑区位分析

李氏祠堂位于山西省晋中市昔阳县赵壁乡水峪村（该文物点经纬度为 37°49′N，113°81′E）。

水峪村位于县城东南 35 公里，属赵壁乡管辖。附近有昔阳离相寺、昔阳福严寺、大寨景区、石马寺、昔阳龙岩大峡谷等旅游景点。

二、建筑空间结构

李氏祠堂，坐南朝北。正殿为硬山顶建筑，面阔三间 7.7 米，进深 3.2 米；后殿为硬山顶建筑，面阔三间 7.7 米，进深 3.3 米；厢房为硬山顶建筑，面阔三间 4.5 米，进深 2.5 米。现存正殿、后殿和厢房。

三、建筑空间结构

李姓为大姓，仅山西省晋中市昔阳县境内就遍布东关、西大街、洪水、石龛、寺上、水峪村、后龙凤垴、西固壁等四十余个村镇。

李姓家族迁徙史不详，李氏祠堂修建于清代，具体年代不详，重建年代不详。

图1　李氏祠堂正殿
图2　李氏祠堂正殿外观
图3　李氏祠堂正殿屋面
图4　李氏祠堂厢房外观

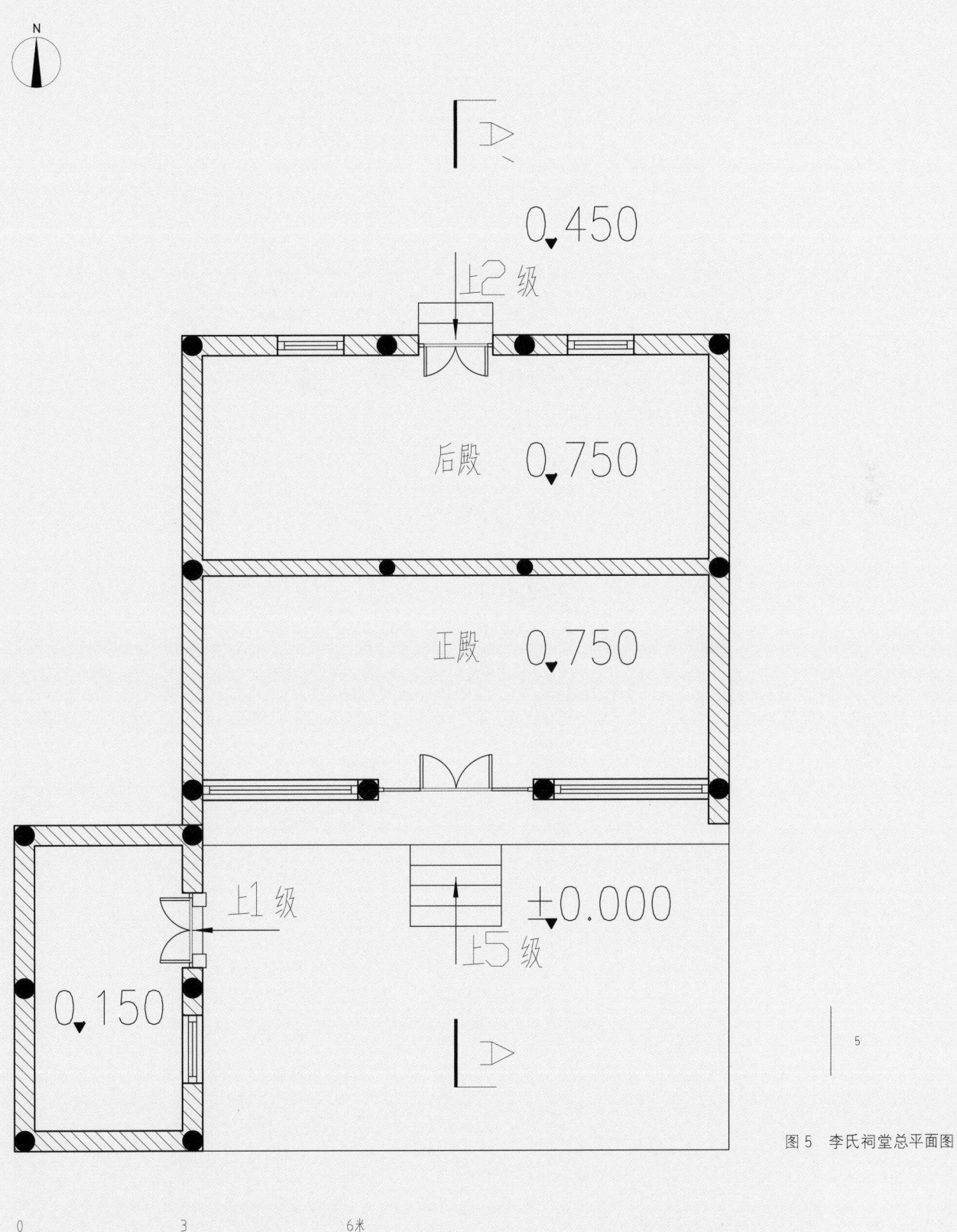

图5 李氏祠堂总平面图

黄河流域民间宗祠文化传承研究　山西卷

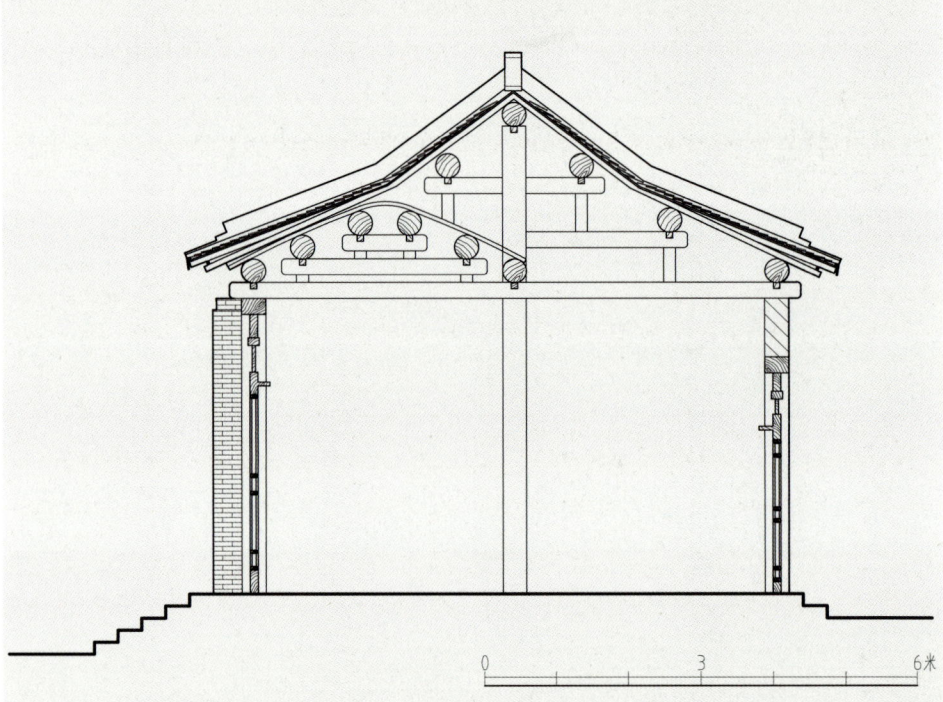

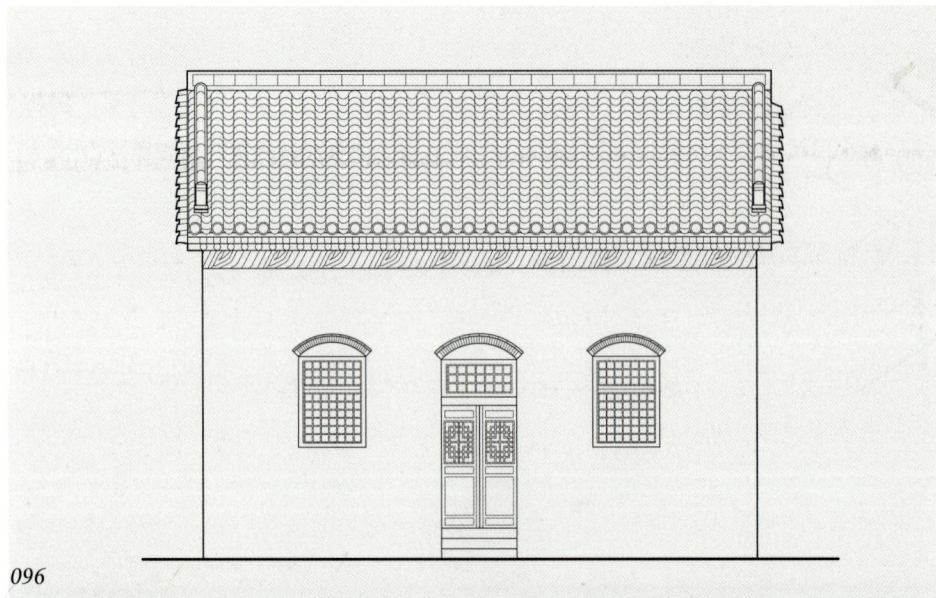

图6　李氏祠堂正殿立面图

图7　李氏祠堂正殿剖面图

图8　李氏祠堂厢房立面图

图 9　李氏祠堂正殿门窗现状
图 10　李氏祠堂厢房门窗现状

四、建筑装饰艺术

卷草纹雀替。卷草纹又称"蔓草",是唐代最流行的纹饰之一,因此又称"唐草"。卷草纹以其曼妙缠绕的枝条而出名,也是应用最广泛的雀替纹饰之一。

图 11　李氏祠堂房屋结构现状

图 12　李氏祠堂屋檐木雕斗拱

图 13　李氏祠堂门

图 14　李氏祠堂窗

王家祠堂

山西省晋中市昔阳县赵壁乡水峪村

一、建筑区位分析

王家祠堂位于山西省晋中市昔阳县赵壁乡水峪村（该文物点经纬度为 37°49′N，113°81′E）。

水峪村物产丰富，人勤物丰，茂林成荫，交通便利，周边地点有南水峪、北水峪、水峪水库、座华汕、柏岩山、前口庄村、前口庄桥。

二、建筑空间结构

王家祠堂，坐北朝南。正殿为硬山顶建筑，面阔三间 7.3 米，进深 4.5 米；前殿为硬山顶建筑，面阔三间 7.1 米，进深 3.0 米。现存山门、前殿和后殿。

三、建筑空间记忆

王姓家族迁徙史不详。王家祠堂所处的水峪村历史悠久，由于当地水资源丰富，清代以前叫作水谷村。村里现存一座药王庙，两处古戏楼，每年农历四月二十八过庙会。另有不少古建筑，除了王家大院以外还存有李家大院。

图 1　王家祠堂前殿背面

图 2　王家祠堂正殿

图 3　王家祠堂正殿外观

图 4　王家祠堂山门

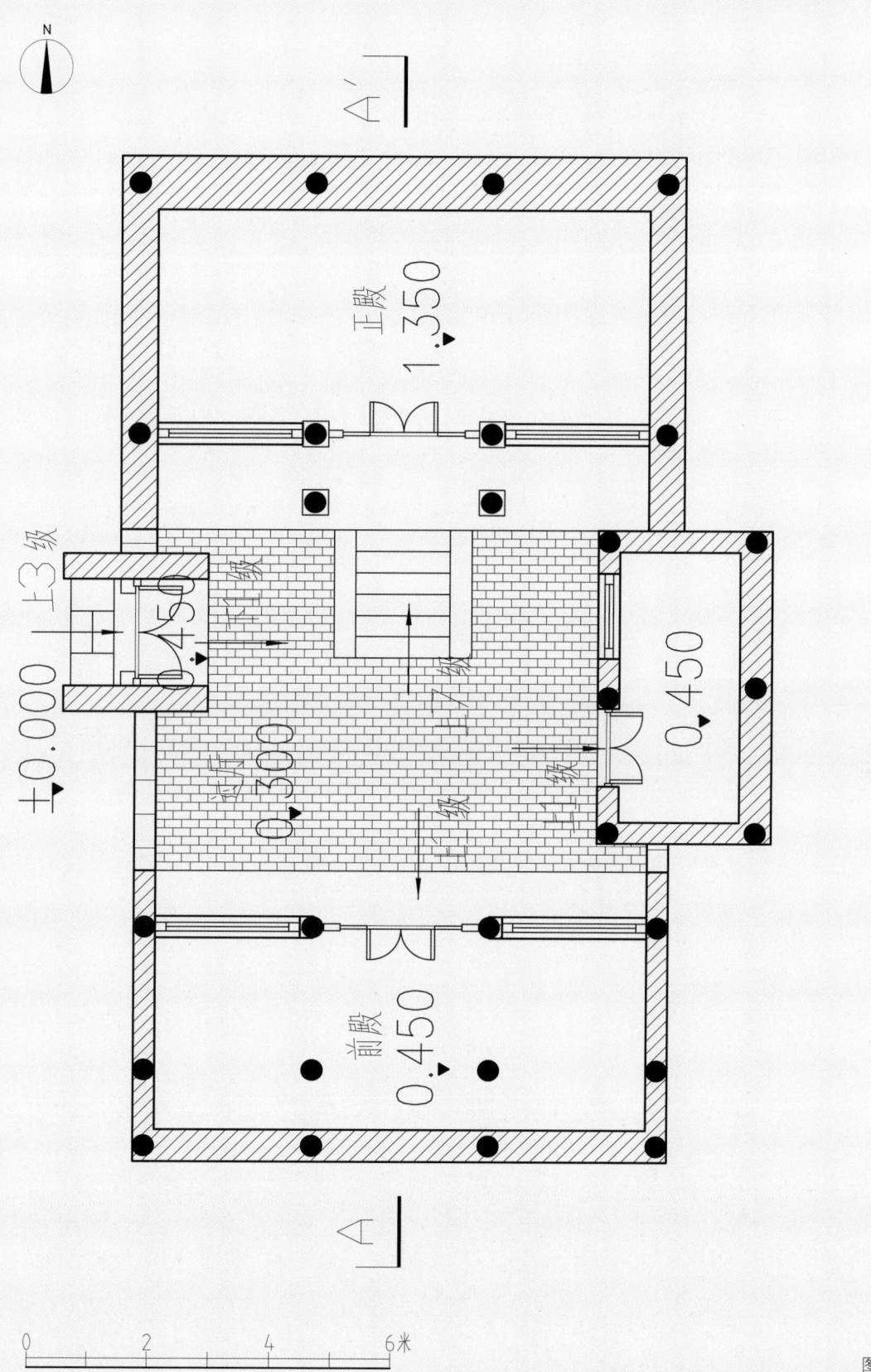

图5 王家祠堂总平面图

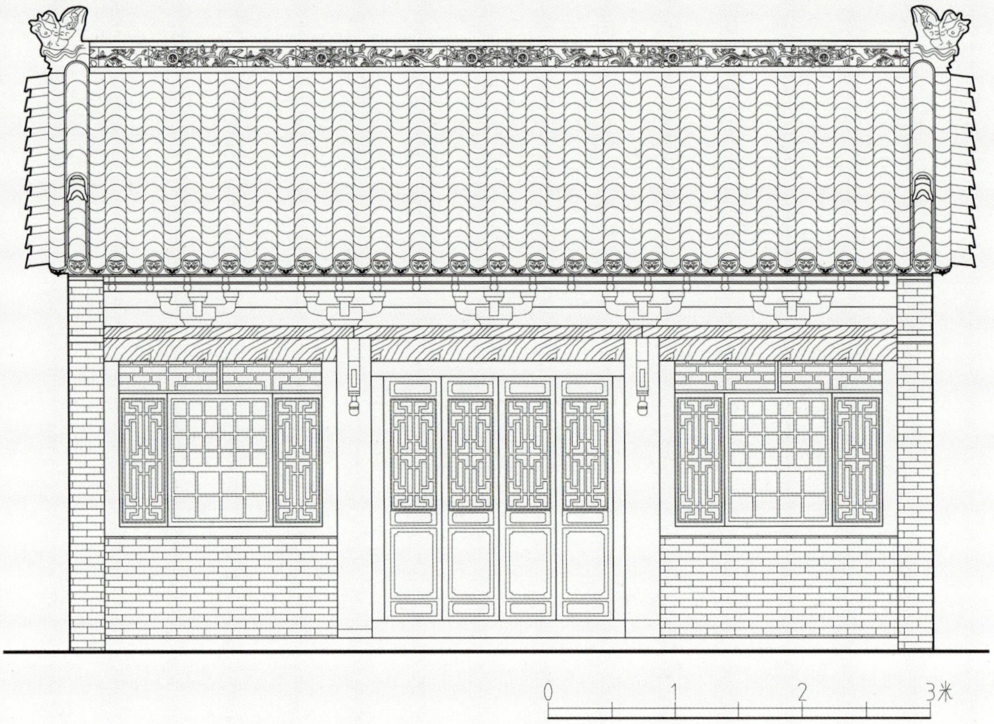

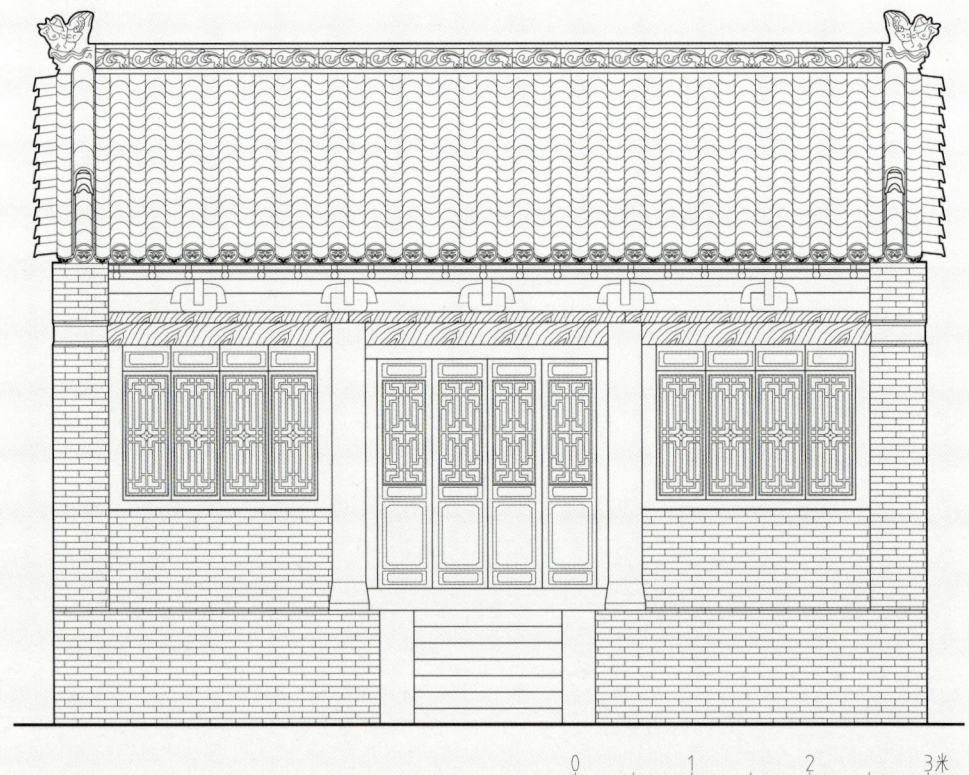

图 6　王家祠堂前殿立面图
图 7　王家祠堂正殿立面图

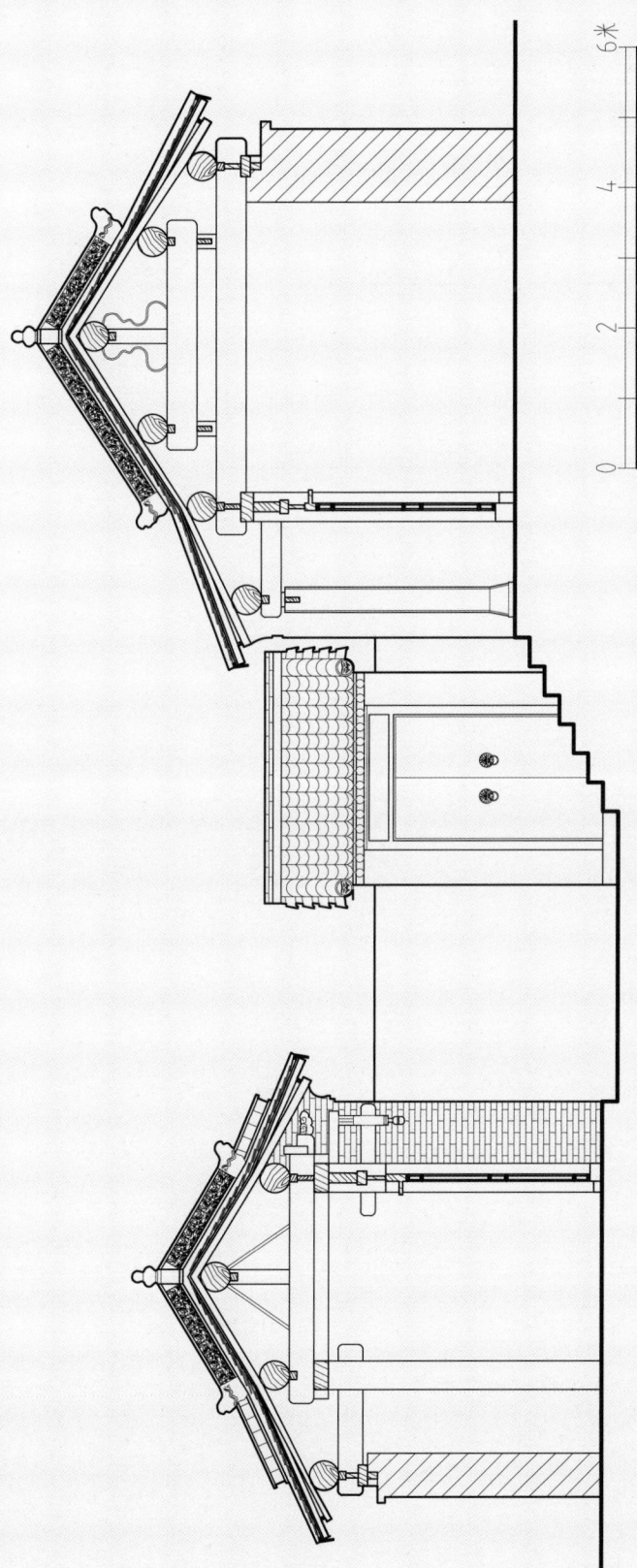

图 8　王家祠堂 A-A' 剖立面图

四、建筑装饰艺术

正脊装饰。卷草纹饰通常与花卉结合，王家祠堂正脊装饰上的花形饱满，似为牡丹，这种富丽堂皇的花朵形象一般用于画面的主要位置或者中心，周围辅助以卷曲的枝叶，非常华美富丽。

武氏宗祠

山西省晋中市灵石县南浦村

一、建筑区位分析

武氏宗祠位于山西省晋中市灵石县南浦村（该文物点经纬度为 36°88′N，111°84′E）。

南浦村位于灵石县城以东 10 公里，静升镇西南隅，自古为农业村。省道傍村而过，交通便利，物流畅通。东与南原村土地相连，水系相通，西有静升河环绕，常年水流不息；北临苏溪村，南接草桥一山之隔，山左山右互为依托。

南浦村与集广村、草桥村、尹方村等相邻。

二、建筑空间结构

武氏宗祠，坐北朝南。正殿为硬山顶建筑，面阔三间 8.8 米，进深 6.3 米；厢房为硬山顶建筑，面阔 7.4 米，进深 3.6 米。现存门楼、东西厢房、正殿及耳房。

三、建筑空间记忆

武氏宗祠始建于乾隆初期嘉庆九年（1804），中华人民共和国成立后被改为学校。过去南浦村有武氏宗祠、高氏宗祠、董氏宗祠、郭氏宗祠，现其他宗祠都已消失于历史的长河中，仅武氏宗祠的主体部分尚存，并于 2017 年被重修。

图 1　武氏宗祠正殿
图 2　武氏宗祠山门

山西省民间宗祠测绘图典选集　　105

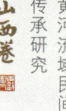

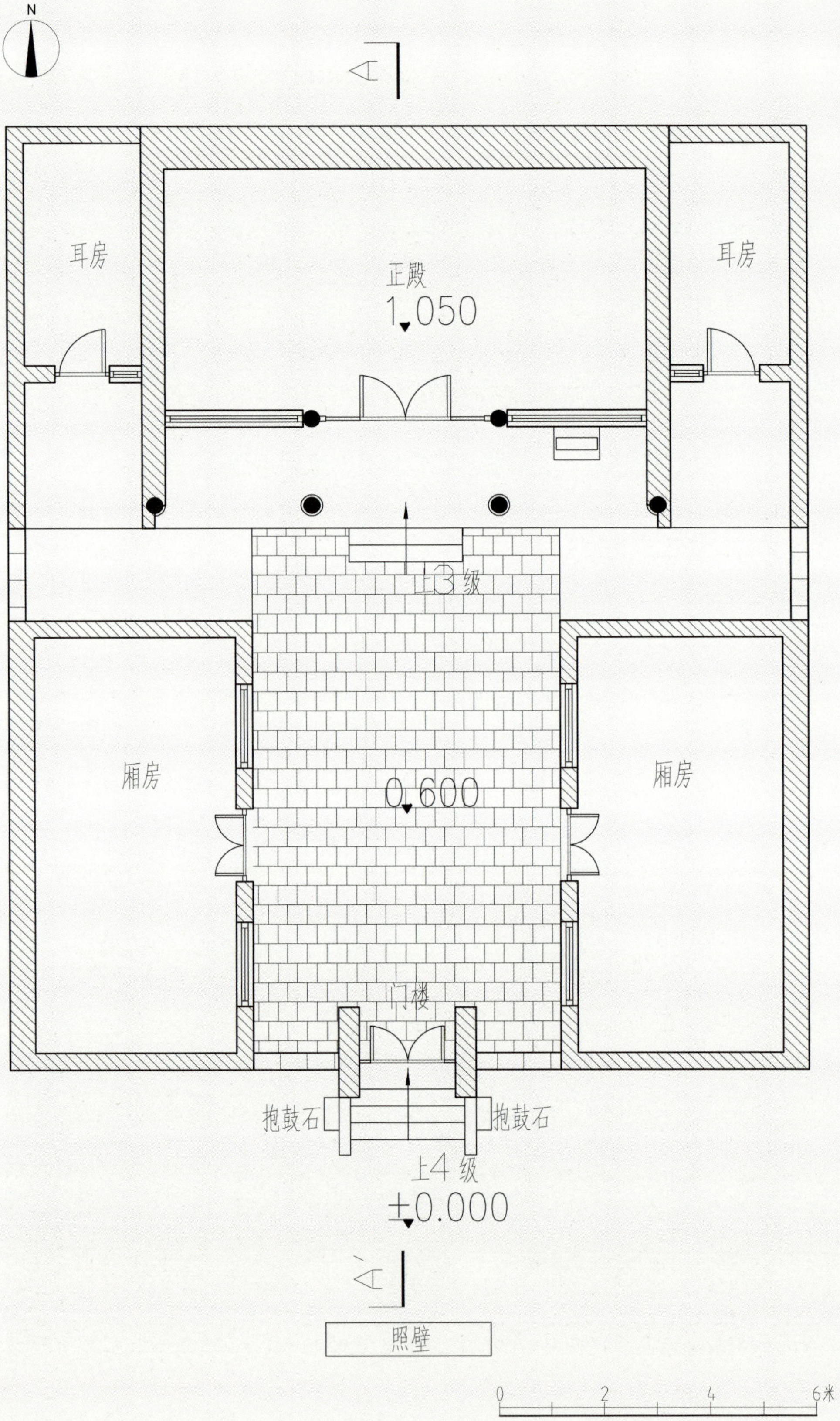

图3 武氏宗祠总平面图

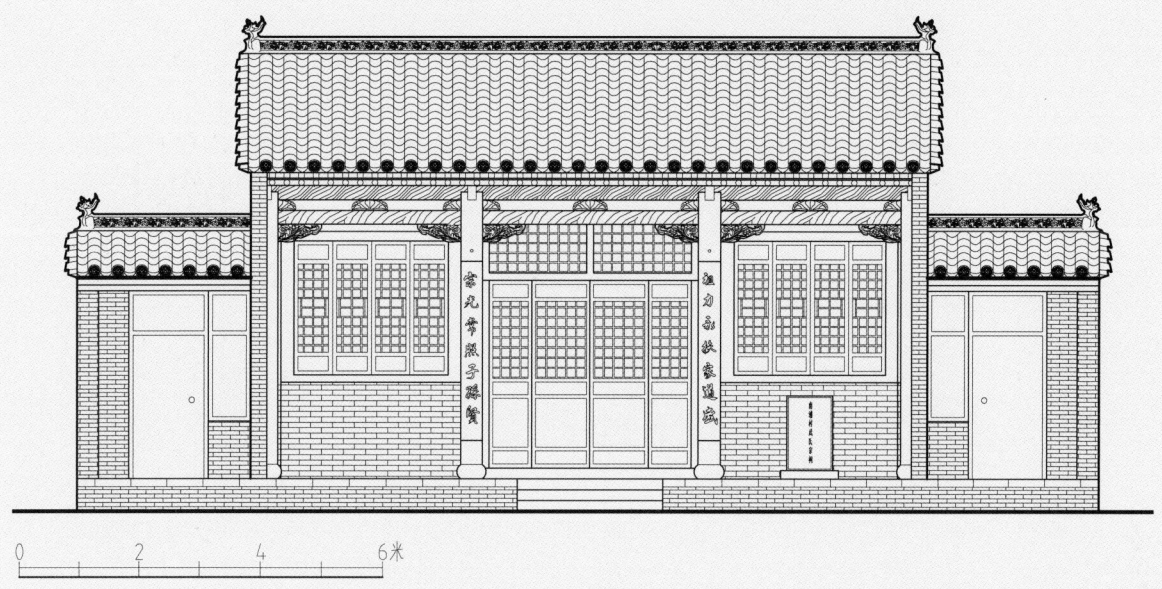

图 4 武氏宗祠正殿立面图

图 5 武氏宗祠 A-A' 剖立面图

图6　武氏宗祠耳房

图7　武氏宗祠厢房

图8　武氏宗祠石墩细节

图9　武氏宗祠窗细节

图10　武氏宗祠大门细节

图11　武氏宗祠立柱细节

四、建筑装饰艺术

　　荷花木雕雀替。雀替雕刻艺术，选材广泛，内容丰富，包罗万象。所谓建筑必有图，图必有意，意必吉祥。其建筑装饰有人物形象、吉祥花卉、自然景观、珍禽瑞兽、符图器皿等，还有佛教八宝、忠孝故事等，均采用民俗的象征、隐喻、谐音等表现手法，如石榴、葫芦、莲花是多子植物，故其寓意便是多子多福、早生贵子。

图12 武氏宗祠复修碑记

武氏宗祠复修记

据考南浦武氏宗祠建造于乾隆初期嘉庆九年创建乐亭南戏台二〇一一年九月被灵石县人民政府确定为不可移动文物中华人民共和国建立后一直作为学校教书育人数辈文风始盛。

然而由于建造已久年久失修塌毁严重目前庙门戏台无痕大殿耳殿东西厢房全部无顶或半顶院内杂草丛生整个祠堂面目全非。

戏楼底武氏十八世孙学立触景生感力主复修决心恢复庙貌之辉煌故于公元二〇一七年阴历三月初六日开工五月底竣工总投资三十八万余元人民币全部由武学立一人独自投资不捐款不集资竣工后在公元二〇一七年阴历十五至十七日在祠堂广场举行了隆重的庆典活动和祭祖仪式期间由祖先搭台唱戏三天祠堂大门的楹联祖德宗功千载泽子承孙继万年春和门匾武氏宗祠均由武学立亲笔撰写庙外立照壁修广场照壁正面图案为台院原景背面五幅捧兽大门口放置石鼓两面鼓面四种荷花图案广场壁画二十四孝图案以示百善孝为先重新立我户本源堂匾额于殿门高挂。

修复祠堂同时由武学立主编武志锁副主编武耀武东生武新荣资料采集武鹏飞编辑整理由武学立支付印刷费十二万元人民币出版南浦武氏家谱六百册愿我家族兴旺蹱事增华

公元二〇一七年阴历七月　立碑

太和岩牌楼

山西省晋中市介休市义安镇北辛武村

一、建筑区位分析

太和岩牌楼位于山西晋中介休市义安镇北辛武村（该文物点经纬度37°08′N，112°00′E）。

北辛武村地处介休市城区10公里处，属义安镇管辖，南邻108国道，北靠汾河，属于山西省新农村建设推进村之一。

北辛武村与田李村、沙堡村、东大期村等村相邻。

二、建筑空间结构

太和岩牌楼属于琉璃牌楼，牌楼坐北朝南，占地面积48平方米。为四柱三门三楼式，建于石砌束腰须弥座上，宽5米，高5米，歇山顶，上覆盖黄琉璃瓦。明间设七踩三翘斗栱七攒，次间置五踩单翘单昂斗栱五攒，明次间额枋斗栱、门楣牌匾、勾滴瓦垄、吻兽脊饰及各种花卉图案、文字等全用黄、绿、蓝琉璃构件搭套安装而成。

三、建筑空间记忆

牌楼建造于清光绪二十三年（1897），为真武庙门前牌楼，现今庙已经毁坏，仅存牌楼，门拱上雕蔓延花枝及二龙戏珠，额枋心内雕人物、花卉和文房四宝，斗栱饰雕龙头牌匾上剔得突起的花边，枋柱两侧面塑青龙、白虎。正面中门檐下悬"太和岩"牌额，枋下悬"紫极腾辉"牌匾，左门上悬"众妙门"。四柱饰对联，中间一副为"北极极也本无极为太极　玄天天也乃先天而后天"，两旁题"汾川宝地殿庭观壮玉虚正王衡调玉烛玉者犹王　玄岳佐玄冥躔玄武玄之又玄净乐前星针杵功成"。牌楼背面中门悬"天枢真宰"牌匾，四柱饰对联，分别为"道事半百年飞真自天上帝适　名留于一千古游王避地大宇寒""净乐钟灵三三诞降　太和深道九九飞升"。

图1　太和岩牌楼侧面
图2　太和岩牌楼正面

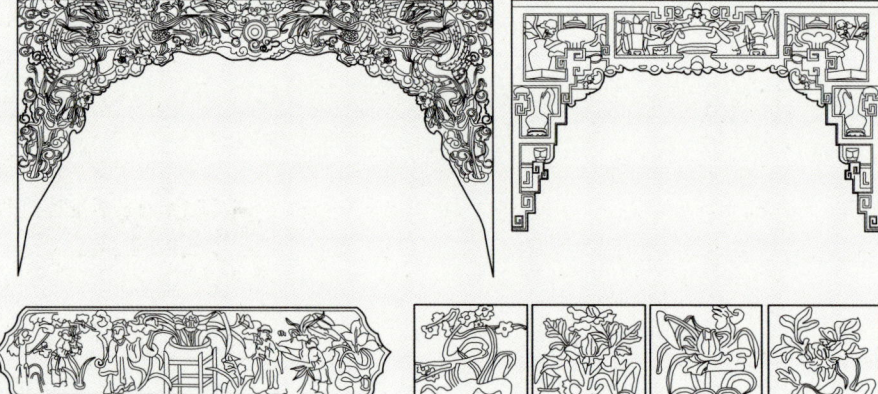

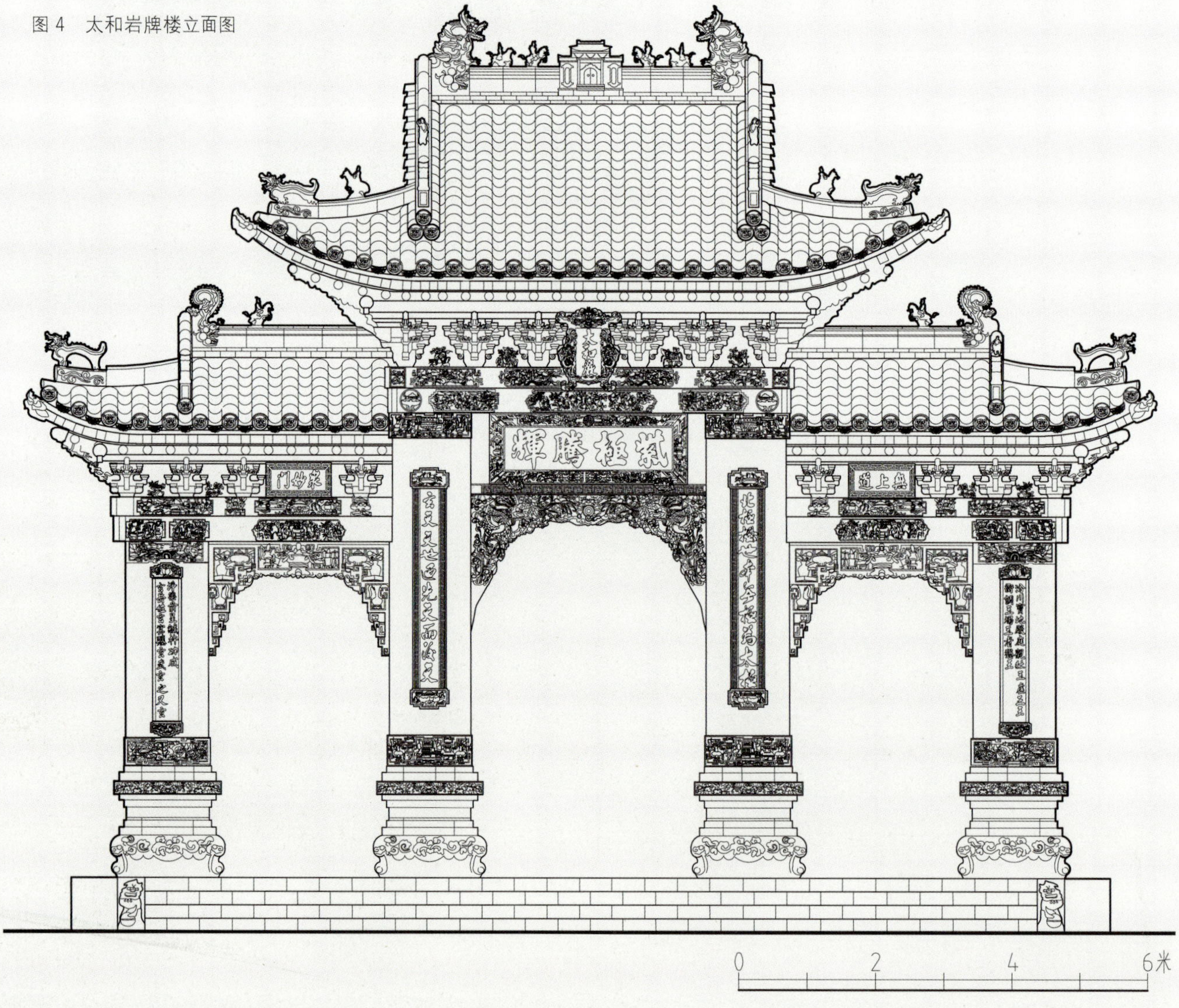

图 3　太和岩牌楼雕刻大样图

图 4　太和岩牌楼立面图

四、建筑装饰艺术

（1）两条云龙与一颗火珠。《通雅》中有"龙珠在颌"的说法，龙珠被认为是一种宝珠，可避水火。有二龙戏珠，也有群龙戏珠，还有云龙捧寿，都是祝颂平安表示吉祥安泰、长寿之意。宋代至清代均有出现圆雕、玉牌等。

（2）花瓶竖立在方桌上。古时方桌称为"案"。"瓶"与"平"，"案"与"安"谐音，因此意为平平安安。

（3）博古架。一般放置奇石、茶壶、古玩、植物等，一壶、一炉、一石，组成一博古图，也有福禄寿之意（在博古语中，石是"寿"的意思），于是"福禄寿何来，知足常乐可矣"的心境，淡然而至。

（4）人物。大多数的人物木雕题材都是来自神话传说、历史故事、小说、戏剧等。比如福禄寿喜、关公、钟馗、八仙、和合二仙、刘海戏金蟾等。

（5）牡丹花。牡丹花朵丰腴，色泽艳丽，国色天香，象征荣华富贵。

（6）荷花。称作"本固枝荣"，寓意基础稳固，家族发达了事业才兴旺，子孙才能飞黄腾达。

（7）兰花。兰花因香气清幽，花姿优美，象征高洁清雅。

（8）梅花。松、竹、梅被称为"岁寒三友"。古人认为梅有四德，梅花发芽为万物更新，开花代表事事亨通，结籽代表处处有利，成熟则代表一生圆满。

（9）松树图案。

图 5　太和岩牌楼檐口

图6 太和岩牌楼细节

杨氏祠堂

山西省晋中市昔阳县赵壁乡川口村

一、建筑区位分析

杨氏祠堂位于山西省晋中市昔阳县赵壁乡川口村（该文物点经纬度为 37°57′N，113°72′E）。

川口村原属凤居乡，2001年3月并入昔阳县赵壁乡，位于县路留马线和界李线交汇处，北距凤居村3公里，南离赵壁村5公里。川口村与有仁村、巩家庄村、后东峪村等相邻。

二、建筑空间结构

杨氏祠堂，坐北朝南。正殿为硬山顶建筑，面阔三间7.2米，进深4.8米；东西厢房面阔三间6.6米，进深2.7米。现存山门、正殿和东西厢房。

三、建筑空间记忆

《金史·列传》有杨云翼传曰："杨云翼字之美，其先赞黄檀山人，六代祖忠客迁平定之乐平县，遂家焉。曾祖青、祖郁、考恒皆赠官于朝。"

杨家祠堂始建于金代，历经朝代更迭，后人不断修缮，除原有格局未变，最初的样貌已无法还原。正屋房脊上雕刻的花纹、考究的飞檐、石条铺就的庭院、保存较为完好的石狮子等建筑细节。新中国成立后，杨氏祠堂被改为学校；2014年重修正殿。

1	
2	
3	4
5	6

图1　杨氏祠堂山门

图2　杨氏祠堂山门山花

图3　杨氏祠堂厢房

图4　杨氏祠堂厢房

图5　杨氏祠堂正殿

图6　杨氏祠堂厢房侧面

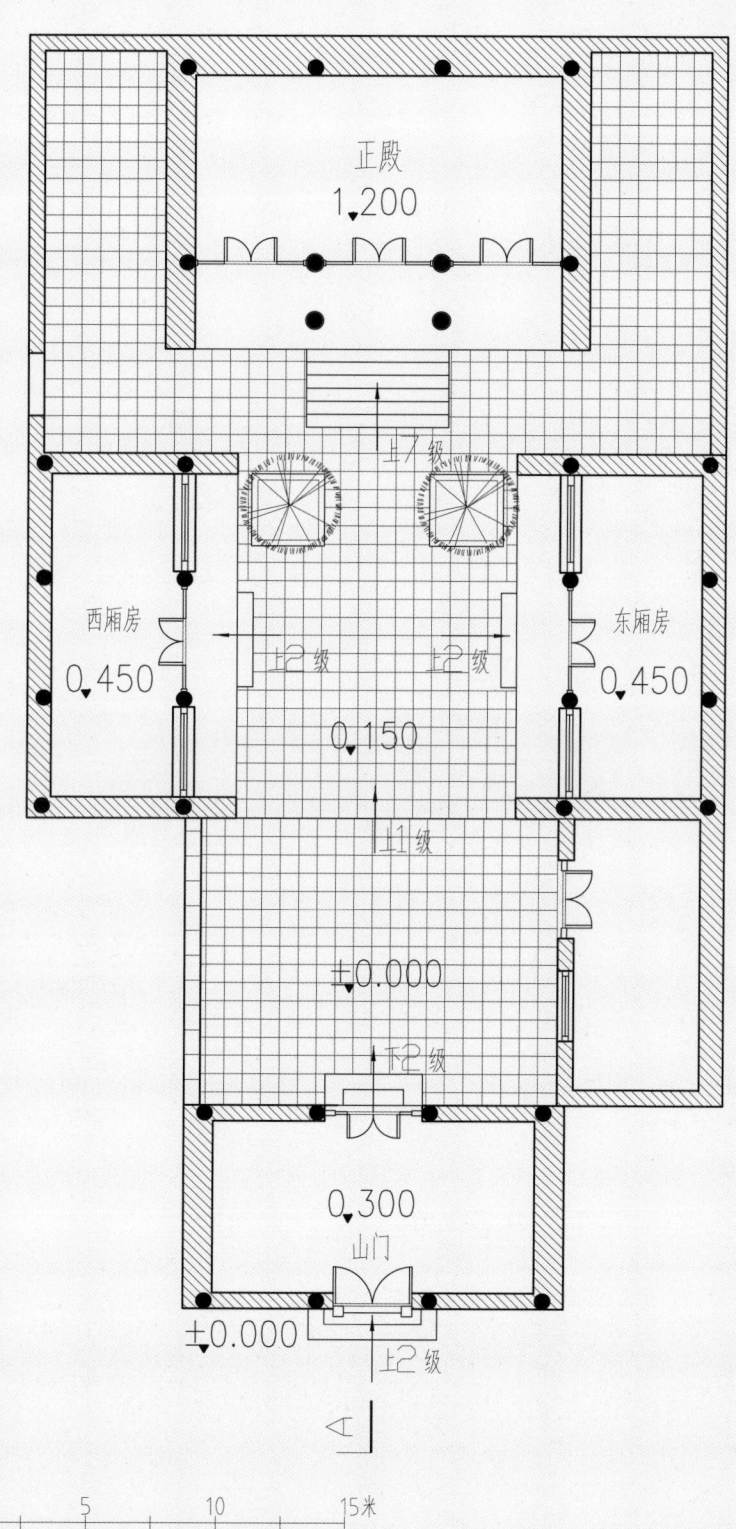

图 7 杨氏祠堂总平面图

图 8 杨氏祠堂正殿立面图
图 9 杨氏祠堂 A-A' 剖立面图

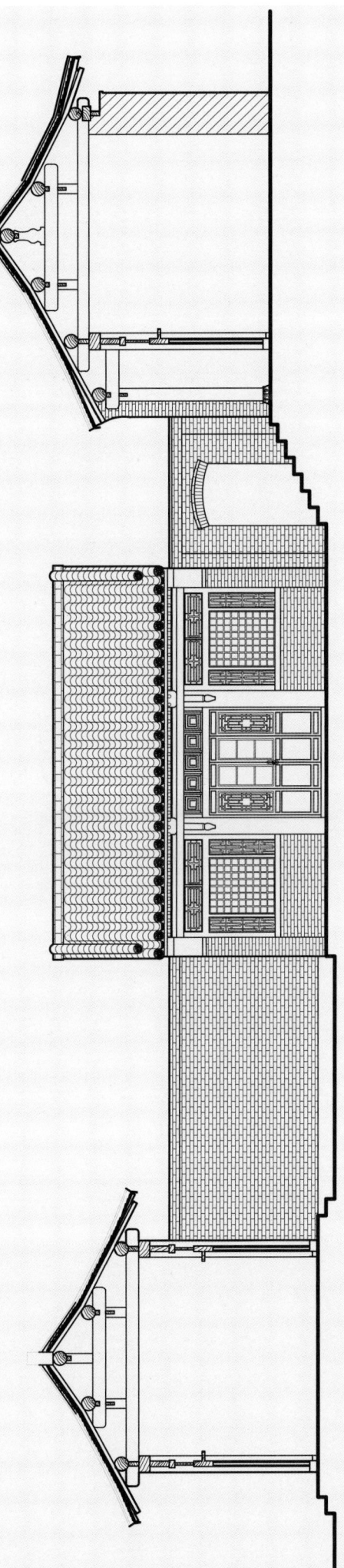

图 10　杨氏祠堂瓦当滴水

图 11　杨氏祠堂碑头图

图 12　杨氏祠堂门细节

图 13　杨氏祠堂门窗细节

图 14　杨氏祠堂石雕碑头大样图

四、建筑装饰艺术

（1）正脊龙纹。传说可避火灾，驱魅魉，守护家宅的平安，并可冀求丰衣足食、人丁兴旺。

（2）团龙瓦当。象征权势、高贵、尊荣，也寓意禳除灾祸从而带来吉祥。

武氏宗祠

山西省晋中市榆次区东阳镇车辋村

一、建筑区位分析

武氏宗祠位于山西省晋中市榆次区东阳镇车辋村（该文物点经纬度为 37°54′N，112°63′E）。

车辋村位于榆次、太谷、清徐三县（区）交汇处，是全国儒商第一家常家庄园所在地，地势平坦，土地肥沃。

二、建筑空间结构

车辋村武氏宗祠建筑为抬梁式构架，坐北朝南。正殿为硬山顶建筑，青砖砌墙，面阔三间 8.39 米，无总平面图。

三、建筑空间记忆

武姓家族迁徙史不详，武氏祠堂修建于清代，具体年代不详，重建年代不详。

图1　武氏宗祠牌匾
图2　武氏宗祠山门
图3　武氏宗祠山门屋顶
图4　武氏宗祠正殿

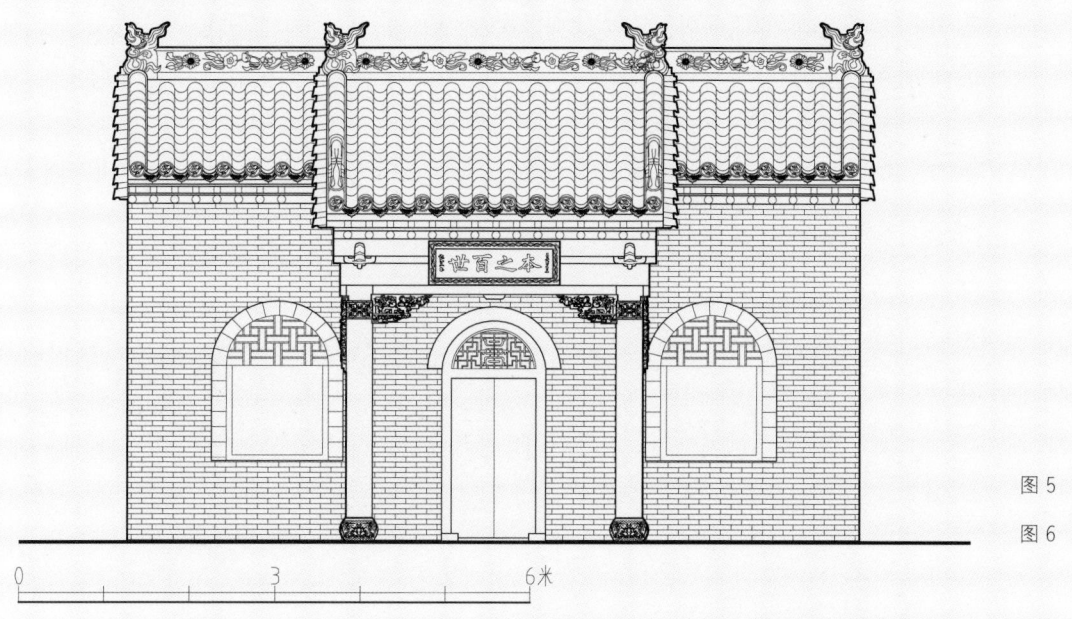

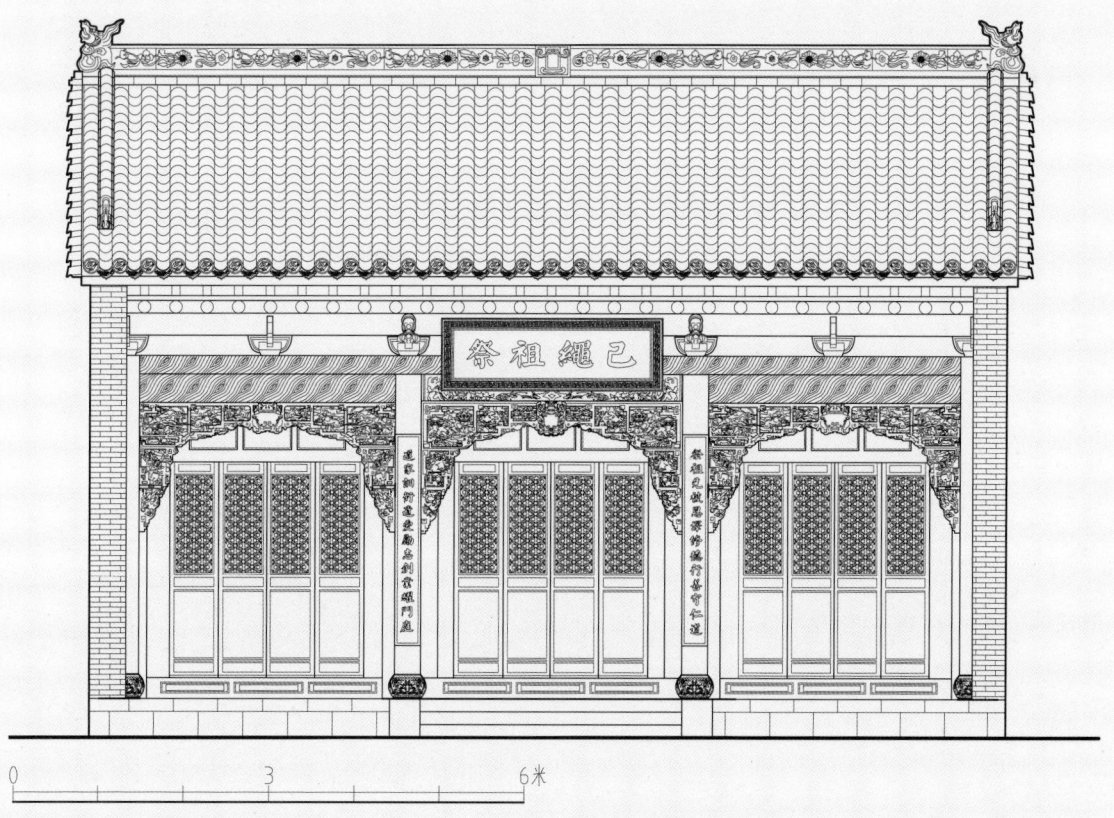

图 5　武氏宗祠山门立面图
图 6　武氏宗祠正殿立面图

山西省民间宗祠测绘图典选集

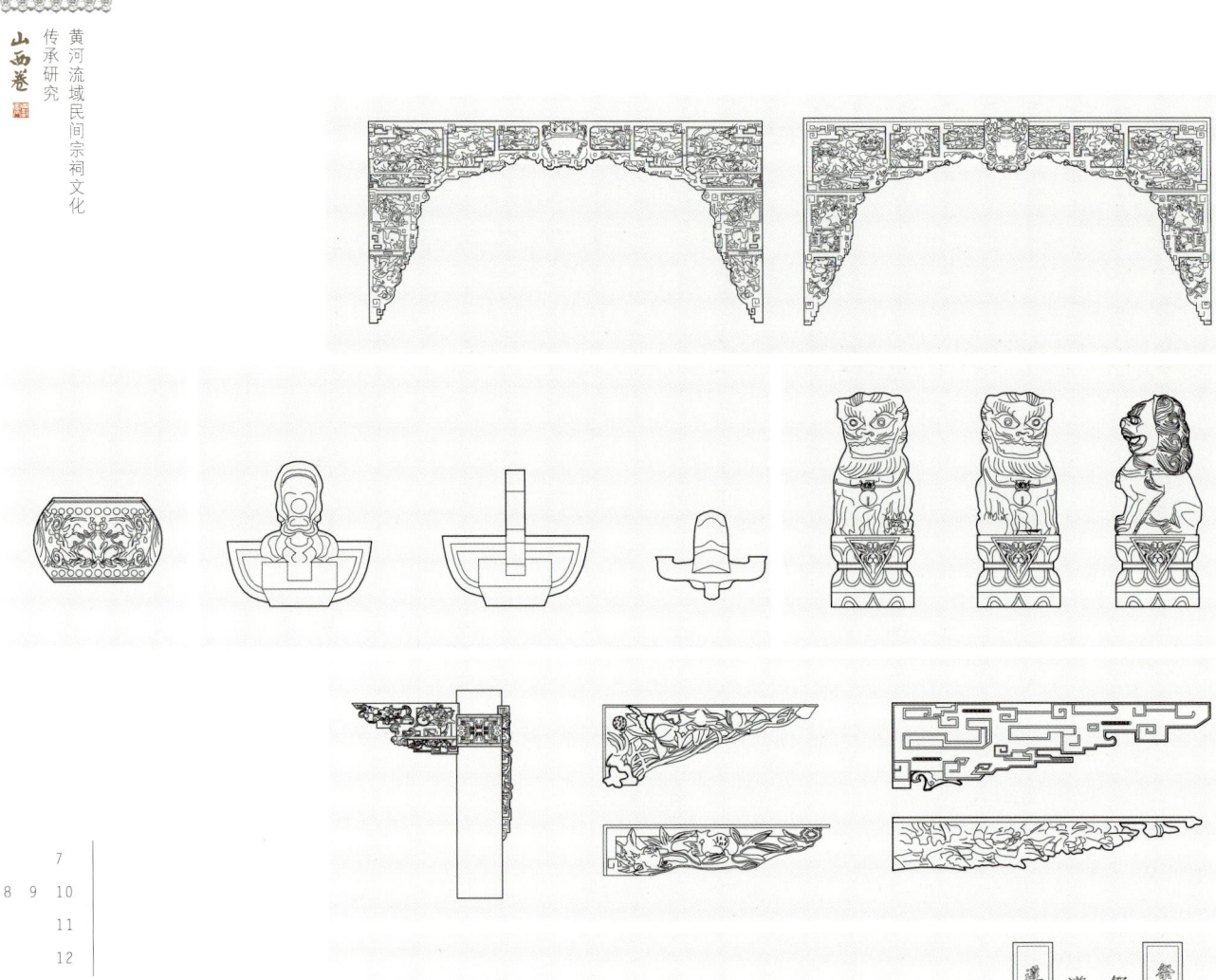

图 7　武氏宗祠挂落大样图
图 8　武氏宗祠柱础大样图
图 9　武氏宗祠斗拱大样图
图 10　武氏宗祠石狮子大样图
图 11　武氏宗祠雀替大样图
图 12　武氏宗祠楹联碑刻大样图

四、建筑装饰艺术

石狮子木雕挂落。在民间文化中，狮子是祥禽瑞兽的代名词，为各民族大众所喜闻乐见。太狮少狮、狮子滚绣球、狮童进门、耍狮子等具有象征寓意的题材广泛应用在民间建筑装饰中，门狮、门枕石、挂落、柱础，以及桥梁、栏杆、屋顶、影壁上无处不见狮子的形象。

朱家祠堂

山西省晋城市高平市南城街道北陈村东

一、建筑区位分析

朱家祠堂位于山西省晋城市高平市南城街道北陈村东（该文物点经纬度为 35°74′N，112°89′E）。

北陈村位于南城办事处西南 5 公里，太焦铁路线西 1 公里处。2019 年 6 月，北陈村被列入第五批中国传统村落名录。2020 年 12 月，北陈村被授予山西省第一批"省级民主法治示范村（社区）"。

二、建筑空间结构

北陈村朱家祠堂，抬梁式构架，坐北朝南。正殿为硬山顶建筑，青砖砌墙，面阔三间 11.7 米，进深 6.2 米；东西厢房面阔三间 8.1 米，进深 6.5 米。现存大门、倒座、东西厢房（顶塌）、正殿、耳房等。

三、建筑空间记忆

朱姓发源于今河南、安徽及江苏等地。西汉朱质有二子：朱禹、朱卓。朱禹在东汉后期的党锢之祸中被杀，子孙避难逃到丹阳（今属安徽）。朱卓的后裔由于任官的原因，主要在今陕西、河南、湖北等省域内发展繁衍。

朱姓家族迁徙史不详，朱家祠堂修建于明清时期，具体年代不详。朱家祠堂于 1938 年被用作八路军总部。现为居民住所，保存较为完好。

图1 朱家祠堂正殿
图2 朱家祠堂厢房

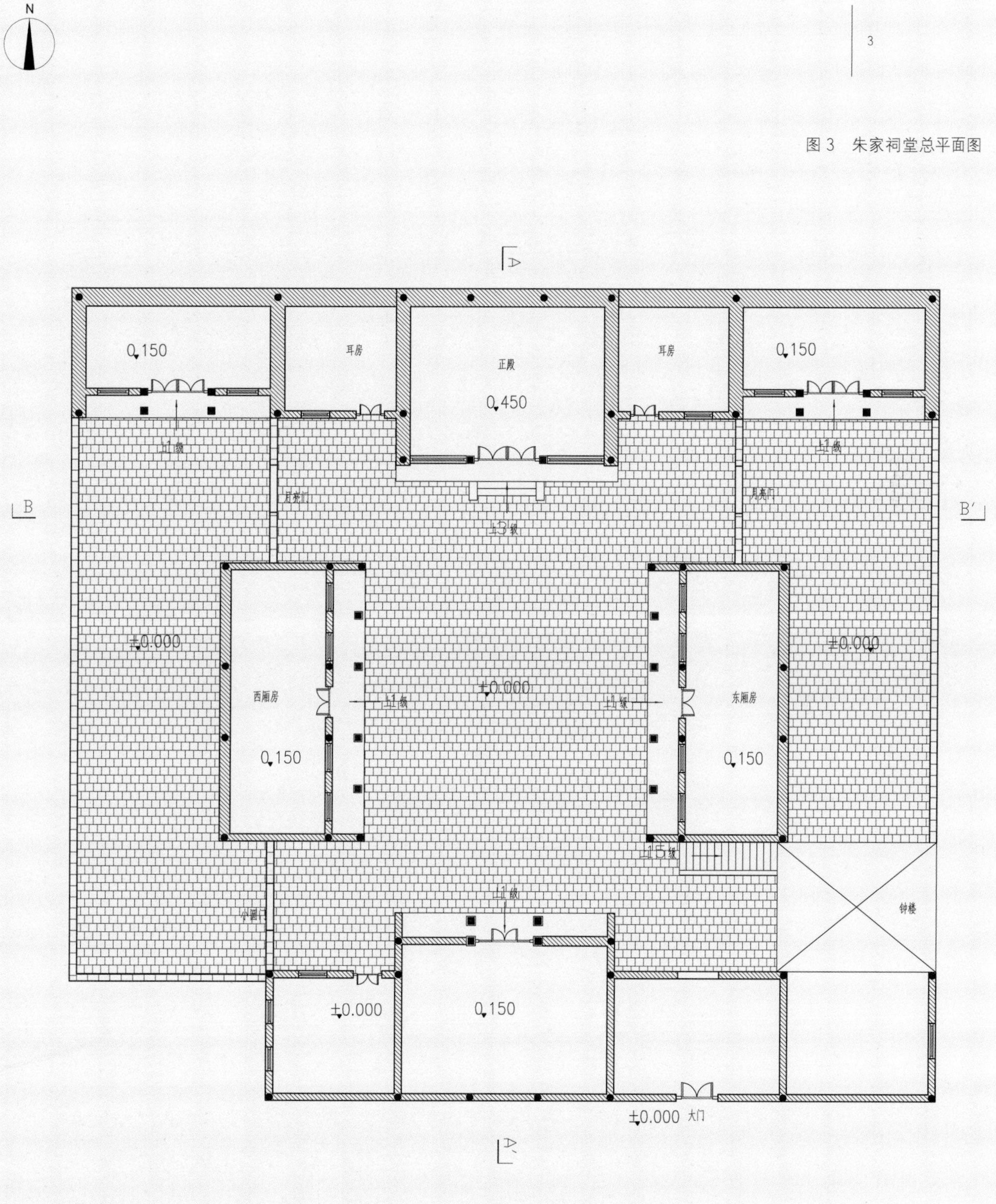

图 3 朱家祠堂总平面图

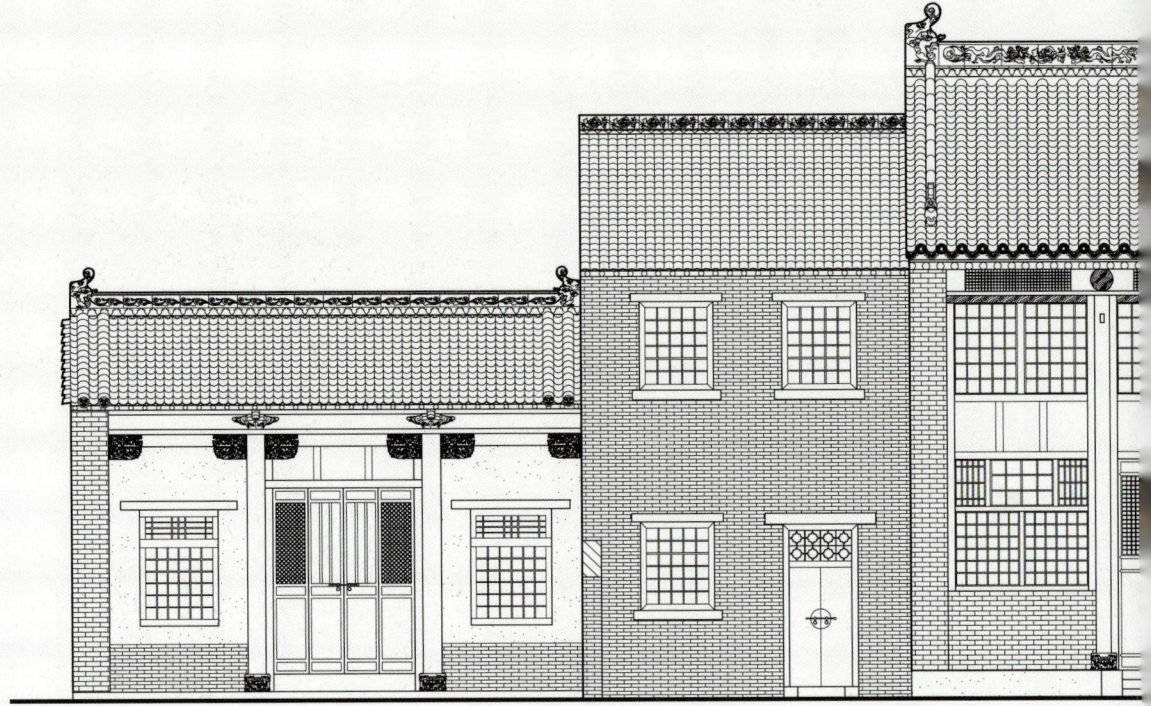

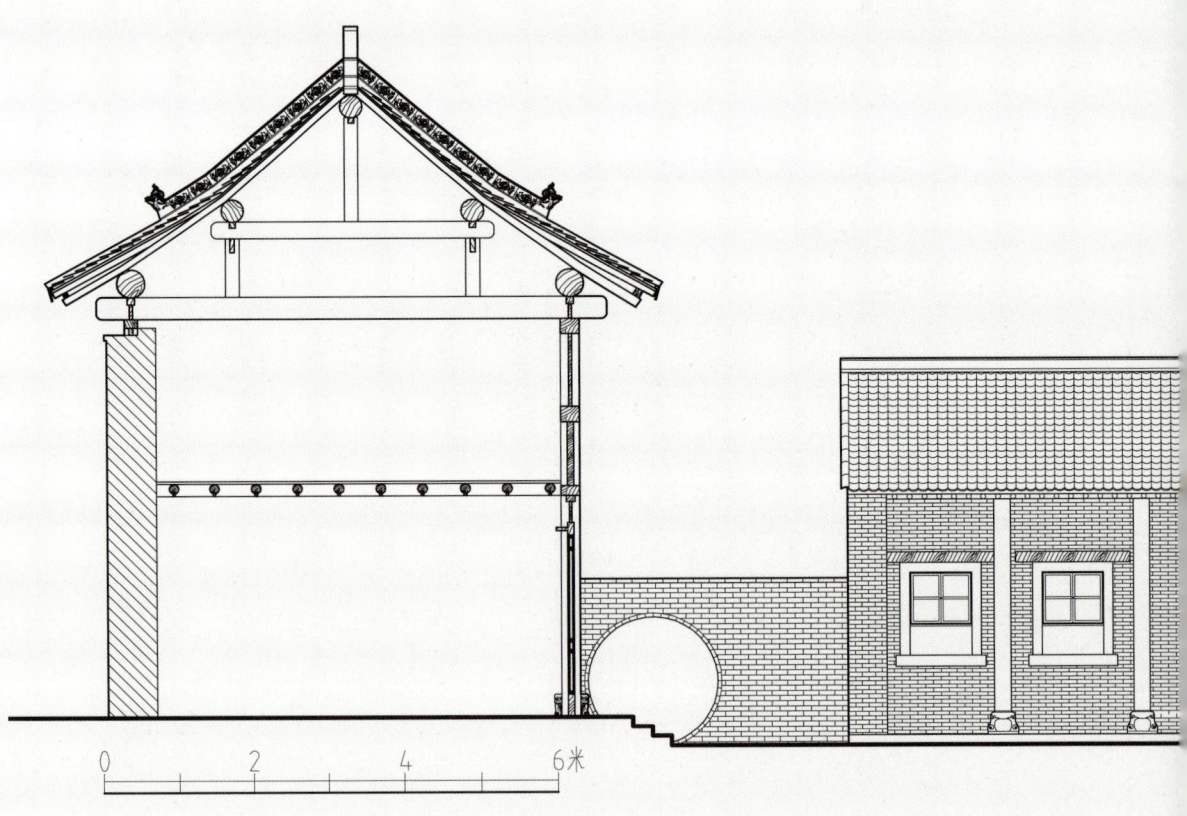

图 4　朱家祠堂 A-A' 正殿剖立面图

图 5　朱家祠堂正殿剖立面图

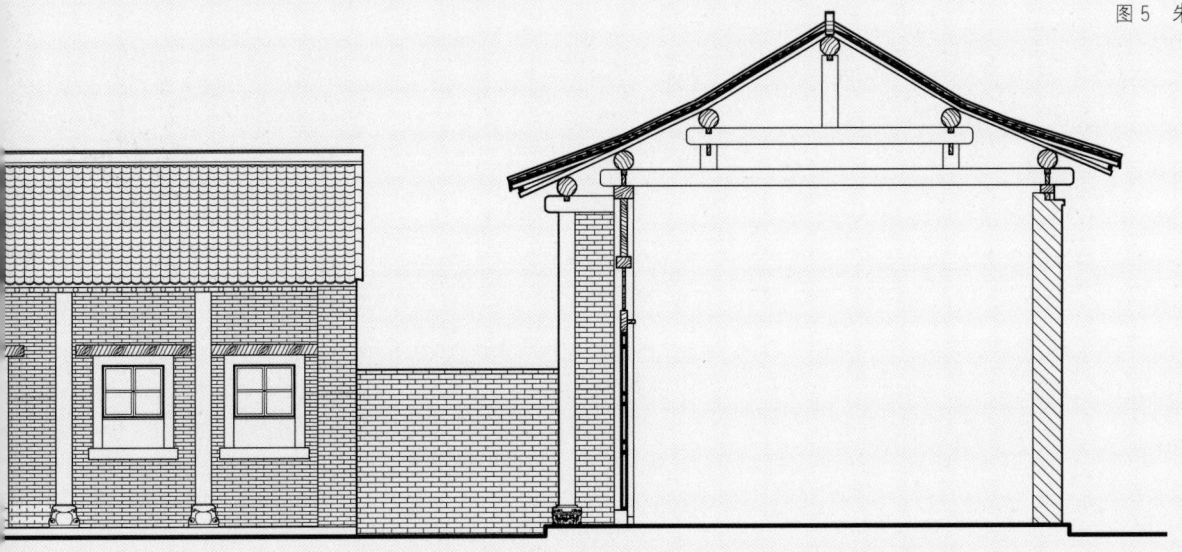

卫家祠堂

山西省晋城市高平市陈区镇王村

一、建筑区位分析

卫家祠堂位于山西省晋城市高平市陈区镇王村北向（该文物点经纬度为 35°72′N，112°57′E）。

王村位于高平市东北部，依山傍水，东西有大片丘陵山地，紧邻南河水库，地下水丰富且水位较浅，适合种植。王村是陈区镇四个大村之一，接近陈区镇，地势低平，交通便利。

在王村的东北方向，有一座千年古寺——开化寺。开化寺创建于五代后唐同光年间（923—926），其大雄宝殿内的墙壁上绘满了壁画，总面积有88.2平方米，是我国现存宋代壁画中面积最大、独具特色的珍品。

二、建筑空间结构

卫家祠堂，抬梁式构架，坐北朝南。正殿为硬山顶建筑，青砖砌墙，面阔三间16.06米，进深7.11米；东西厢房面阔三间 6.91米，进深3.60米。现存大门、倒座、东西厢房（顶塌）、正殿、耳房等。

三、建筑空间记忆

卫姓，出自姬姓。周文王第九个儿子被封在康地，称"康叔"，后来转封卫地，国都在殷商旧都朝歌，管理商朝的遗民。后来卫国又迁到今天的河南濮阳。卫国被秦灭后,卫国贵族子孙便以国名"卫"或"康"为氏。卫氏乃山西平阳望族,自明朝迁徙分流至太行两地。

卫家祠堂于清康熙二十三年(1684)正月创建,重修年代不详,现闲置,保护情况不佳。

图1 卫家祠堂正殿
图2 卫家祠堂山门

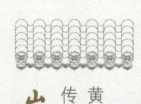

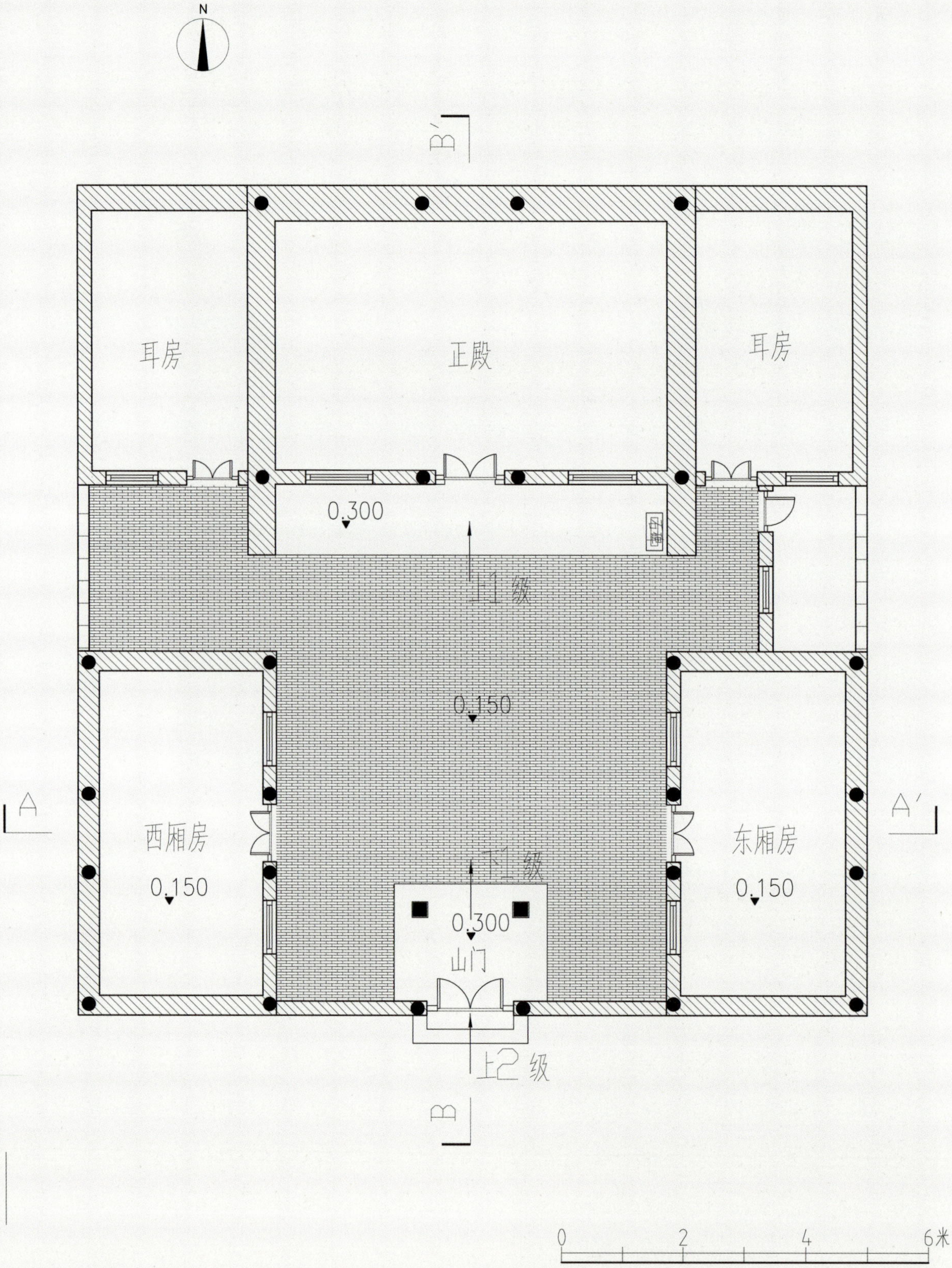

图3 卫家祠堂总平面图

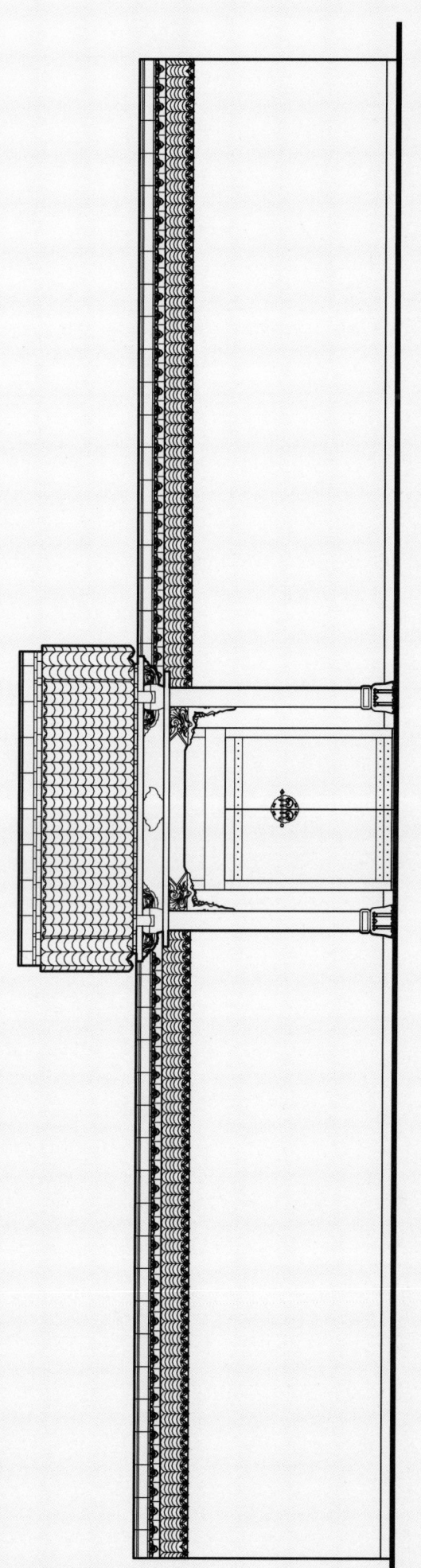

图 6 贾家祠堂山门立面图

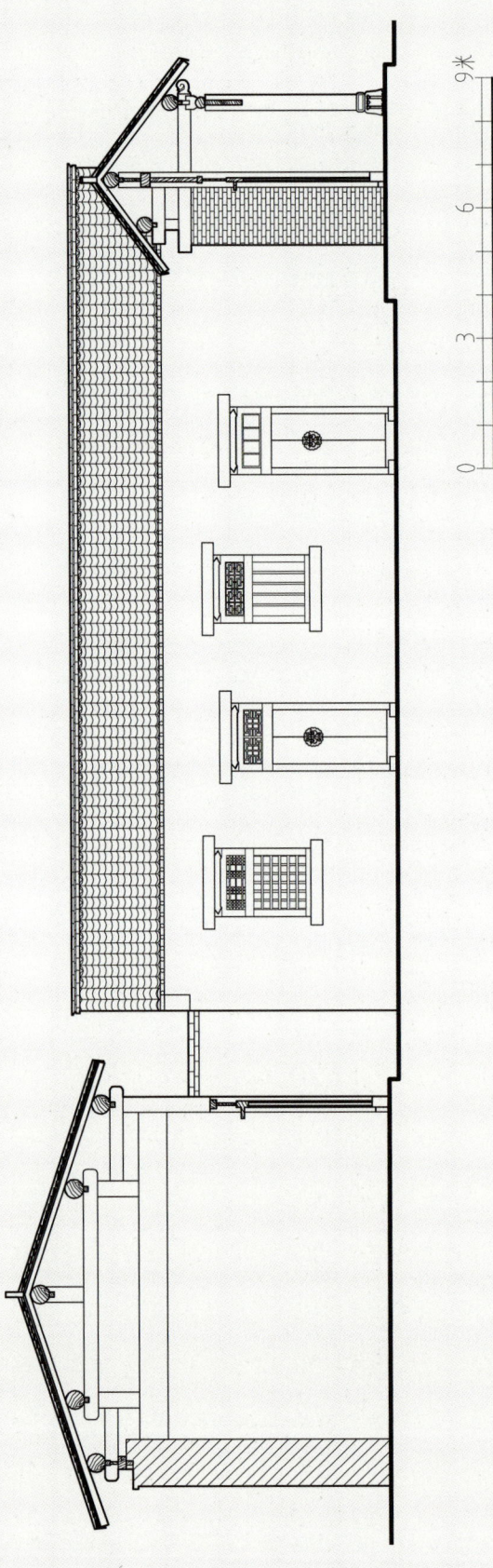

图 7 贾家祠堂 A-A' 剖立面图

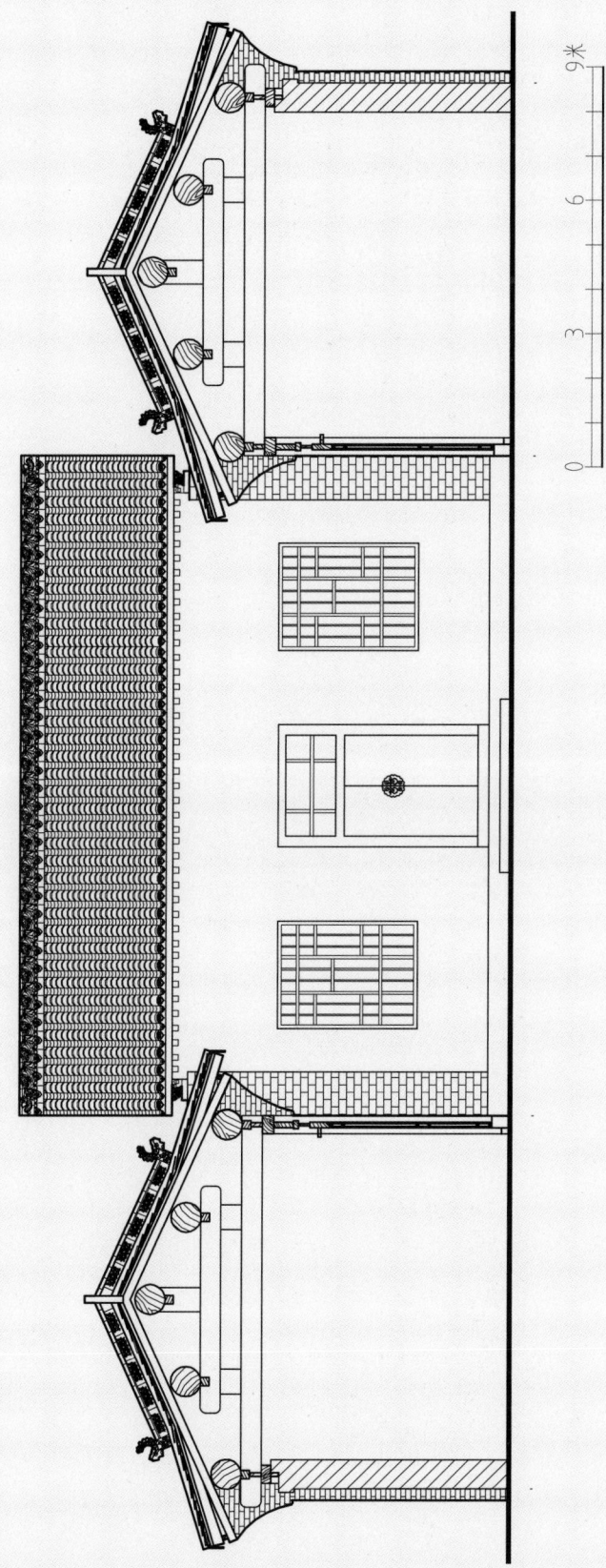

图 8 贾家祠堂 B-B' 剖立面图

杨氏祠堂

山西省晋城市阳城县河北镇匠礼村

一、建筑区位分析

杨氏祠堂位于山西省晋城市阳城县河北镇匠礼村（该文物点经纬度为 35°44′N，112°36′E）。匠礼村位于县城西南10公里。该村与圪桃凹村、南井沟村、元岭村等村相邻。

匠礼村附近有孙文龙纪念馆、皇城相府、天官王府旅游区、蟒河自然保护区、郭峪古城等旅游景点。

二、建筑空间结构

杨氏祠堂，坐北朝南。依山而建，一连三院，高低分明，错落有致，总面积达四千多平方米。正殿面阔五间13.8米，进深6.9米；东西厢房面阔三间8.5米，进深4.1米。现存正殿及耳房、东西厢房、二楼戏台。

三、建筑空间记忆

杨继宗，字承芳，山西阳城人（今山西省阳城县河北镇匠礼村）。天顺初年考中进士，授官刑部主事。成化年间，被称为"明朝天下第一清官"。万历三年（1575），赐"名臣"称号；天启元年，封谥号"贞肃公"。

匠礼杨氏建有一个宗祠，三个支祠。宗祠称为"名臣会"，西头水珠院支祠称为"长史会"，老嗨院支祠称为"义田会"，茹小呆院支祠称为"四宫会"。

匠礼村杨氏宗祠奠基于明朝正统十年（1445），创建于明景泰四年（1453），位于匠礼村圪洞巷和牌楼巷之间，后人又称杨氏宗祠为"贞肃公祠堂"。2016年12月，匠礼村入选第四批中国传统村落名录。

图1　杨氏祠堂中殿

图2　杨氏祠堂中殿全景

图3 杨氏祠堂戏台
图4 杨氏祠堂围墙
图5 杨氏祠堂拜殿

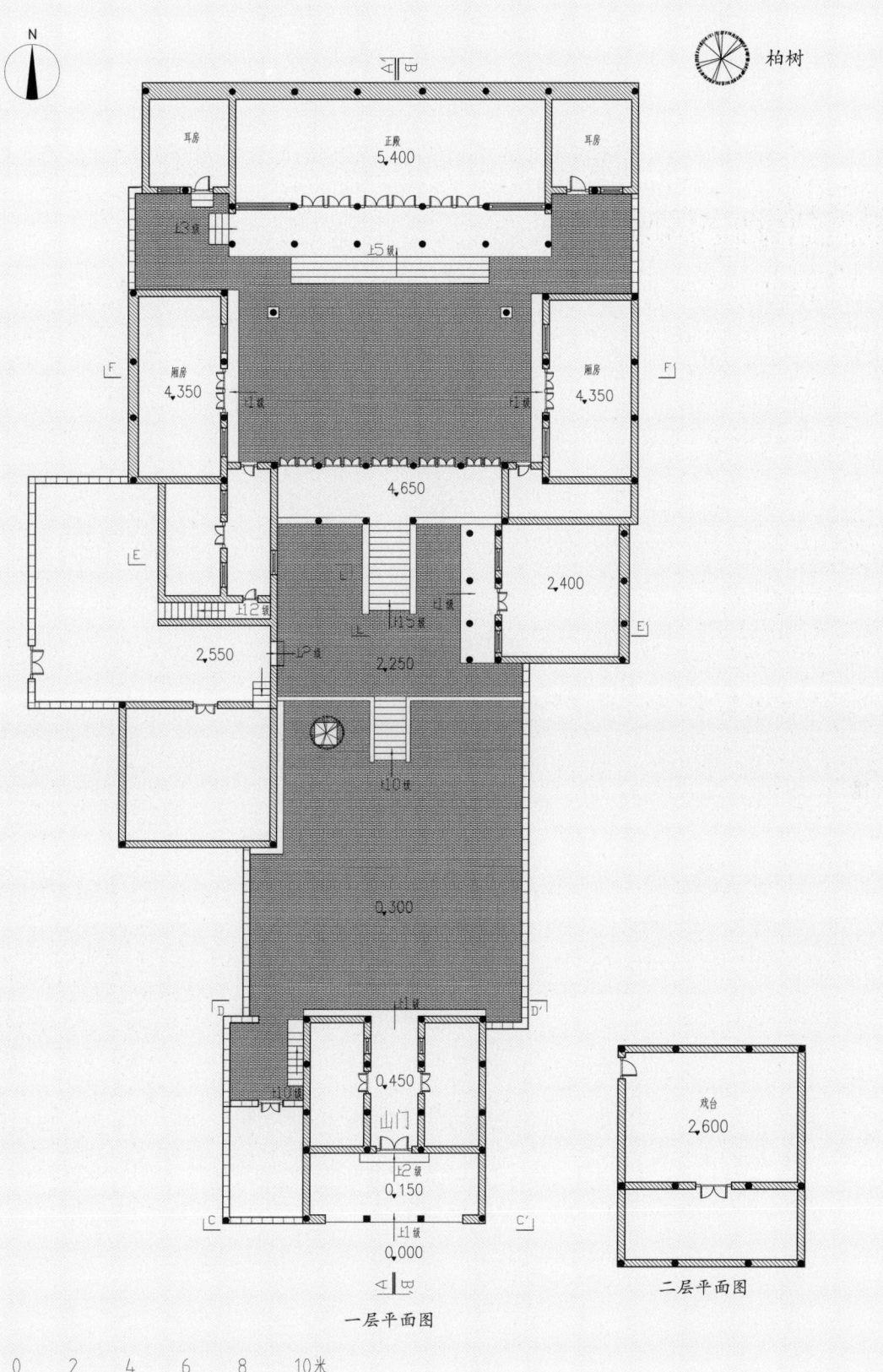

图6 杨氏祠堂总平面图

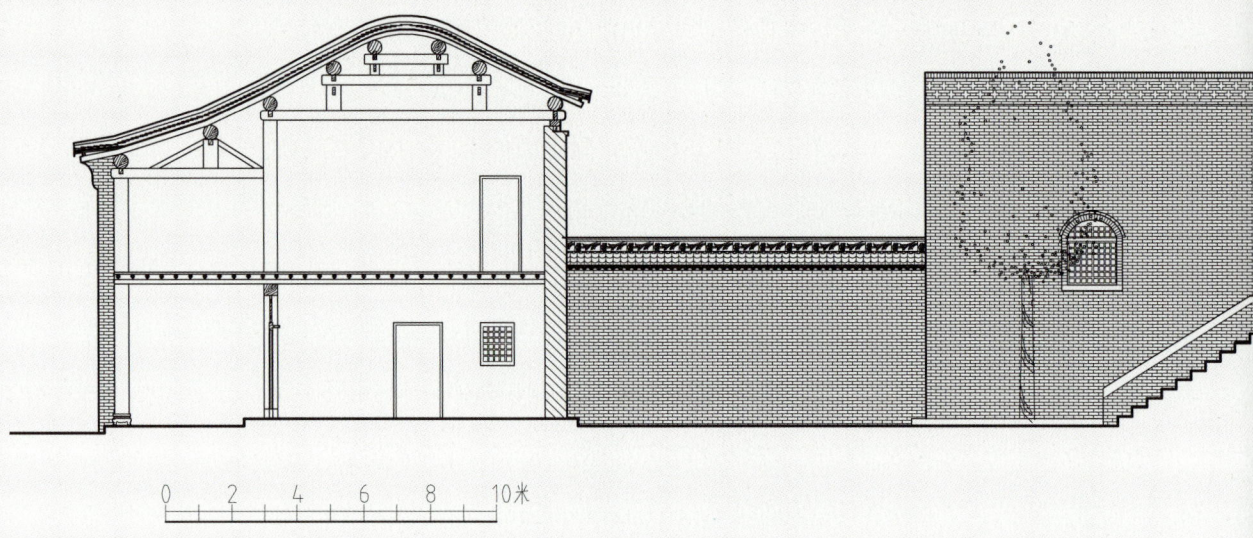

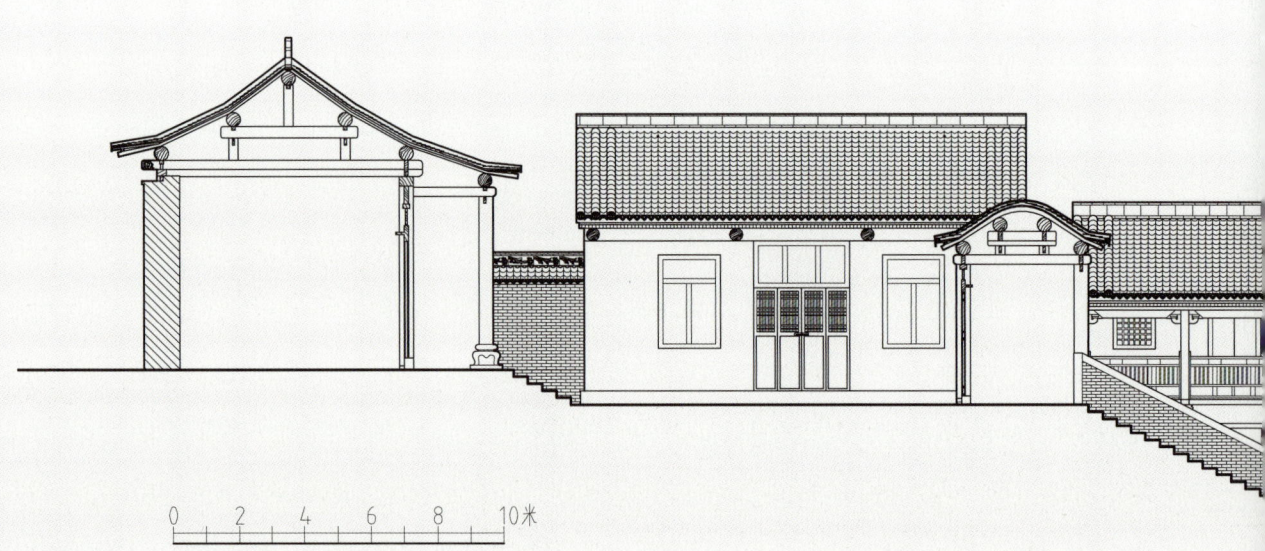

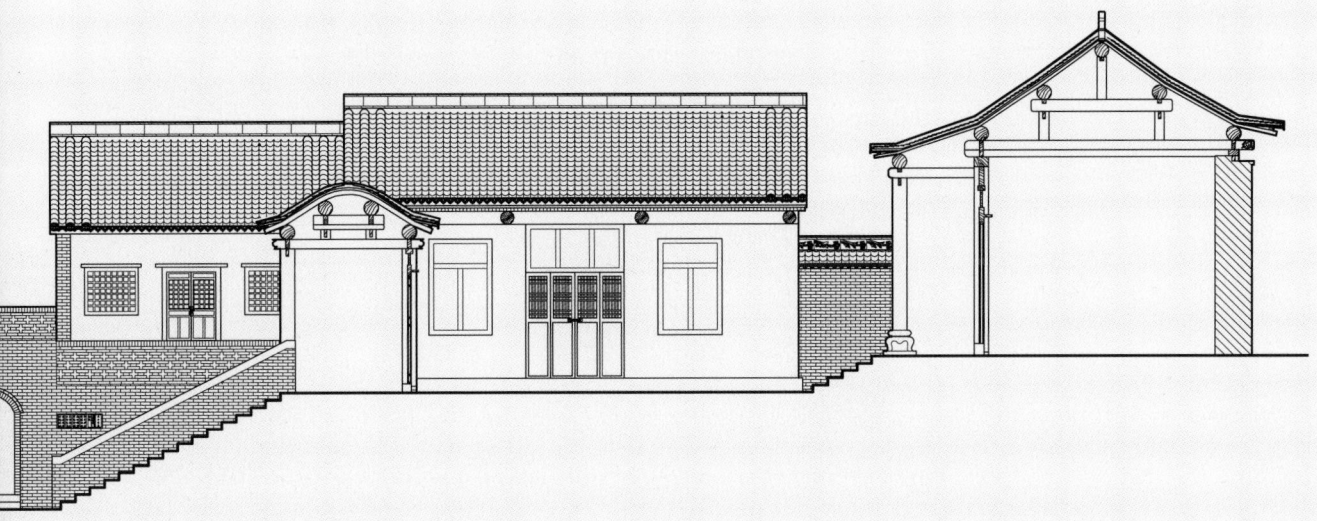

图 7 杨氏祠堂 A-A' 剖立面图
图 8 杨氏祠堂 B-B' 剖立面图

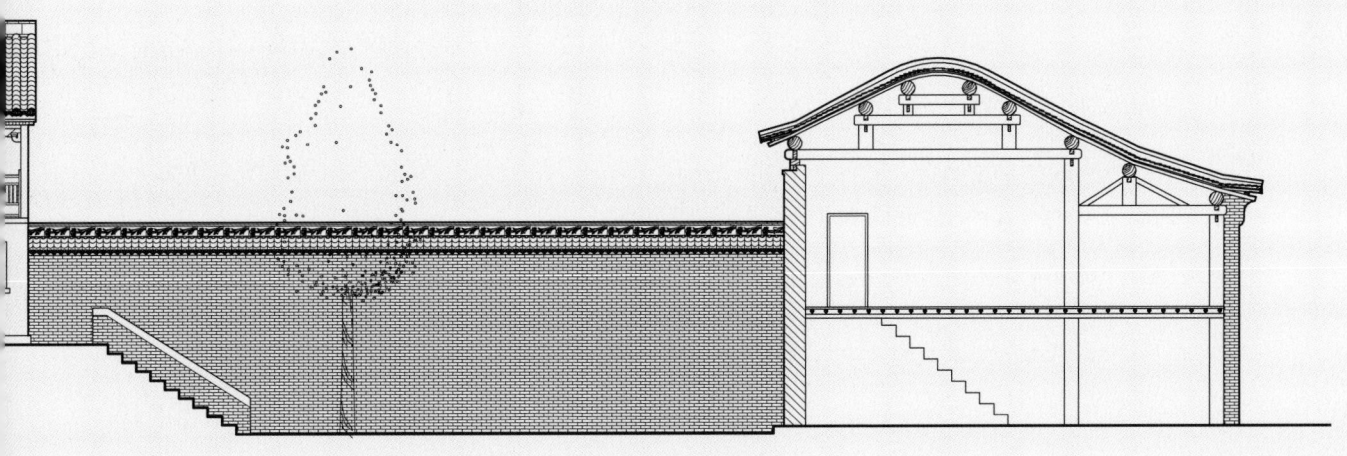

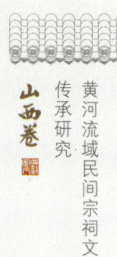

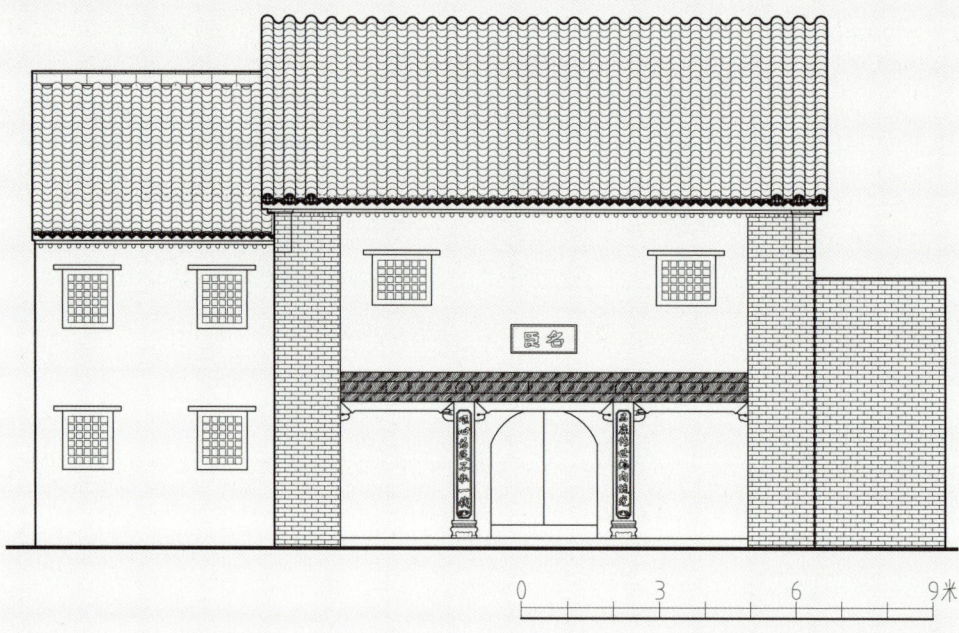

图9 杨氏祠堂 C-C' 山门立面图

图10 杨氏祠堂 D-D' 戏楼立面图

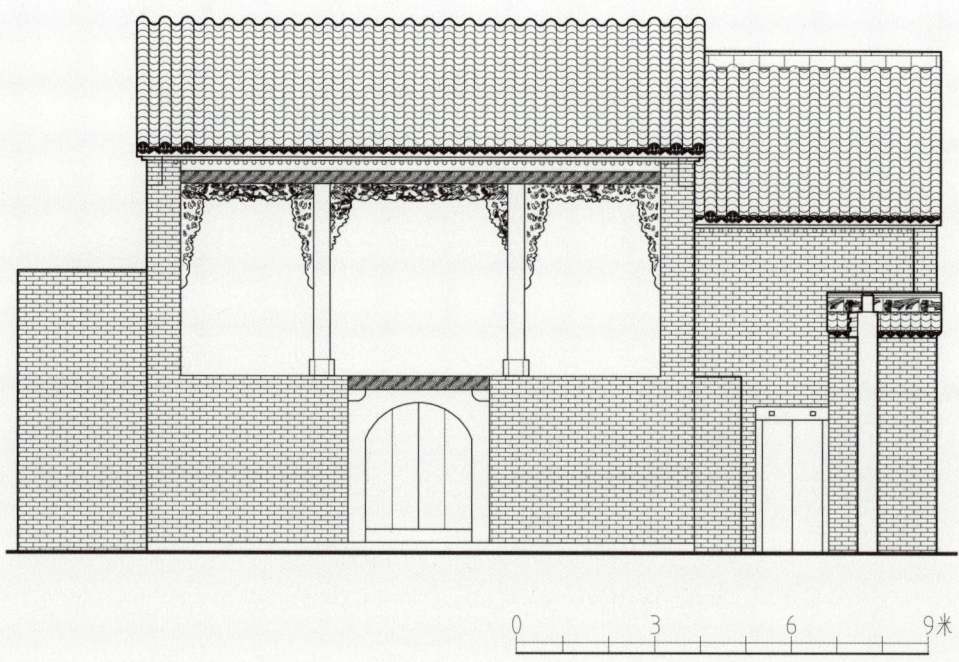

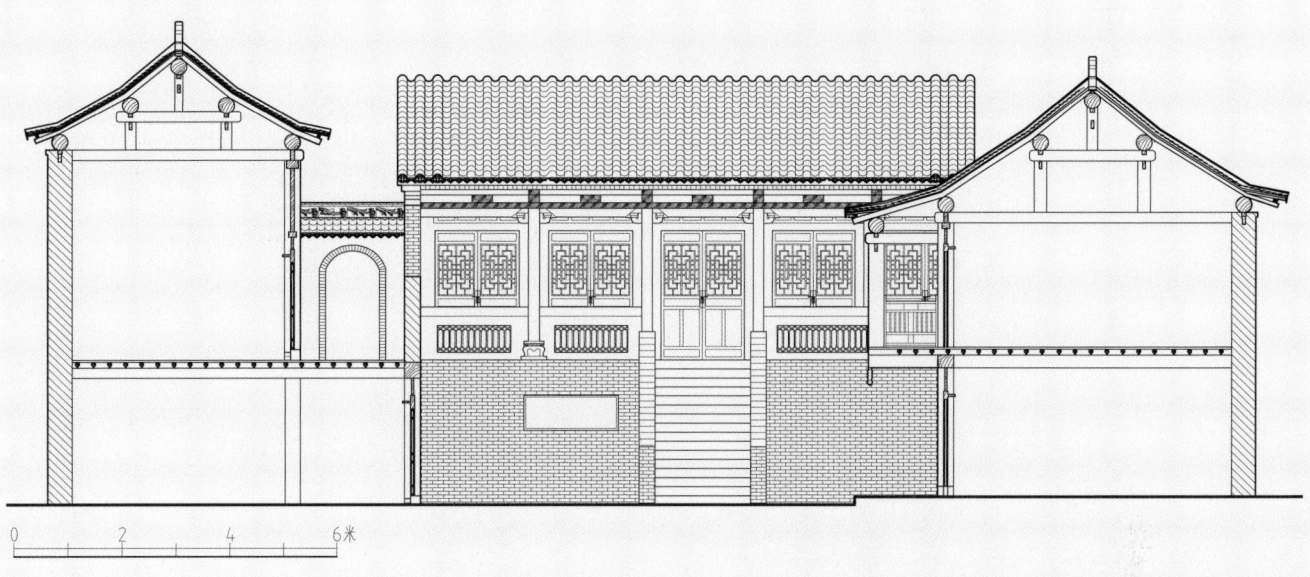

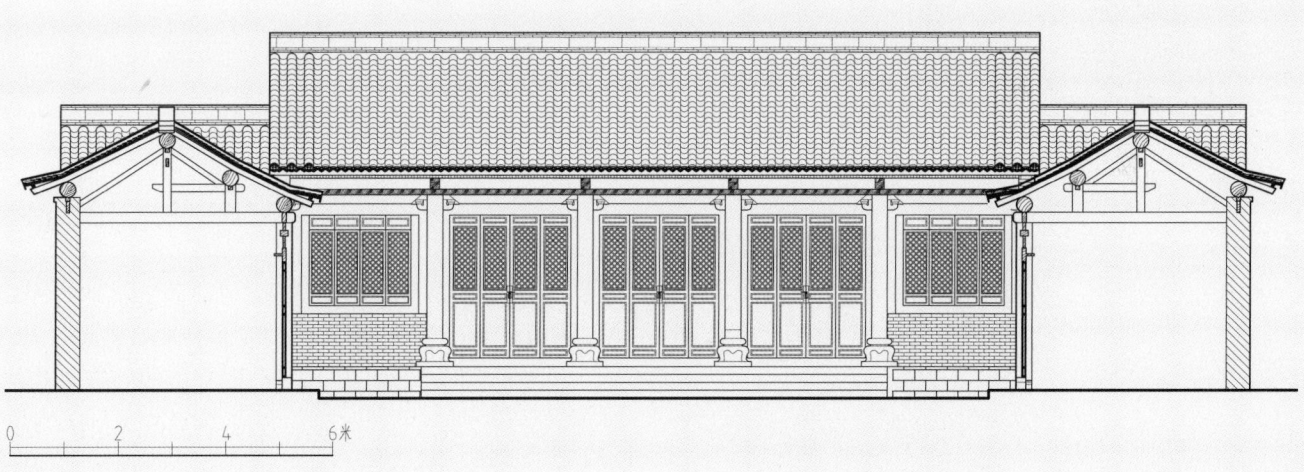

图 11　杨氏祠堂 E-E' 剖立面图

图 12　杨氏祠堂 F-F' 剖立面图

牛氏家庙

山西省晋城市陵川县潞城镇苇水村

一、建筑区位分析

牛氏家庙位于山西省晋城市陵川县潞城镇苇水村（该文物点经纬度为 35°77′N，113°28′E）。

苇水村位于潞城镇东 23 公里处棋子山下，在棋子山旅游区内，气候温暖偏寒，大陆性气候较为明显。该村包括苇水、三马爽两个自然村。相传三马爽古时岭上有三通石碑，原名叫三通碑马爽，后简化为三马爽。全村分有 6 个村民小组，村民多以农业为主，兼营运输、建筑和输出劳务。

二、建筑空间结构

牛氏家庙坐北朝南。后殿抬梁式结构，青瓦屋面，硬山顶建筑，砖木结构，面阔三间 8.5 米，进深 5.5 米；侧殿抬梁式结构，青瓦屋面，硬山顶建筑，砖木结构，面阔三间 7.4 米，进深 4.8 米。

三、建筑空间记忆

相传古时此村为现今的村西，为临水而迁居至此，故名偎水，因此地生长芦苇，便更名为苇水。

牛姓家族迁徙史不详，牛家祠堂修建于清代，具体年代不详，重建年代不详。

图1 牛氏家庙山门

图2 牛氏家庙西立面

图3 牛氏家庙东围墙

图4 牛氏家庙山门

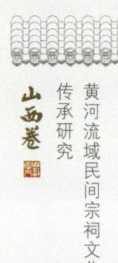

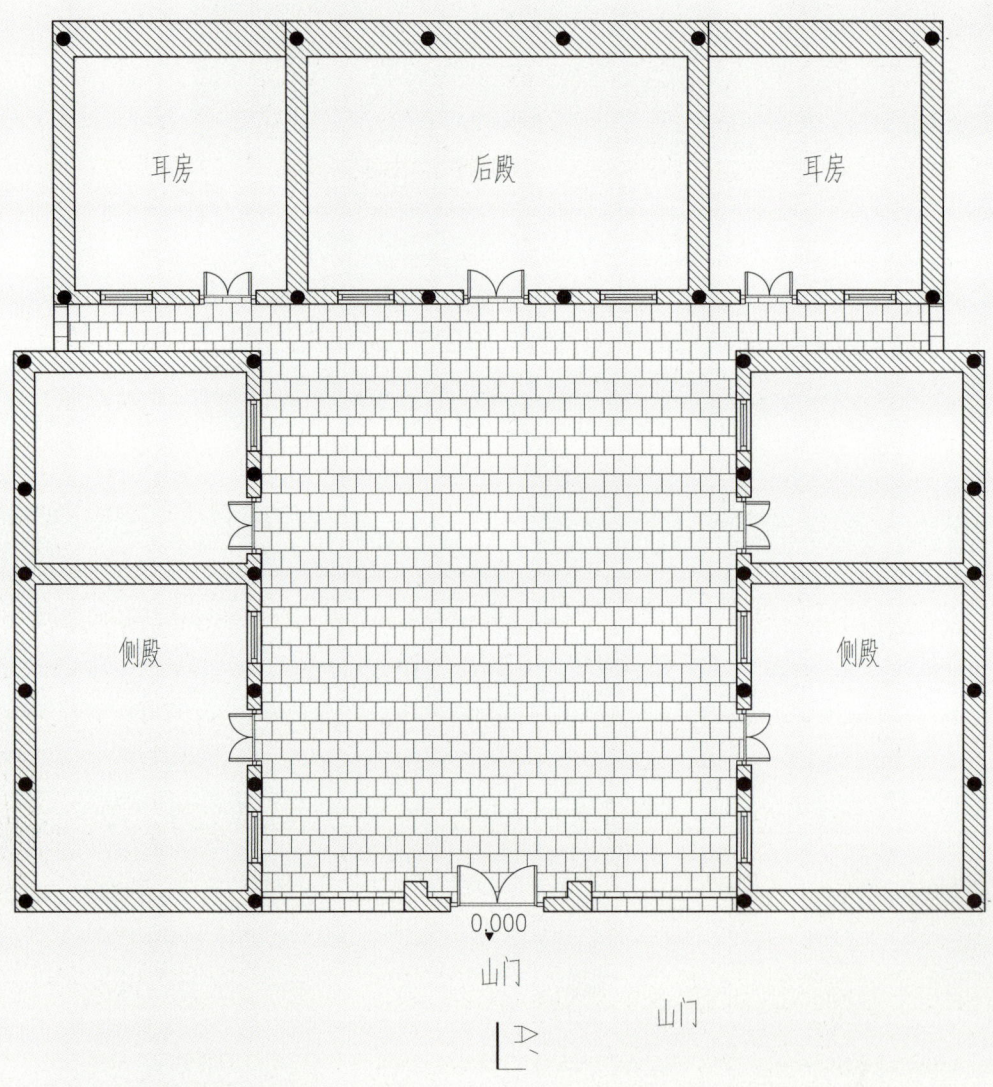

图5 牛氏家庙总平面图

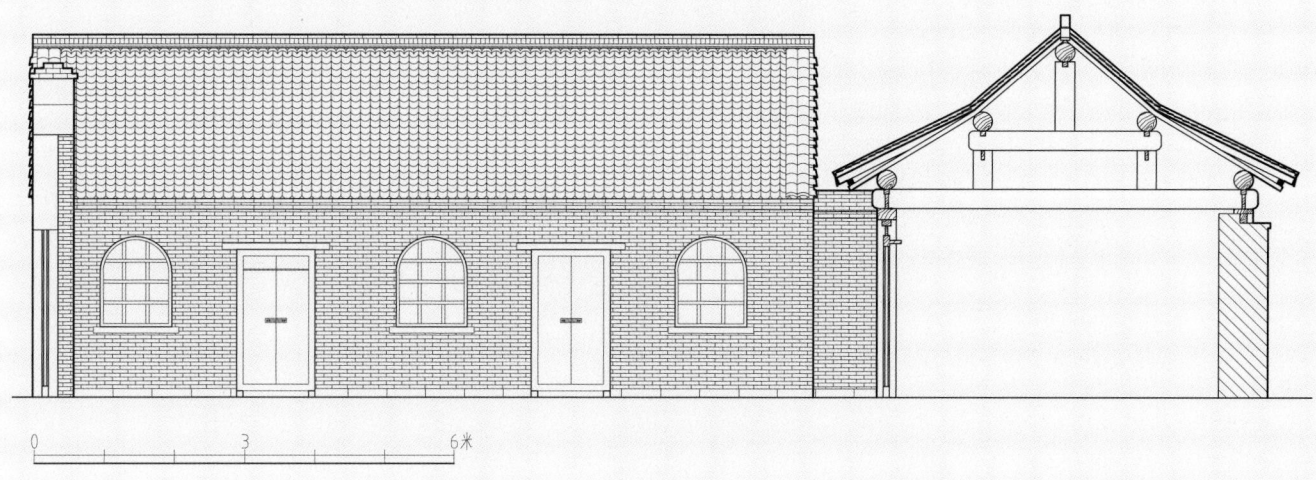

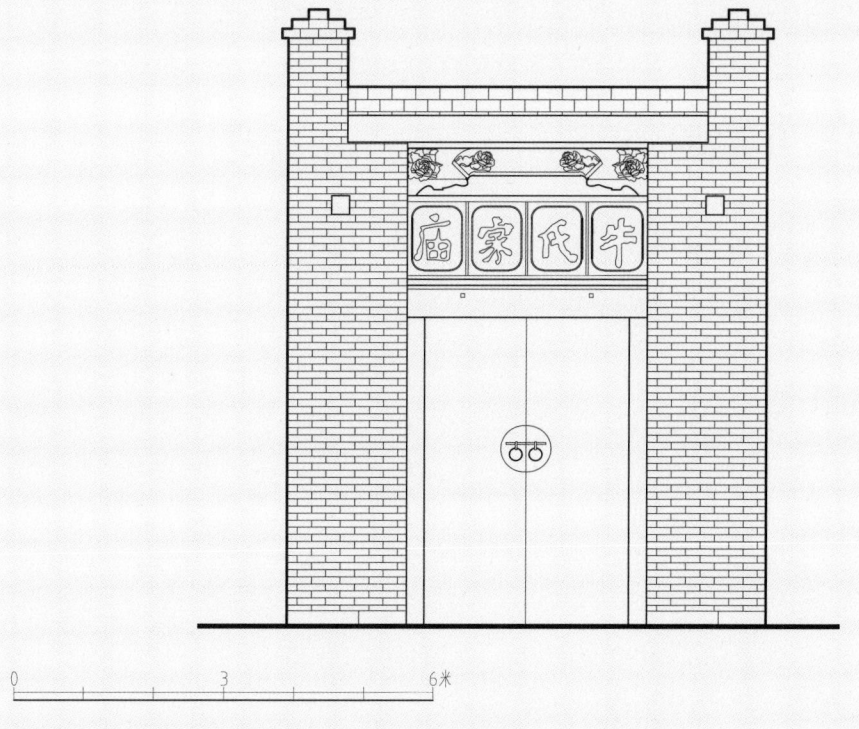

图 6　牛氏家庙 A-A' 剖立面图

图 7　牛氏家庙山门立面图

山西省民间宗祠测绘图典选集　153

史家祠堂

山西省晋城市高平市河西镇下辖村西李门村

一、建筑区位分析

史家祠堂位于山西省高平市河西镇下辖村西李门村（该文物点经纬度为 35°71′N，112°98′E）。

西李门村位于河西镇东南10.5公里处，属丘陵地带。东邻朵则、东李门村，南邻岭坡村，西邻常乐村，北邻米山镇郭村。地下有煤等矿产资源；有地下深层水，水质较好。

二、建筑空间结构

史家祠堂，坐北朝南。正殿为硬山顶建筑，面阔三间7.7米，进深6.1米；东西耳房面阔一间4.9米，进深5.0米。现存正殿及两侧耳房。

三、建筑空间记忆

史姓家族迁徙史不详，史家祠堂修建于清代，具体年代不详，重建年代不详。

(a)

(b)

图1 史家祠堂正殿一角（a）
图2 史家祠堂正殿一角（b）

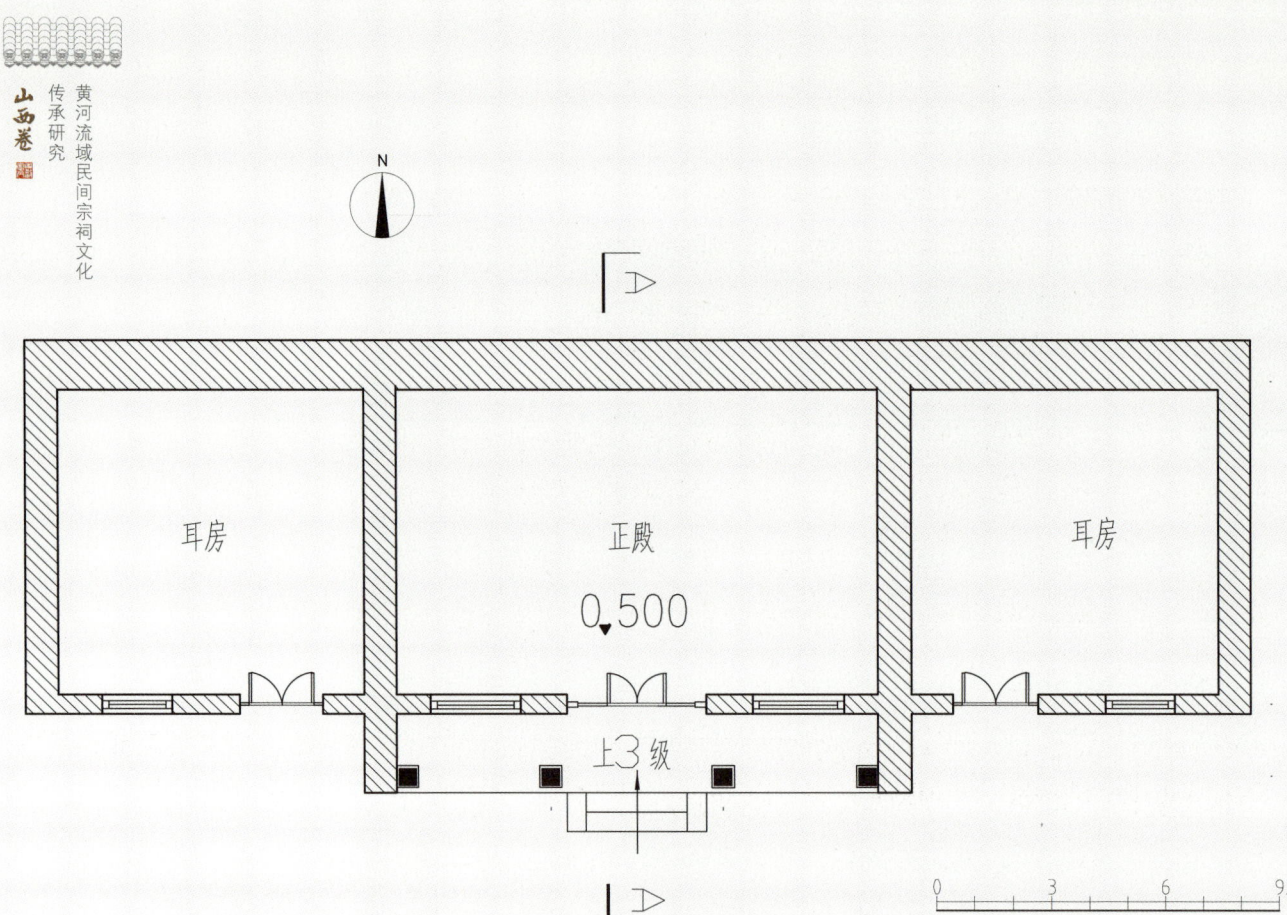

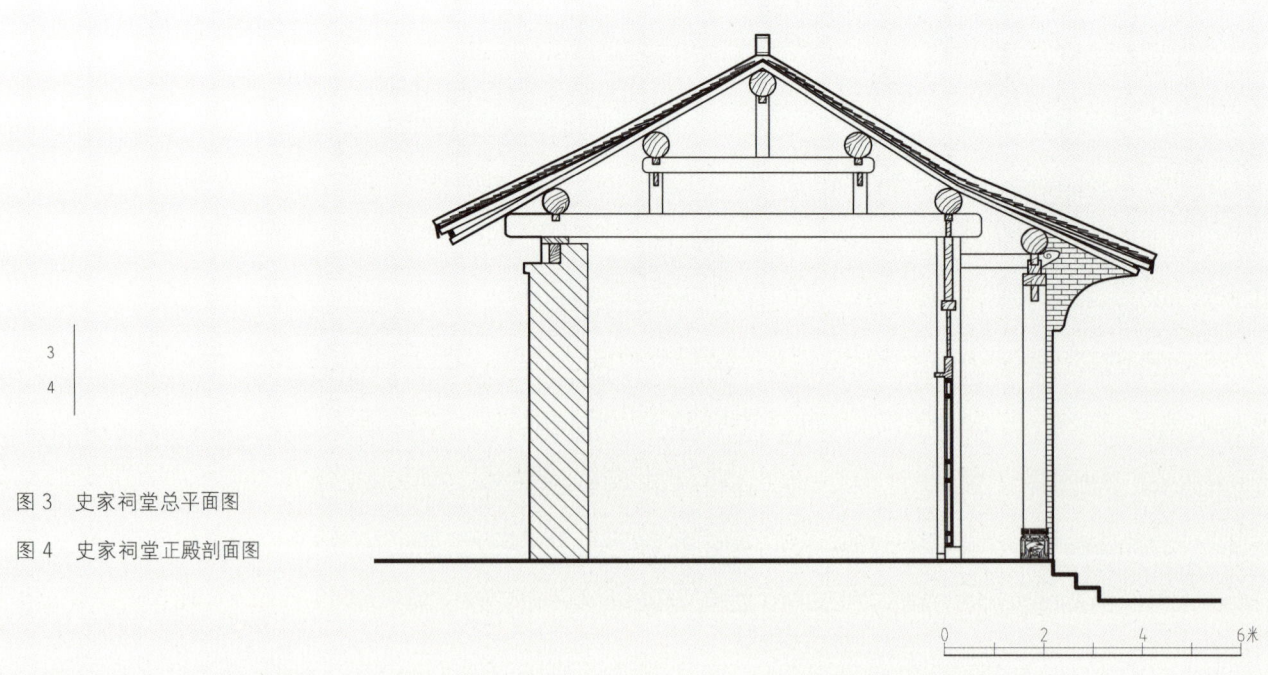

图 3 史家祠堂总平面图
图 4 史家祠堂正殿剖面图

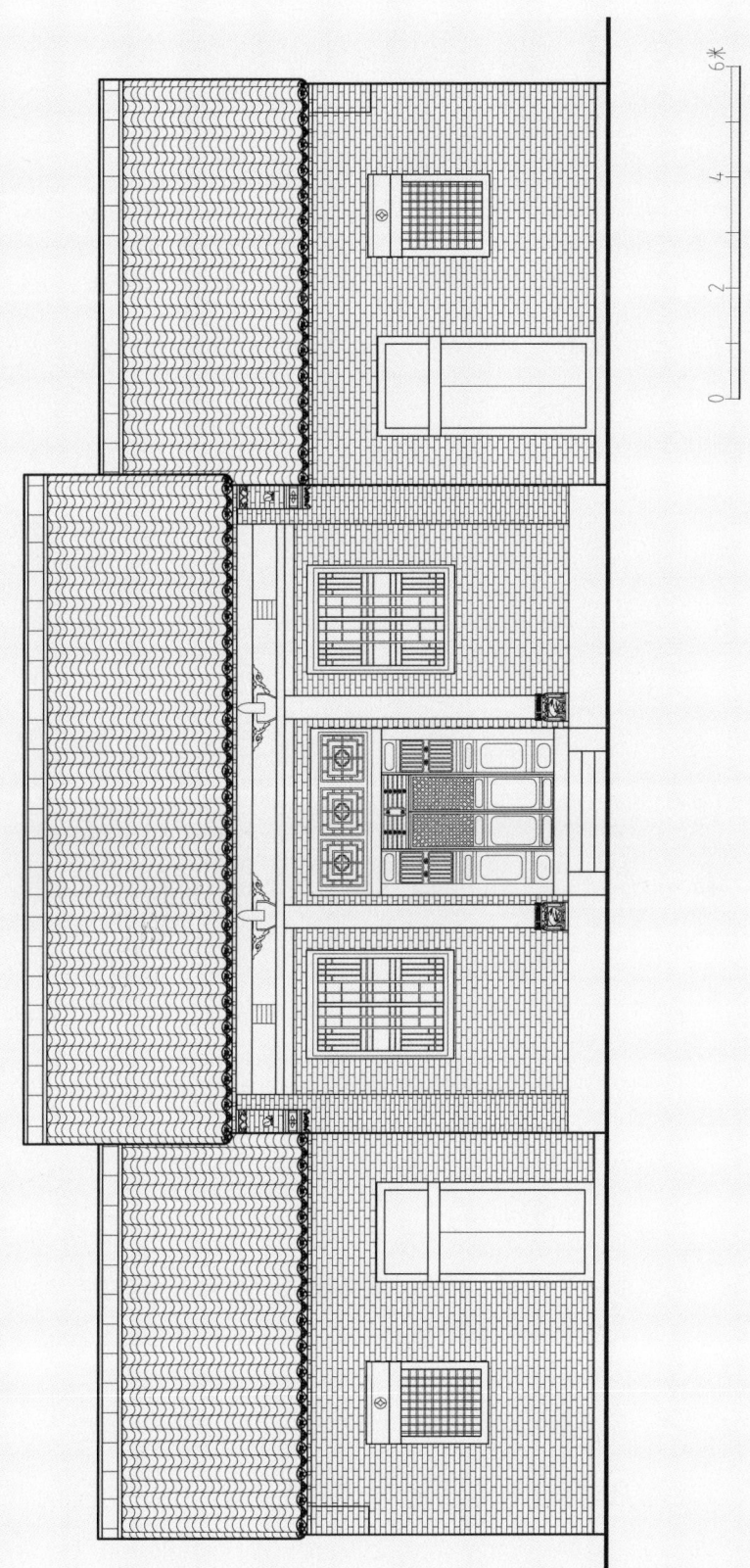

图 5 史家祠堂正殿立面图

山西省民间宗祠测绘图典选集

（a）
（b）

图6　史家祠堂双鹤纹样墀头

图7　史家祠堂门楣

图8　史家祠堂柱础（a）

图9　史家祠堂柱础（b）

四、建筑装饰艺术

（1）桃。以桃寓长寿的习俗，在民间广为应用，大蜜桃和桃形大馒头成为旧时有钱人家长辈寿诞时不可缺少的祝寿食品。

（2）牛。牛耕的时候，说明又一年春天到了。牛象征着春天的到来，生机勃勃，生机盎然，充满希望；牛擅长耕种，任劳任怨，是勤劳的代表，所以牛寓意大获丰收，五谷丰登，风调雨顺。在古代神话中，牛卧富贵驮宝来的形象比比皆是，其送福送财的喜庆形象也数不胜数，所以也有玉牛送财、金牛送福等富贵吉祥之说。

（3）缠枝纹。缠枝纹是中国古代建筑的重要装饰纹样，寓意生生不息、万代绵长的美好愿望，为中国传统吉祥纹样之一。表现出或绵延曲卷、细腻柔蔓，或婀娜多姿、妩媚妖娆，或生动优美、富有动感的样式。

杨家祠堂

山西省晋城市高平市北诗镇西诗村

一、建筑区位分析

杨家祠堂位于山西省晋城市高平市北诗镇西诗村（该文物点经纬度为 39°79′N，113°83′E）。

西诗村位于高平市东南，米双公路从村边通过，交通便利，是纯农业村。

二、建筑空间结构

杨家祠堂，砖木结构，坐北朝南。正殿面阔三间 7.9 米，进深 5.7 米；东西耳房面阔三间 5.2 米，进深 4.4 米。现存正殿及两侧耳房。

三、建筑空间记忆

全村姓氏以杨姓为主，其余较大姓氏为李、王等。杨氏为后期定居西诗的大户，全村中豪华的古建筑几乎全属于杨氏家族所有。

杨姓家族迁徙史不详，杨家祠堂修建于清代，具体年代不详，重建年代不详。

图 1　杨家祠堂正殿

图 2　杨家祠堂耳房

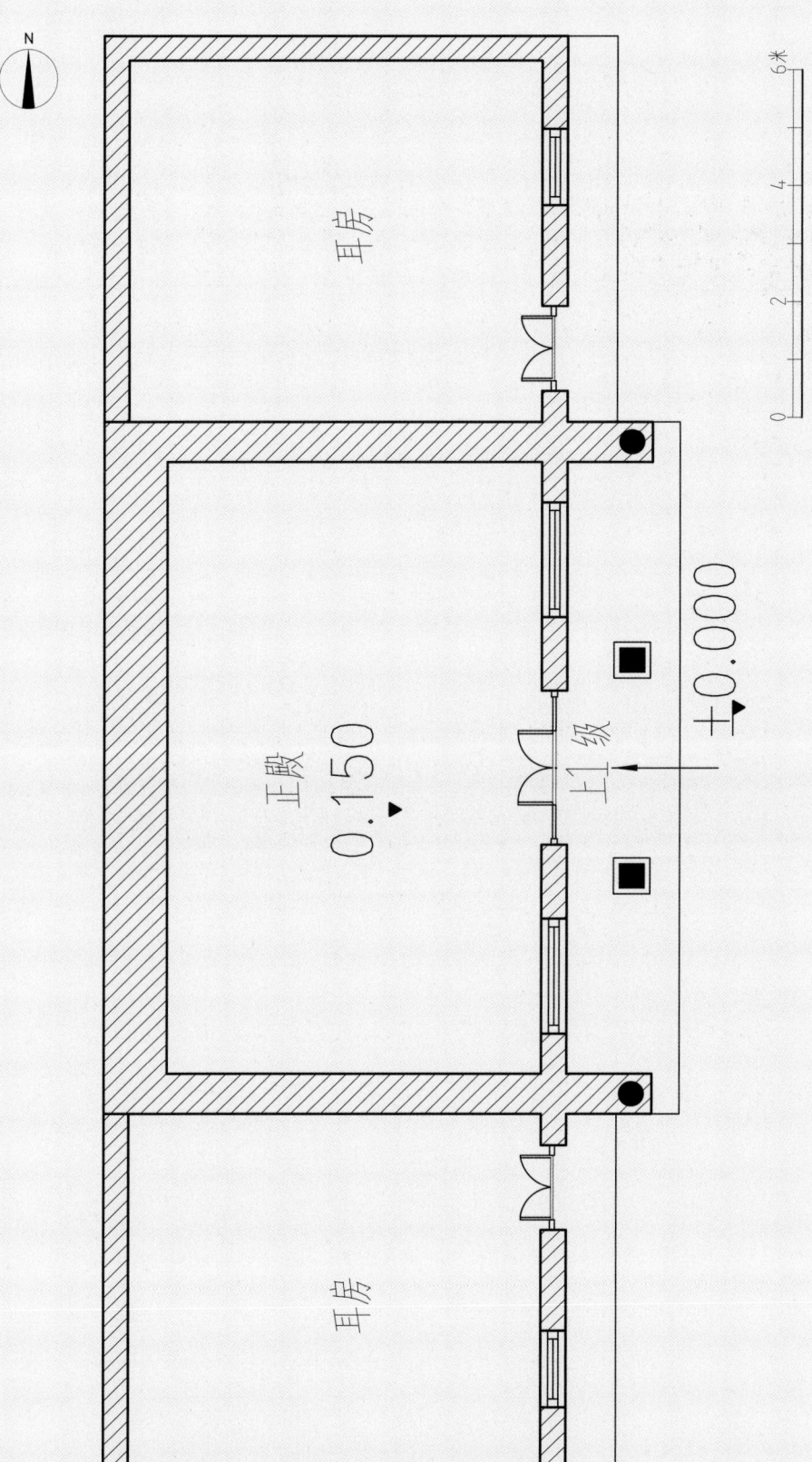

图 3 杨家祠堂总平面图

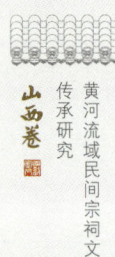

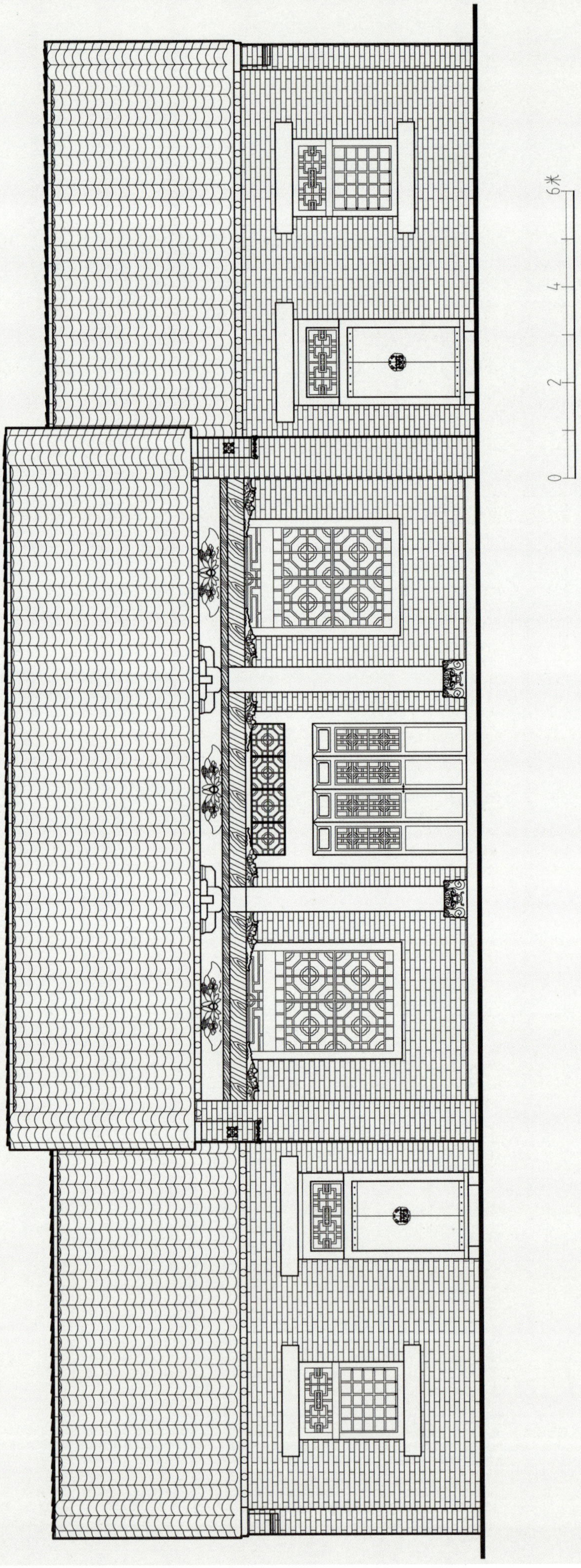

图 4 杨家祠堂正殿立面图

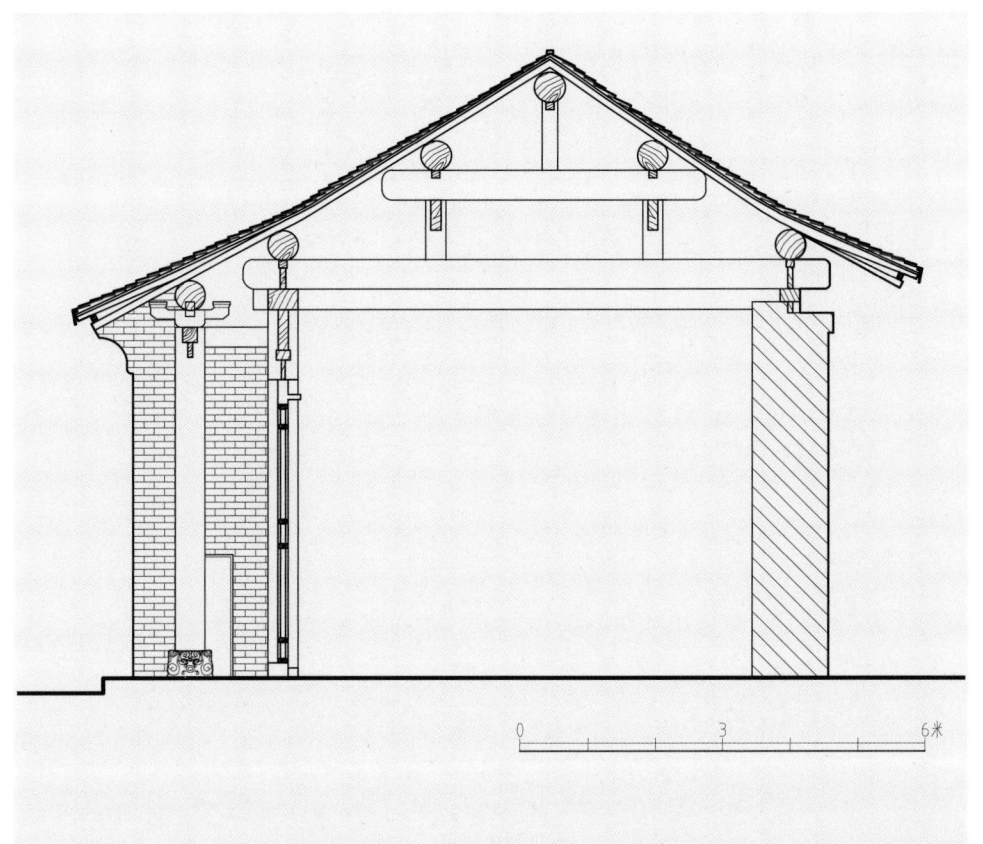

图 5　杨家祠堂正殿剖面图
图 6　杨家祠堂雕花大样图

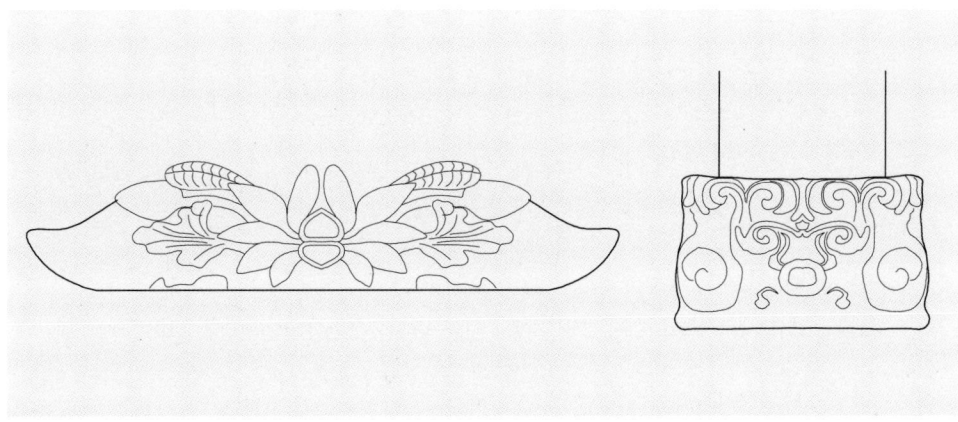

山西省民间宗祠测绘图典选集

杨家祠堂

山西省晋城市沁水县嘉峰镇下李庄村

一、建筑区位分析

杨家祠堂位于山西省晋城市沁水县嘉峰镇下李庄村（该文物点经纬度为 35°61′N，112°54′E）。

李庄村位于沁水县城东南 50 公里的沁河东岸，依山傍水，是一个土地肥沃、气候宜人、资源丰富、交通便捷、历史悠久、人杰地灵的村庄。

全村东西长 1.9 公里，南北宽 2 公里，常住人口 380 户，约 1070 人，现有耕地 800 亩。

二、建筑空间结构

杨家祠堂，坐北朝南。正殿面阔五间 11.3 米，进深 5.7 米；东西廊房面阔一间 6.8 米，进深 3.8 米。祠堂被损毁严重，仅留存山门，正殿已经坍塌过半。

三、建筑空间记忆

杨氏家族迁徙史不详，杨家祠堂修建于清代，具体年代不详，重建年代不详。

图 1　杨家祠堂牌匾

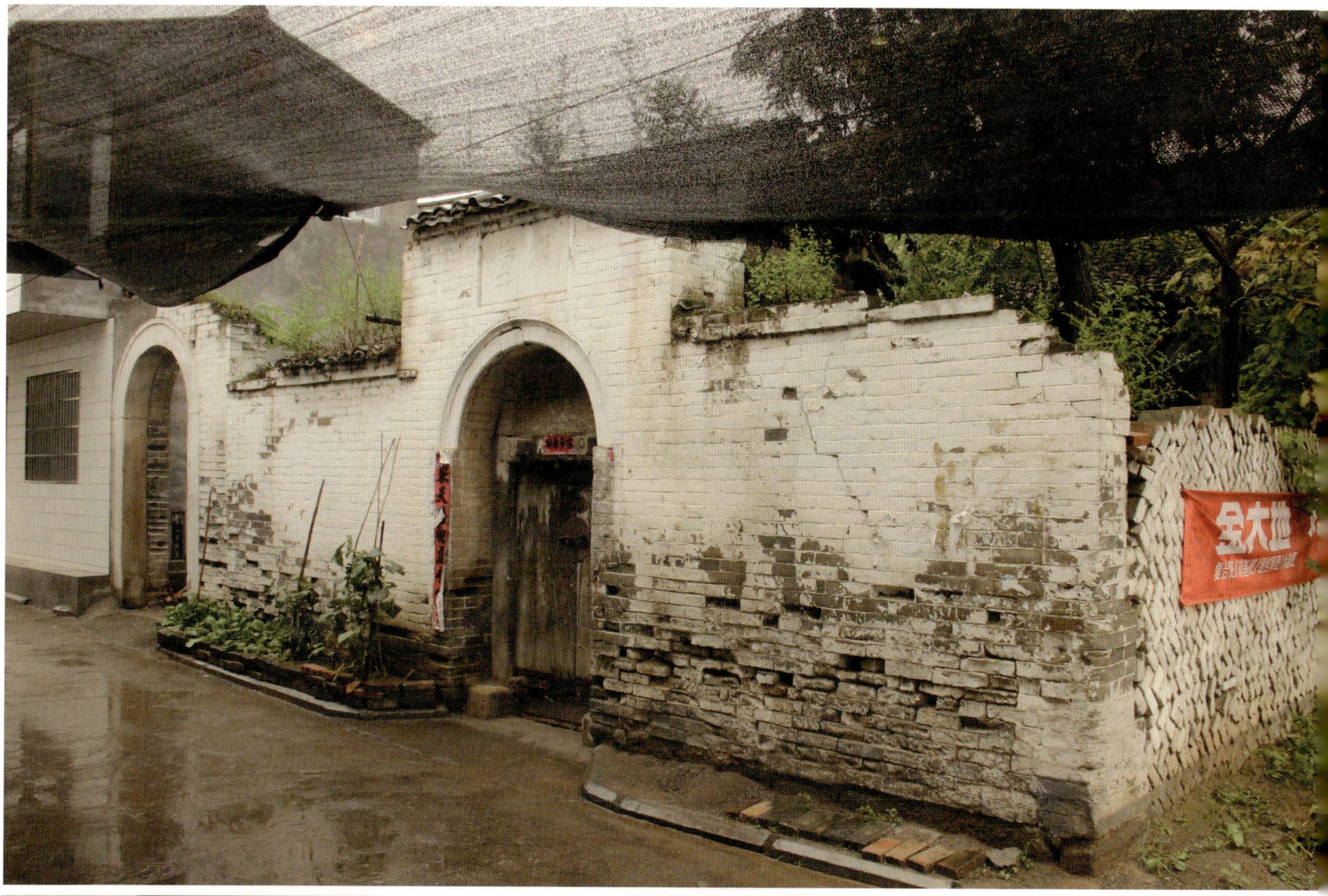

2
3 4

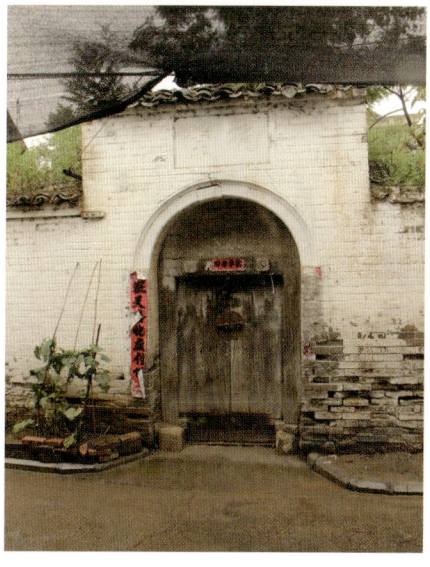

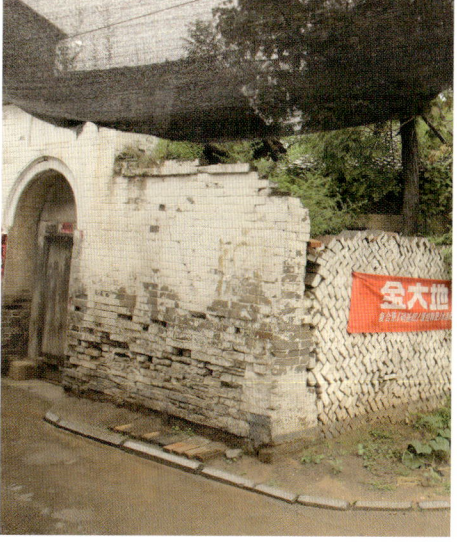

图 2　杨家祠堂山门外景

图 3　杨家祠堂山门

图 4　杨家祠堂山门侧面

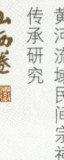

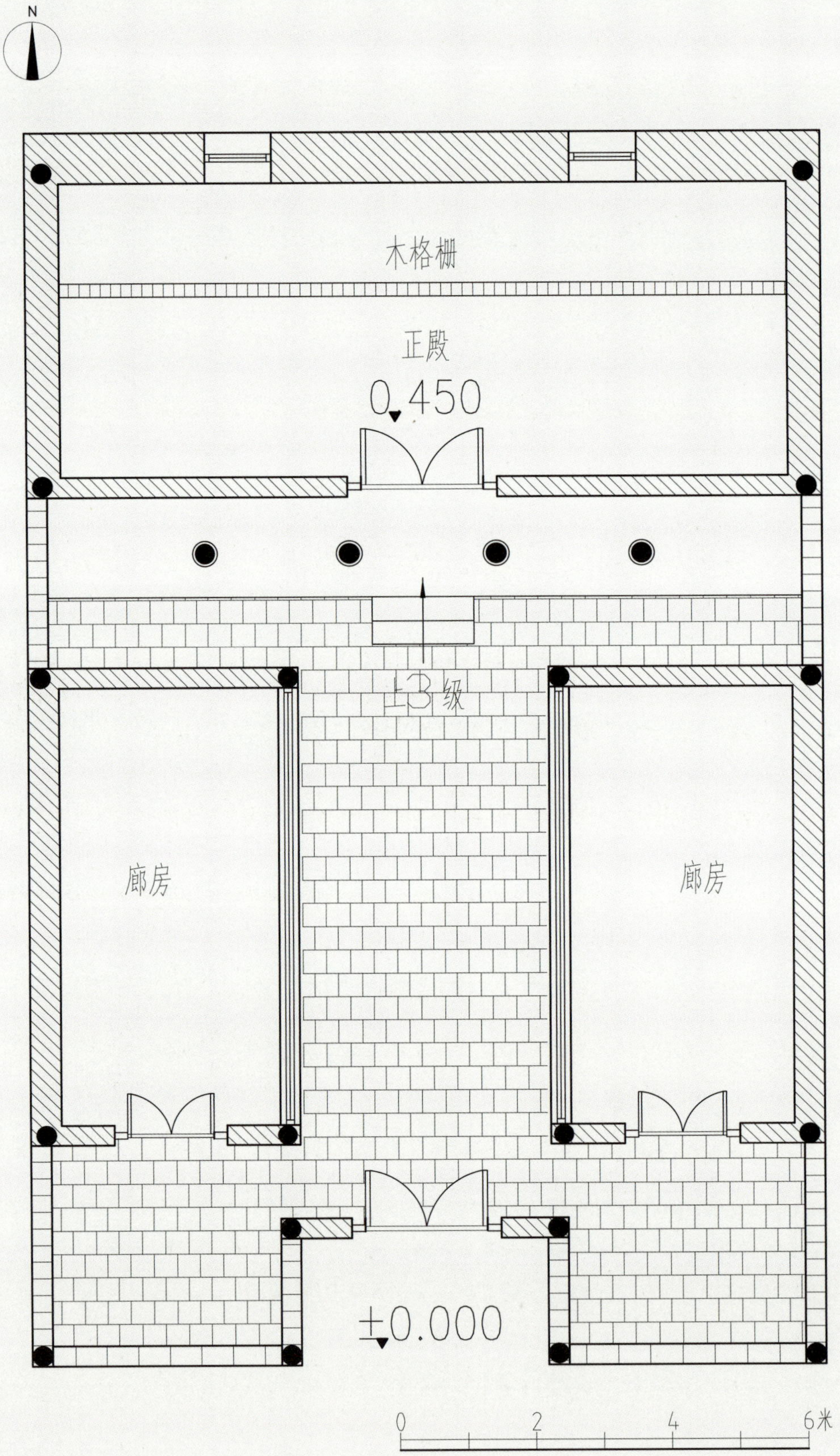

黄河流域民间宗祠文化传承研究

木格栅

正殿

0.450

上3级

廊房

廊房

±0.000

0　　2　　4　　6米

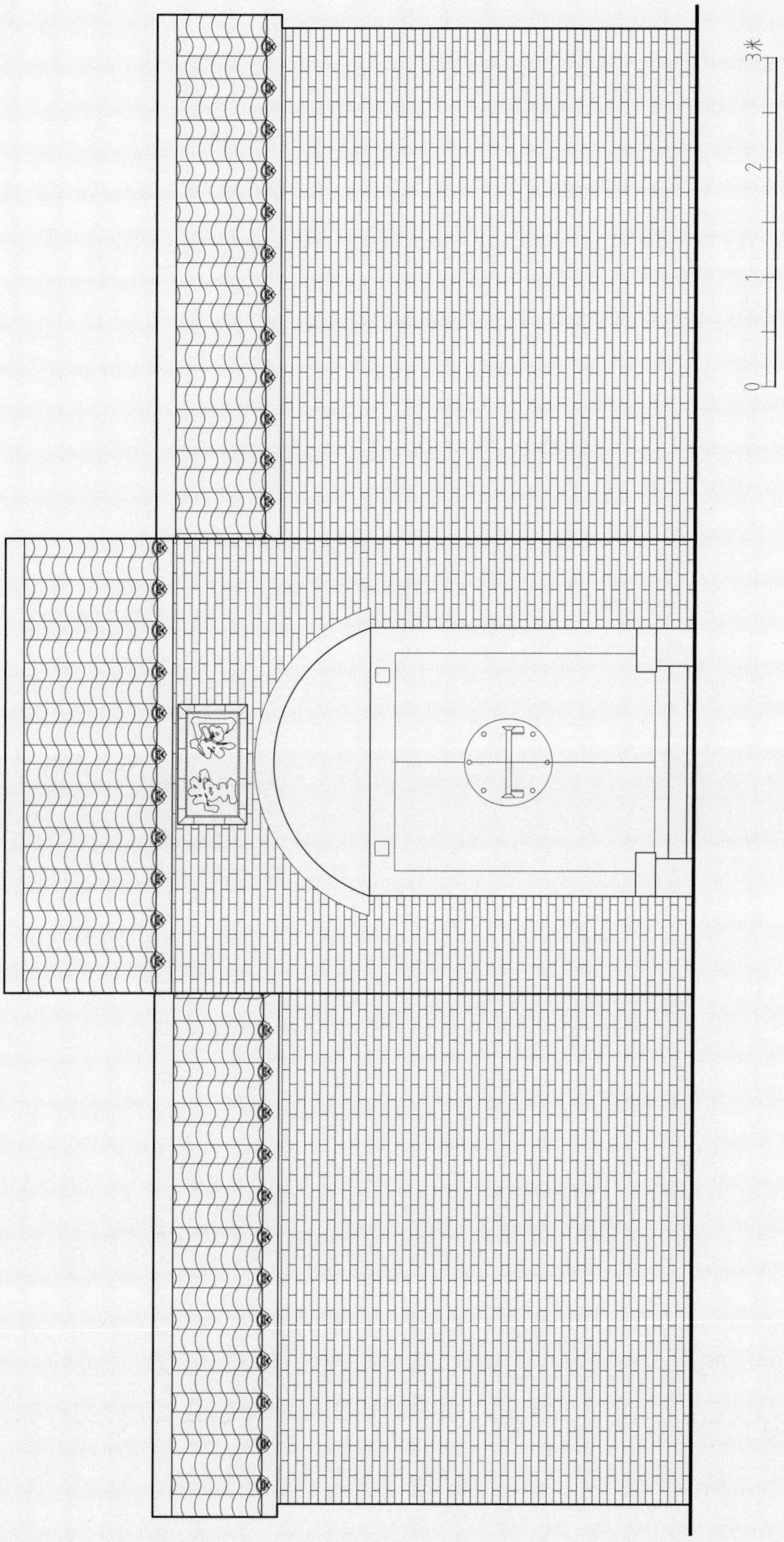

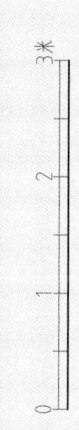

图 5 杨家祠堂总平面图
图 6 杨家祠堂山门立面图

山西省民间宗祠测绘图典选集

孔氏祠堂

山西省晋城市泽州县金村镇杨家山村

一、建筑区位分析

孔氏祠堂位于山西省晋城市泽州县金村镇杨家山村（该文物点经纬度为 35°51′N，112°93′E）。

杨家山村附近有珏山、泽州玉皇庙、府城关帝庙、水东崔府君庙、珏山吐月等景点。

二、建筑空间结构

孔氏祠堂，坐北朝南。正殿为硬山顶建筑，面阔三间 9.5 米，进深 5.9 米；厢房面阔一间 7.5 米，进深 3.8 米。现存山门、正殿、厢房。

三、建筑空间记忆

孔姓来源有二：

（1）出自子姓，为商朝的建立者成汤的后代，属姓名合成新字为姓。成汤姓子，字太乙，其后裔有一支以子加乙合为孔字为氏，称孔氏。

（2）出自子姓，为春秋宋国上卿子嘉的后代，属以祖字为姓。春秋时，宋襄公（前 650—前 638 在位）六世孙子嘉，字孔父，史称孔父嘉，为宋国上卿，后被太宰华督所杀，他的子孙避祸逃亡鲁国，以孔为氏。一代圣人孔子就是孔父嘉的后人。

孔姓家族迁徙史不详，孔氏祠堂修建于清代，具体年代不详，重建年代不详。

图1 孔氏祠堂山门

图2 孔氏祠堂厢房立面（a）

图3 孔氏祠堂厢房立面（b）

图4 孔氏祠堂院落图面

（a）

（b）

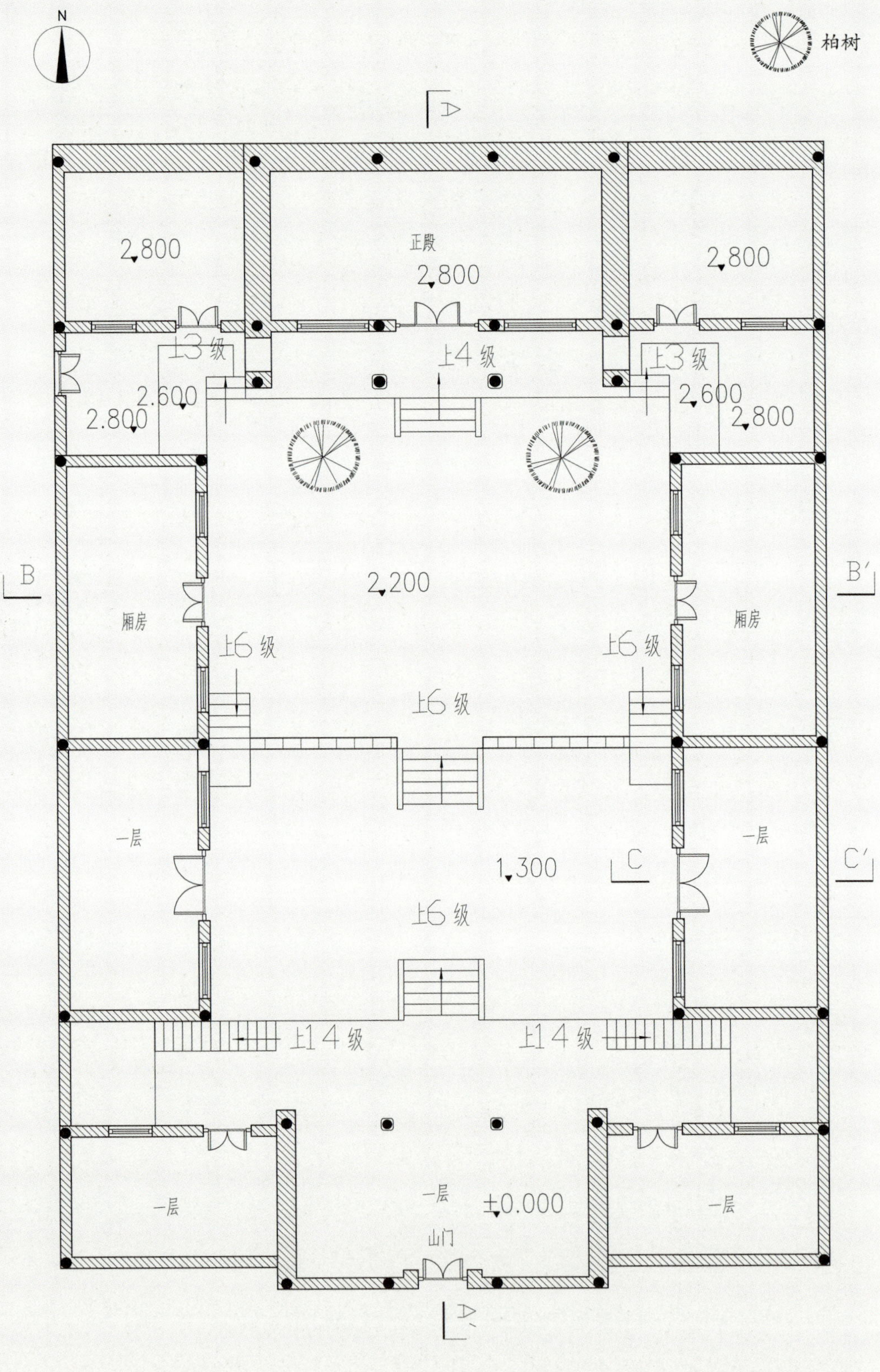

图5 孔氏祠堂总平面图

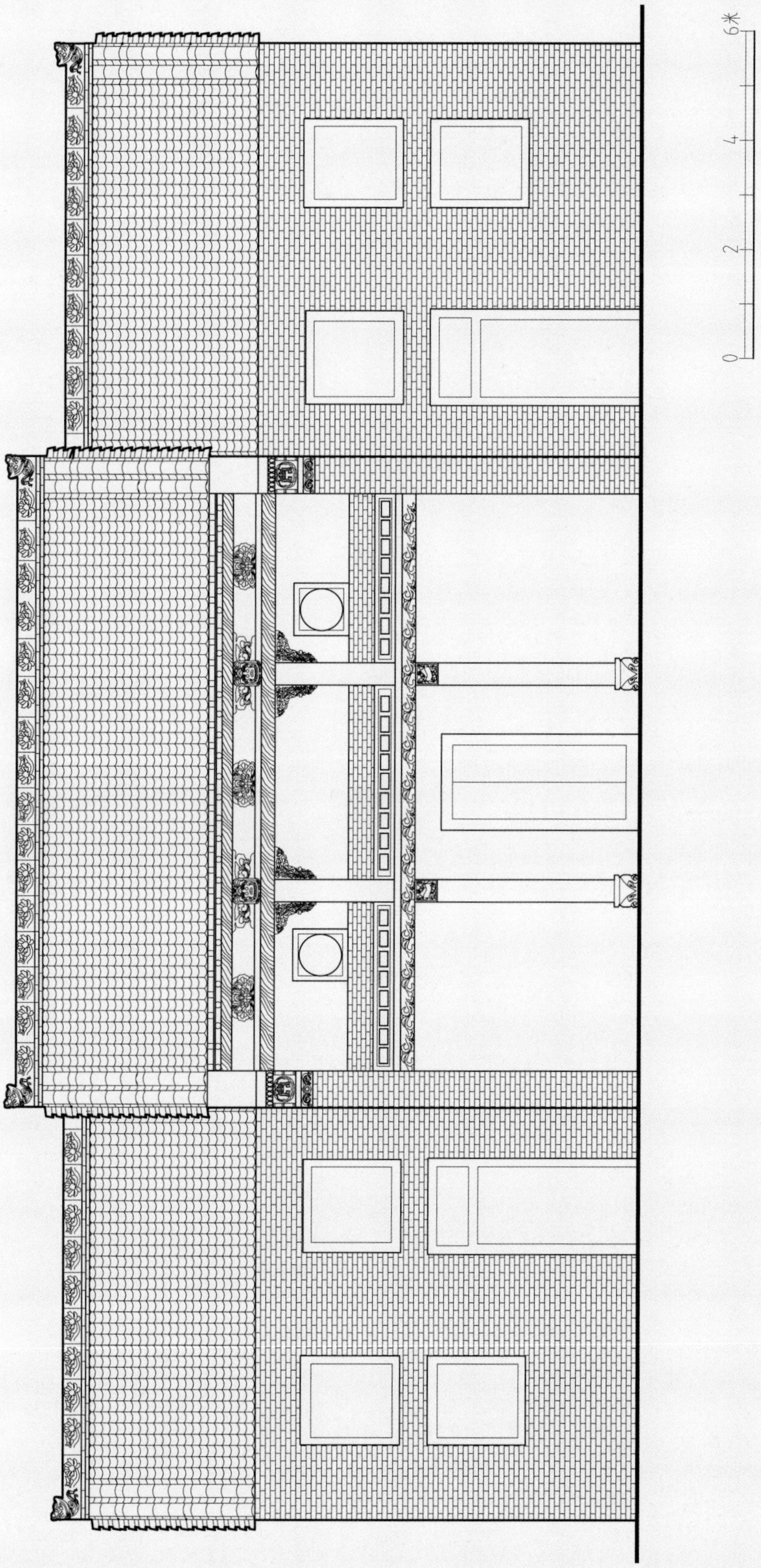

图 6　孔氏祠堂正殿立面图

山西省民间宗祠测绘图典选集　　171

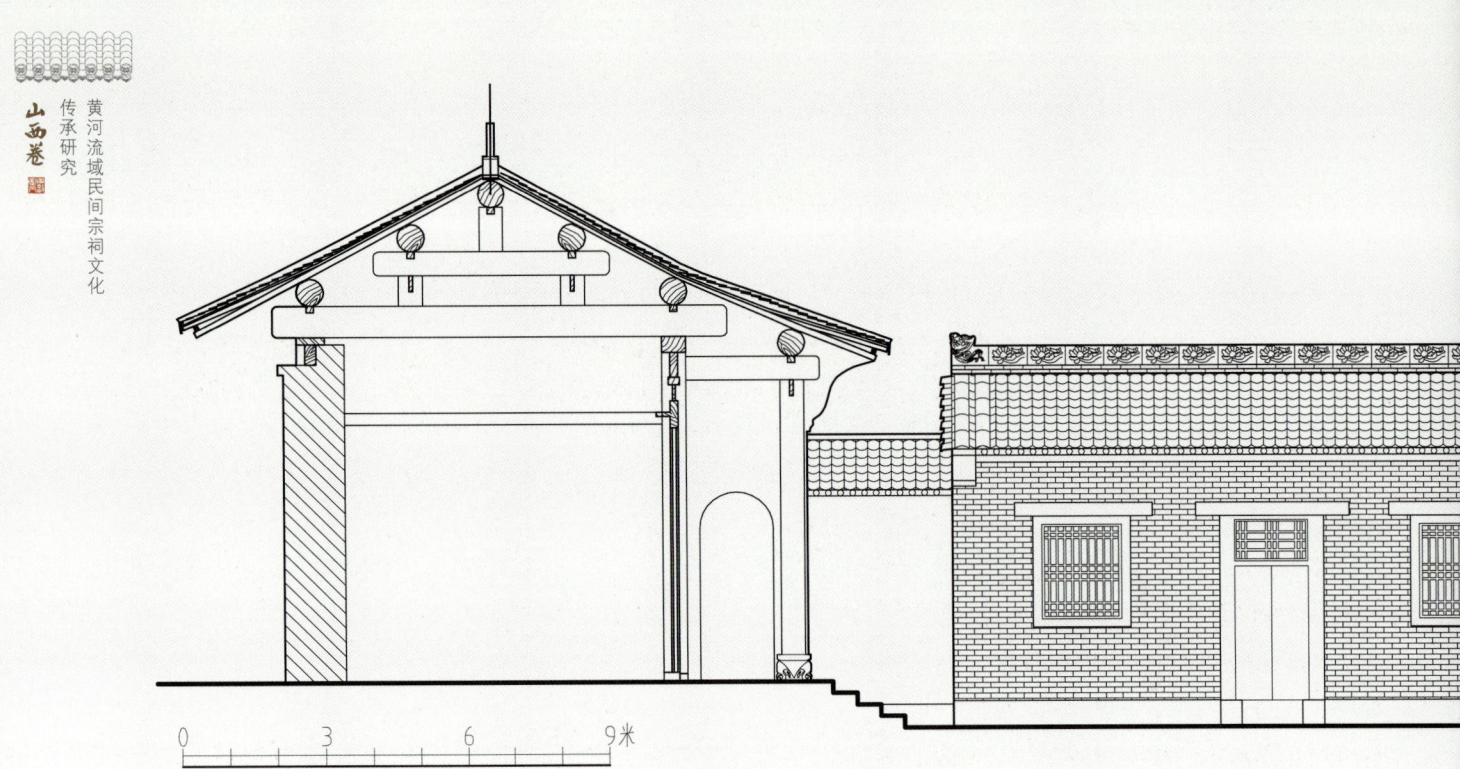
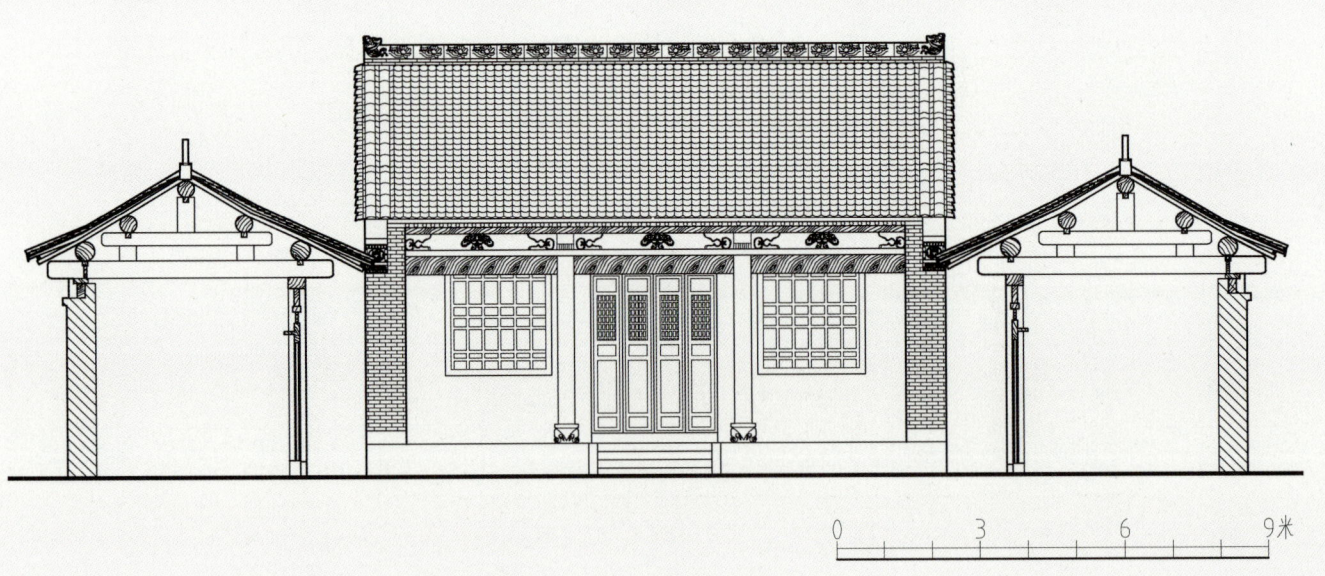

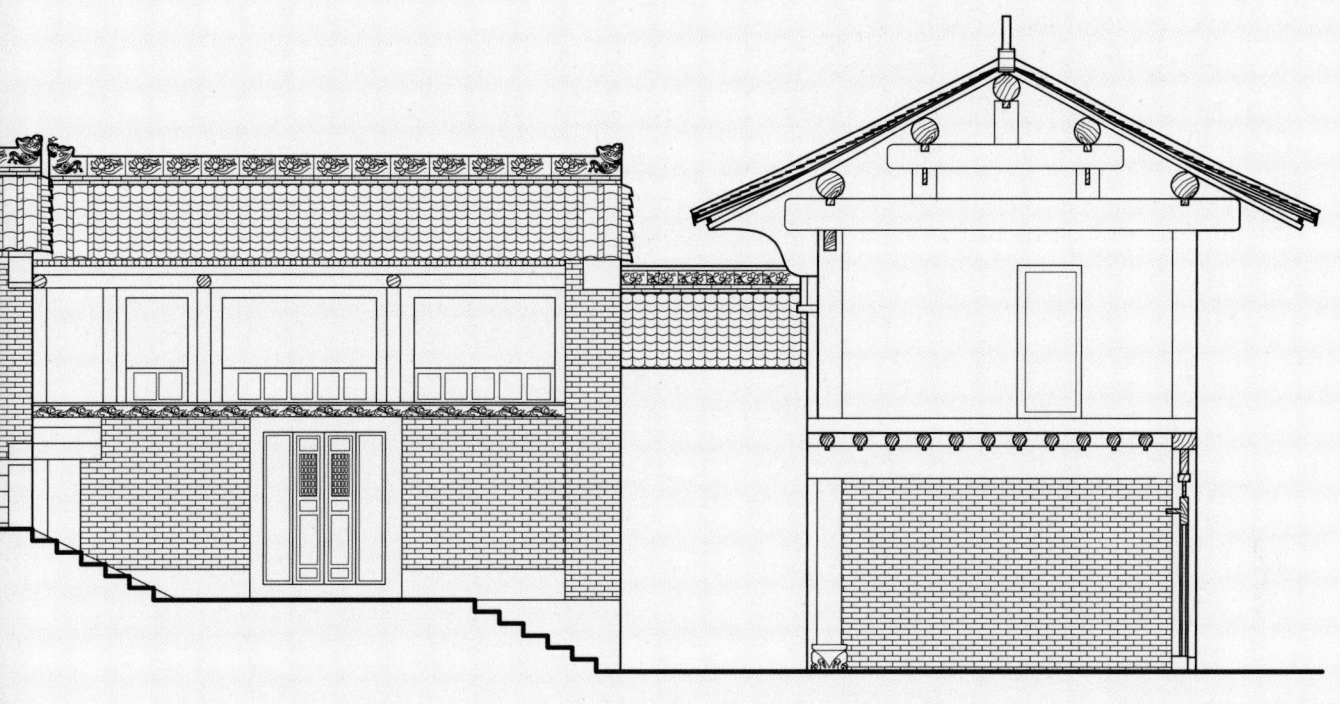

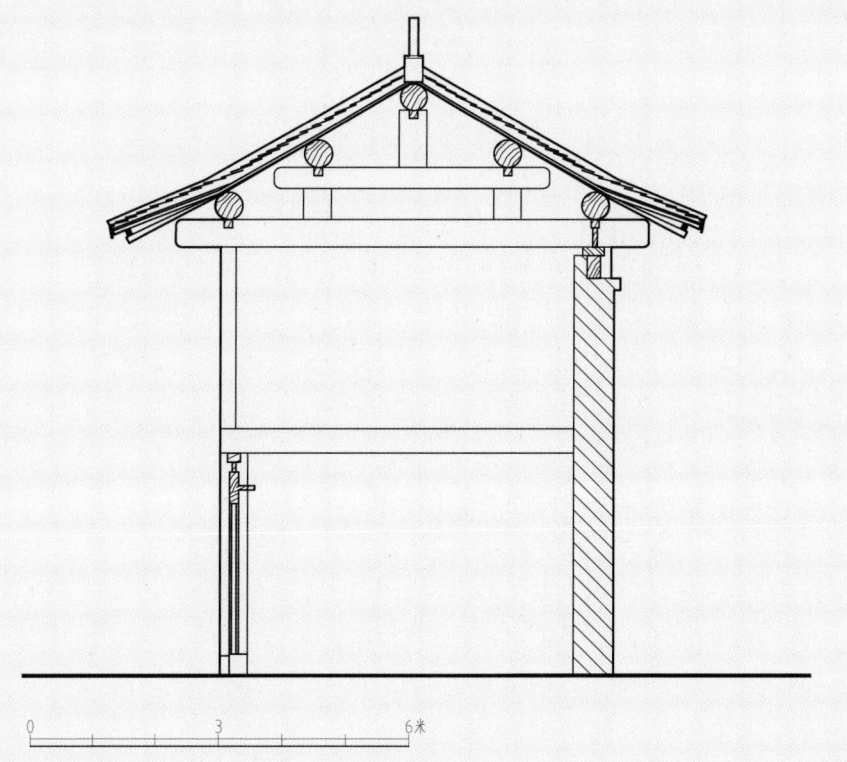

图7 孔氏祠堂 A-A' 剖立面图

图8 孔氏祠堂 B-B' 剖立面图

图9 孔氏祠堂 C-C' 剖面图

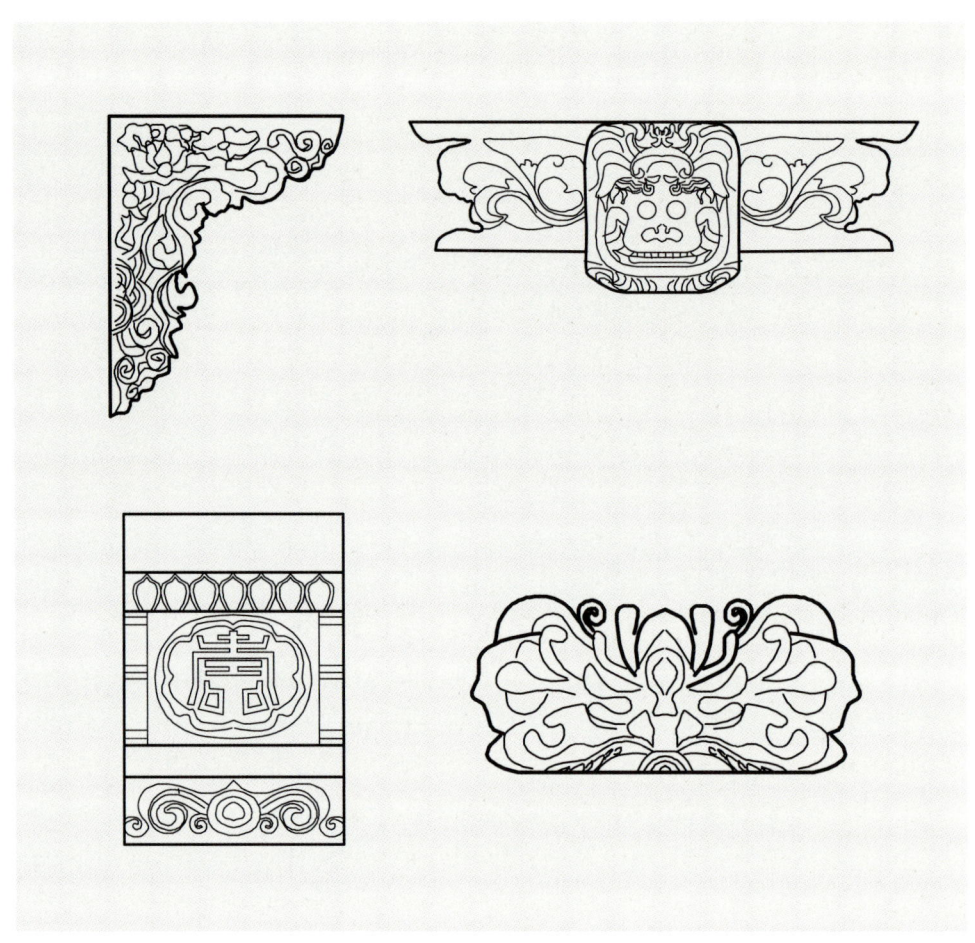

图 10　孔氏祠堂雀替大样图
图 11　孔氏祠堂斗拱大样图
图 12　孔氏祠堂墀头大样图
图 13　孔氏祠堂斗拱大样图

四、建筑装饰艺术

（1）"寿"字。"寿"字本身有许多形态的装饰变化，长形的寿叫"长寿"；圆形的寿，叫"团寿"，也为"圆寿"。

（2）麒麟。麒麟被认为是可使人长寿的神兽。"兽"与"寿"同音，因此麒麟图有"祝寿""拜寿"之意，这是民间推崇麒麟的一个原因。

（3）狮子。狮子在中国备受青睐，除了镇凶辟邪的寓意外，还有吉祥风俗的寓意，因为"狮"与"事""嗣"同音，符合中国人谐音取意，含蓄表达美好意愿的习惯。

（4）莲花。"莲"与"廉"同音，用一支莲花立于水中，寓意一品清廉。

（5）龙头鸱吻。民间的吻兽样式千变万化，手法或自由或怪异，此地的鸱吻形态能体现当地工匠鲜明活泼的艺术手法。

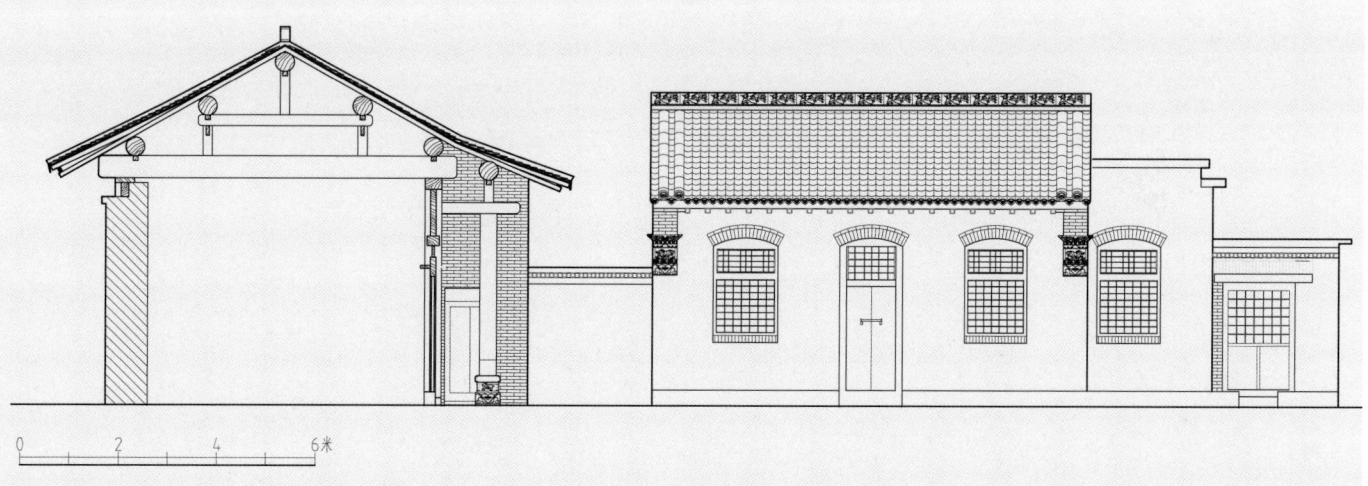

图 6　李氏宗祠 A-A' 剖立面图

图 7　李氏宗祠 B-B' 剖立面图

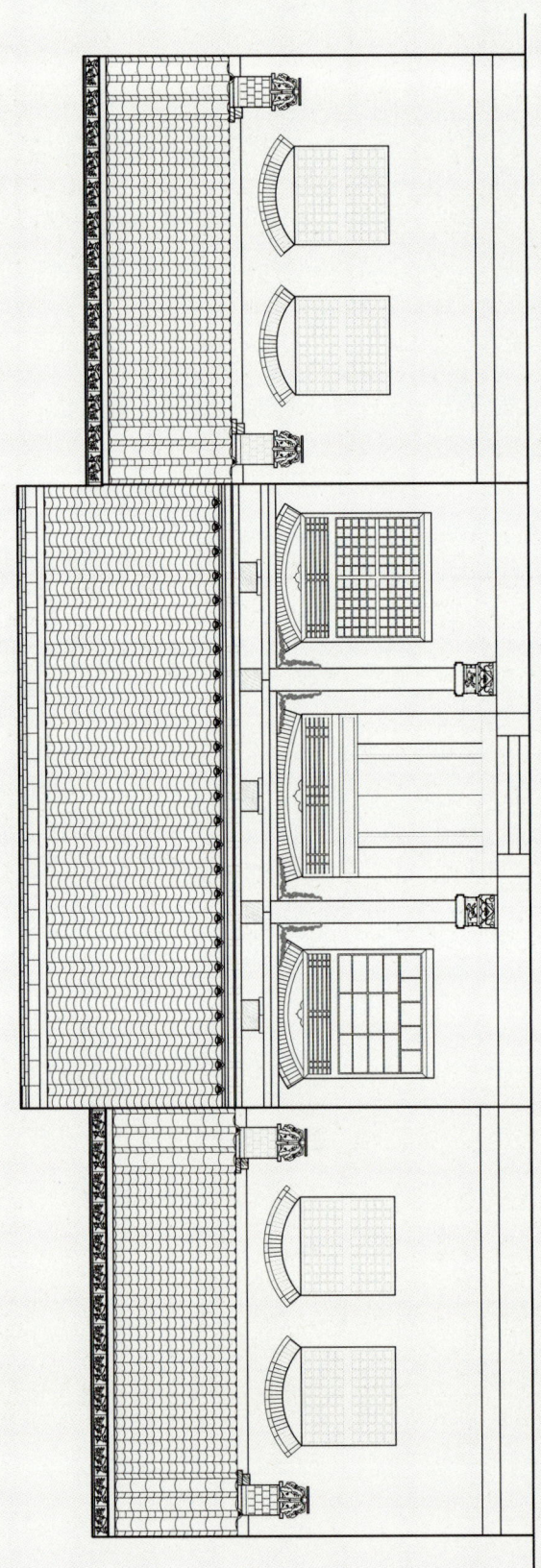

图 8　李氏宗祠 C-C' 立面图

图9 李氏宗祠柱础雕花细节（a）

图10 李氏宗祠墀头雕花细节（a）

图11 李氏宗祠柱础雕花细节（b）

图12 李氏宗祠斗拱雕花细节

图13 李氏宗祠墀头雕花细节（b）

图14 李氏宗祠正脊雕花细节

和氏宗祠

山西省晋城市泽州县高都镇东元庆村

一、建筑区位分析

和氏宗祠位于山西省晋城市泽州县高都镇东元庆村西（该文物点经纬度为35°57′N，112°94′E）。

东元庆村地处泽州县东北部，是大陆性季风气候，四季分明，春季干旱多风，夏季炎热多雨，秋季秋高气爽，冬季寒冷干燥。

二、建筑空间结构

和氏宗祠，坐西朝东。正殿面阔一间11.8米，进深4.2米；东西厢房为卷棚顶建筑，面阔一间5.7米，进深3.3米。现存正殿及南北耳房、南北厢房。

三、建筑空间记忆

和氏家族迁徙史不详，和氏祠堂修建于清代，具体年代不详，重建年代不详。

图1　和氏宗祠北面

图2　和氏宗祠西面

图3　和氏宗祠山门

图4　和氏宗祠东面

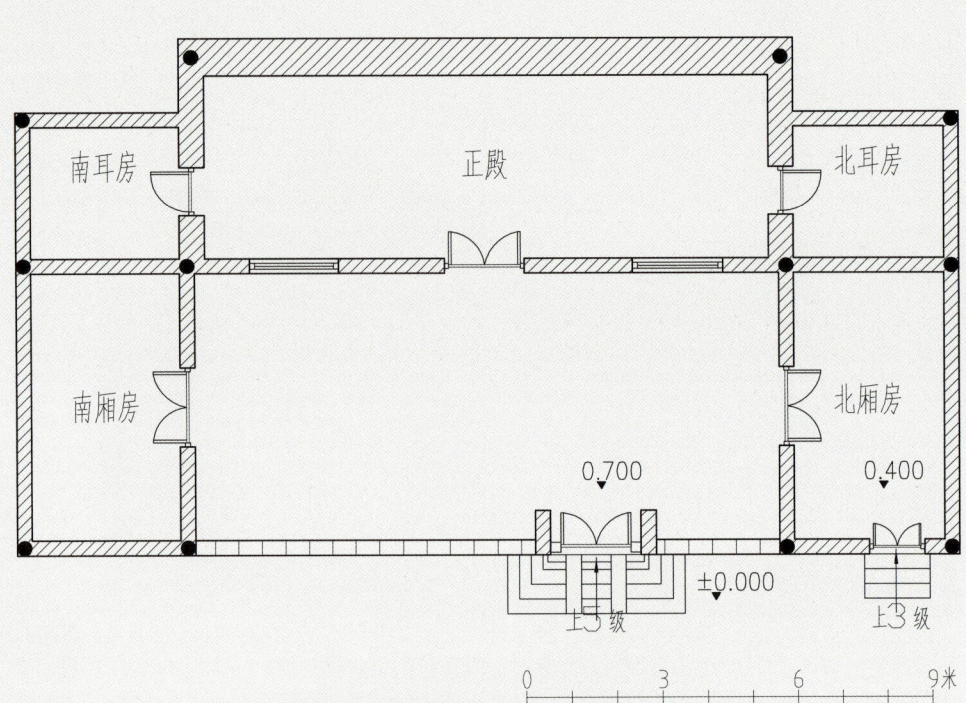

图5 和氏宗祠总平面图
图6 和氏宗祠北立面图

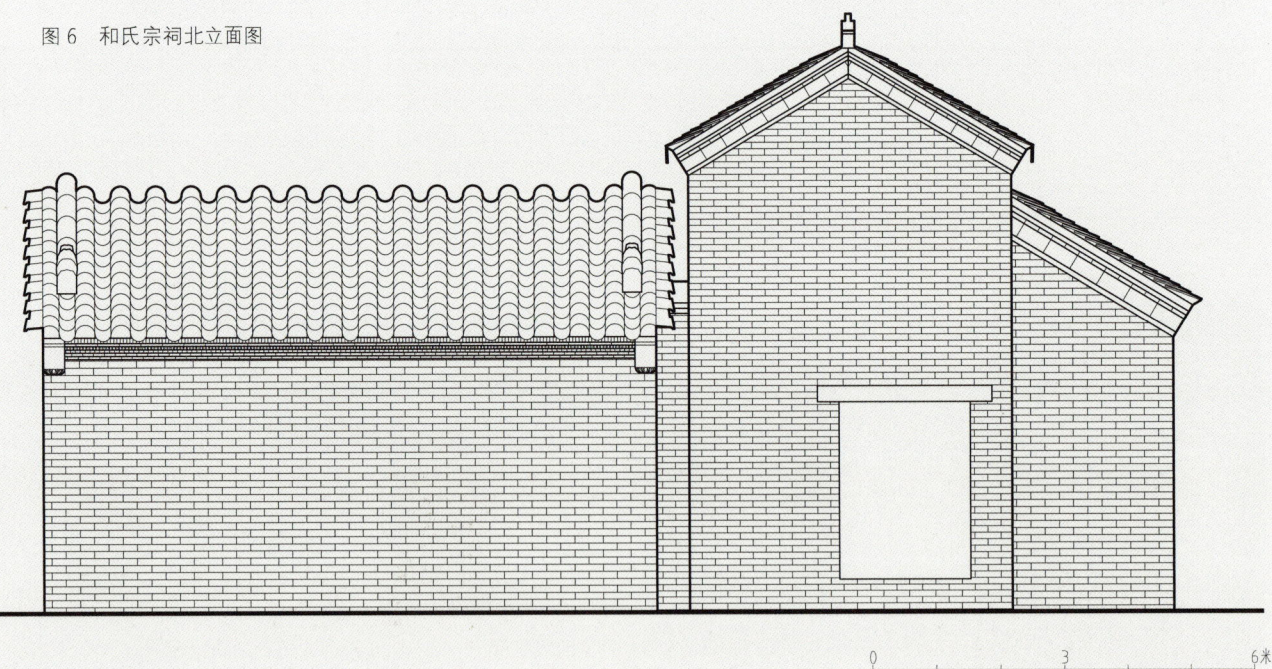

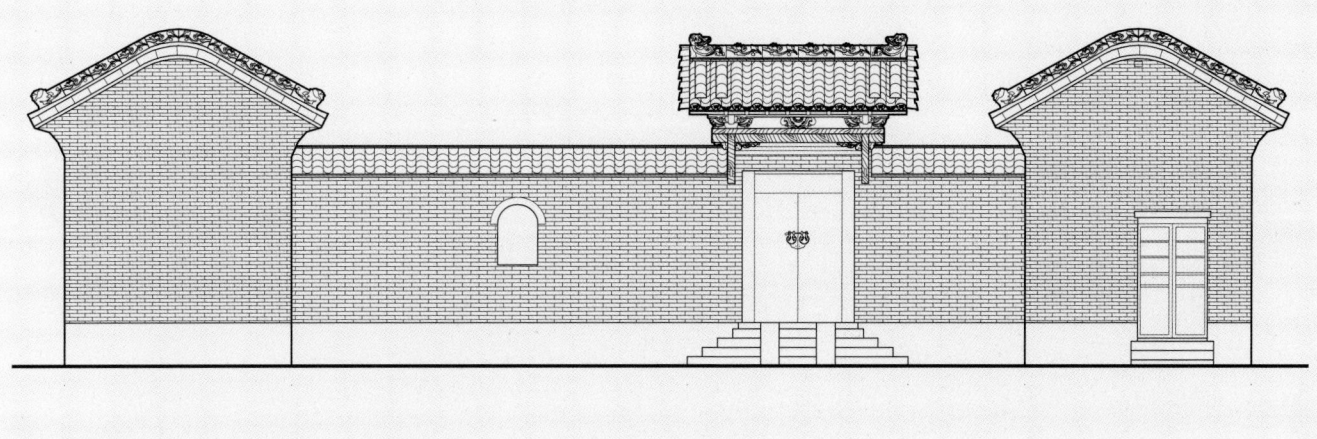

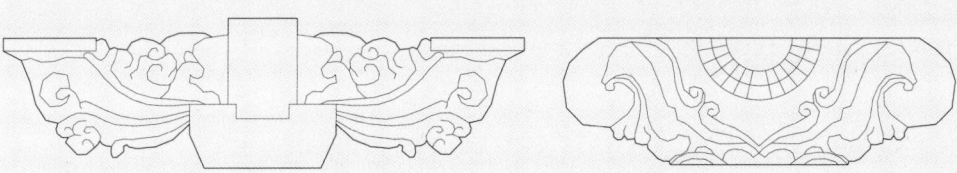

图 7　和氏宗祠东立面图

图 8　和氏宗祠雕花梁头大样图

图 9　和氏宗祠脊兽大样图

四、建筑装饰艺术

鱼纹是中国传统寓意纹样,其为中国古代青铜器纹饰之一。图案为鱼的形态,脊鳍与腹鳍各一个或两个,鱼纹常饰于盘内,亦能用于器物装饰或是器物的造型。

《史记·周本纪》载:"周有鸟,鱼之瑞。"又《太平御览》卷九百三十五引《风俗通》曰:"伯鱼之生,适有馈孔子鱼者,嘉以为瑞,故名鲤,字伯鱼。"说明鱼在古人的心目中也是一种祥瑞。汉代画像石中,鱼纹大多为鲤鱼,并常与龙、凤同处一画。同时,鱼具有生殖繁盛、多子多孙的祝福含义。

图 10 和氏宗祠山门雕花梁头

毕家祠堂

山西省晋城市高平市石末乡毕家院村

一、建筑区位分析

毕家祠堂位于山西省晋城市高平市石末乡毕家院村北（该文物点经纬度为 35°71′N，112°98′E）。

毕家院村位于高平市东南部丘陵地带，是石末乡的一个中等村，为典型的纯农业村。

二、建筑空间结构

毕家祠堂，坐北朝南。正殿面阔三间 6.8 米，进深 6.1 米；耳房面阔 4.4 米，进深 4.5 米。现存山门、正殿、耳房和东西厢房。

三、建筑空间记忆

毕姓家族迁徙史不详，毕家祠堂修建于清代，具体年代不详，重建年代不详。目前闲置缺乏保护。

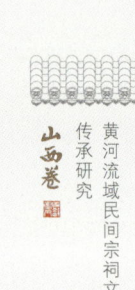

图 1　毕家祠堂山门
图 2　毕家祠堂外立面

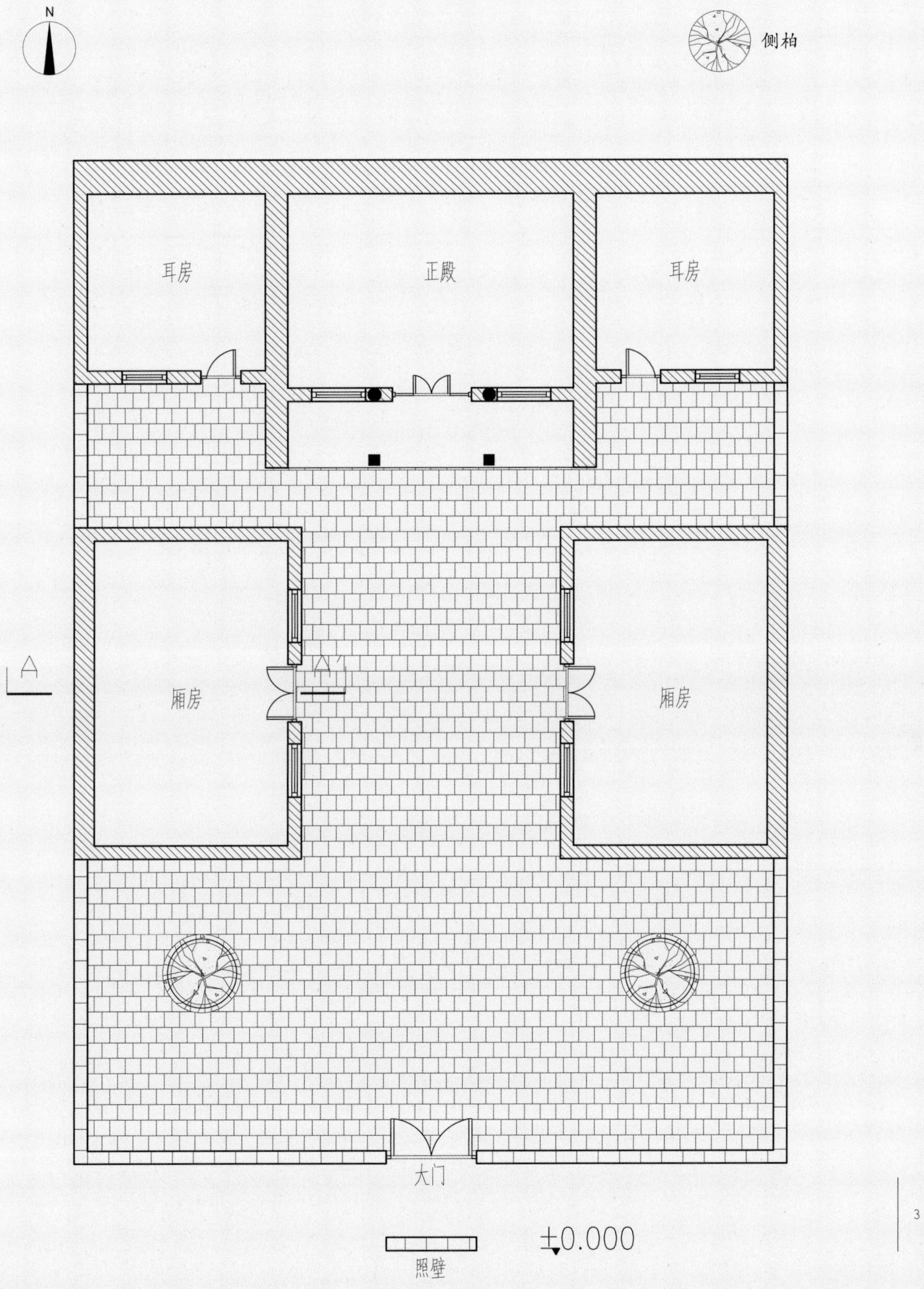

  侧柏

图 3 毕家祠堂总平面图

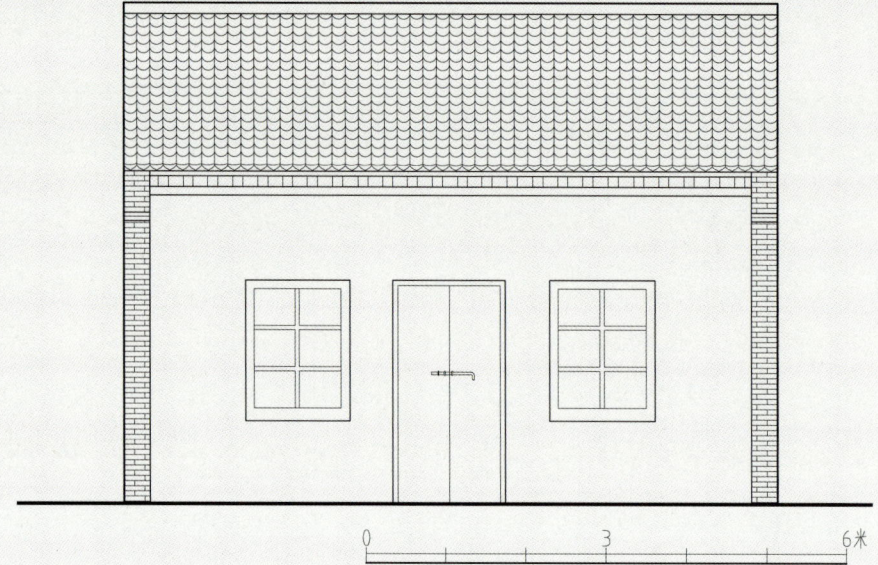

图 4 毕家祠堂厢房立面图

图 5 毕家祠堂正殿立面图

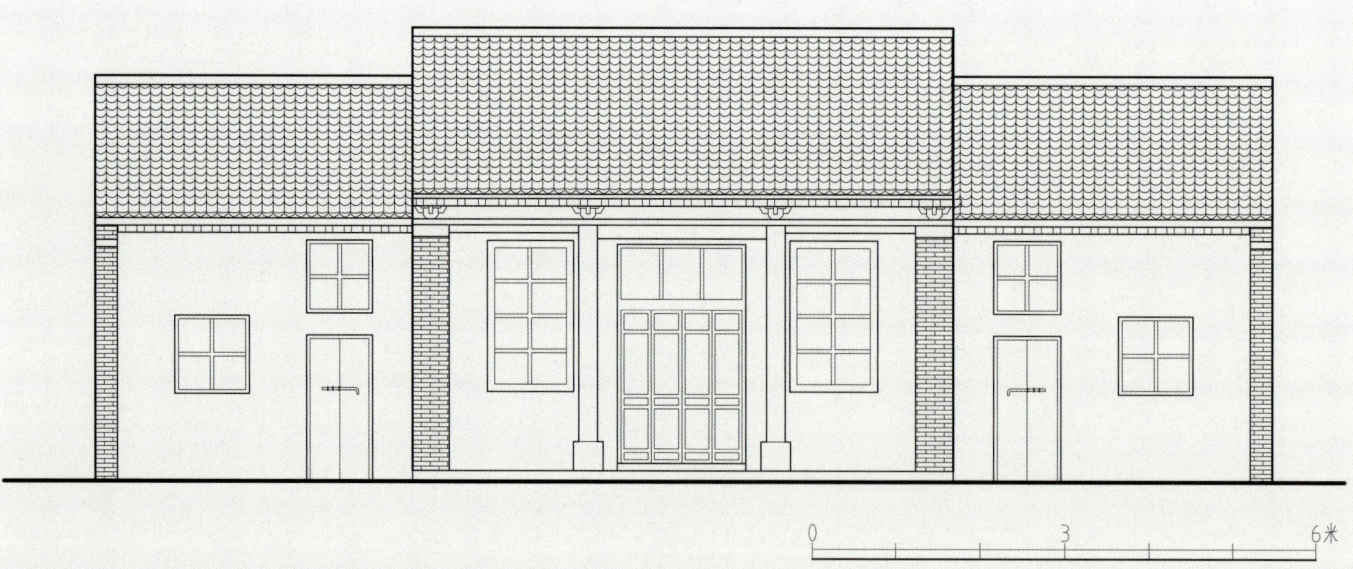

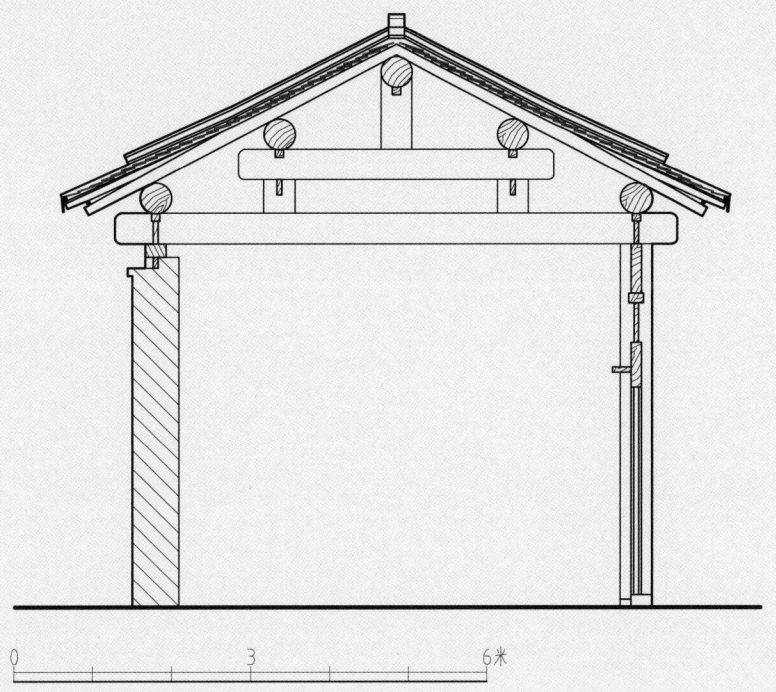

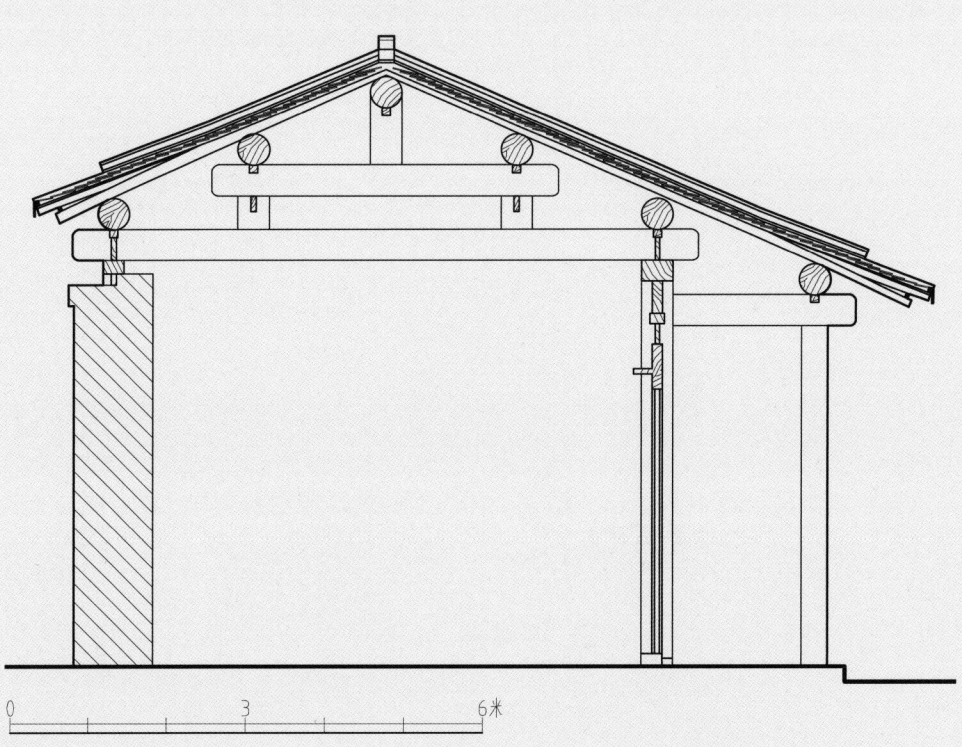

图 6　毕家祠堂厢房剖面图
图 7　毕家祠堂正殿剖面图

刘家祠堂

山西省临汾市汾西县永安镇前加楼村

一、建筑区位分析

刘家祠堂位于山西省临汾市汾西县永安镇前加楼村（该文物点经纬度为 36°69′N，111°60′E）。

前加楼村是山西省临汾市汾西县永安镇下辖的建制村，与贴金村、窑头村、神符村等相邻。村附近有郭村堡佛庙、神符真武庙、连村遗址、独堆遗址、神符战斗遗址、吴家岭吴家宅院等旅游景点。

二、建筑空间结构

刘家祠堂，坐北朝南。正殿面阔五间 13.5 米，进深 7.4 米；厢房面阔一间 6.3 米，进深 2.7 米。现存山门、正殿、东西厢房。

图 1　刘家祠堂正殿侧墙
图 2　刘家祠堂正殿

三、建筑空间记忆

刘姓家族迁徙史不详，刘家祠堂修建于清代，具体年代不详，重建年代不详。目前闲置缺乏保护。

3 4
5
6

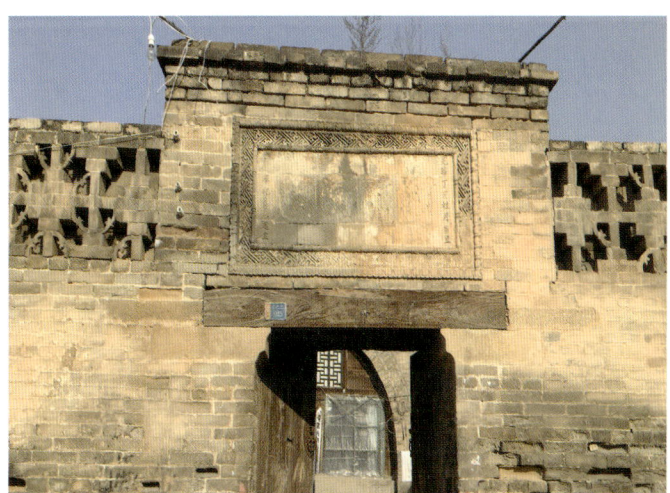

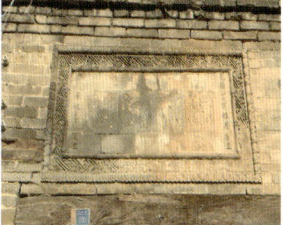

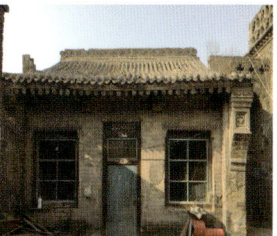

图 3　刘家祠堂山门

图 4　刘家祠堂门头

图 5　刘家祠堂厢房

图 6　刘家祠堂外景

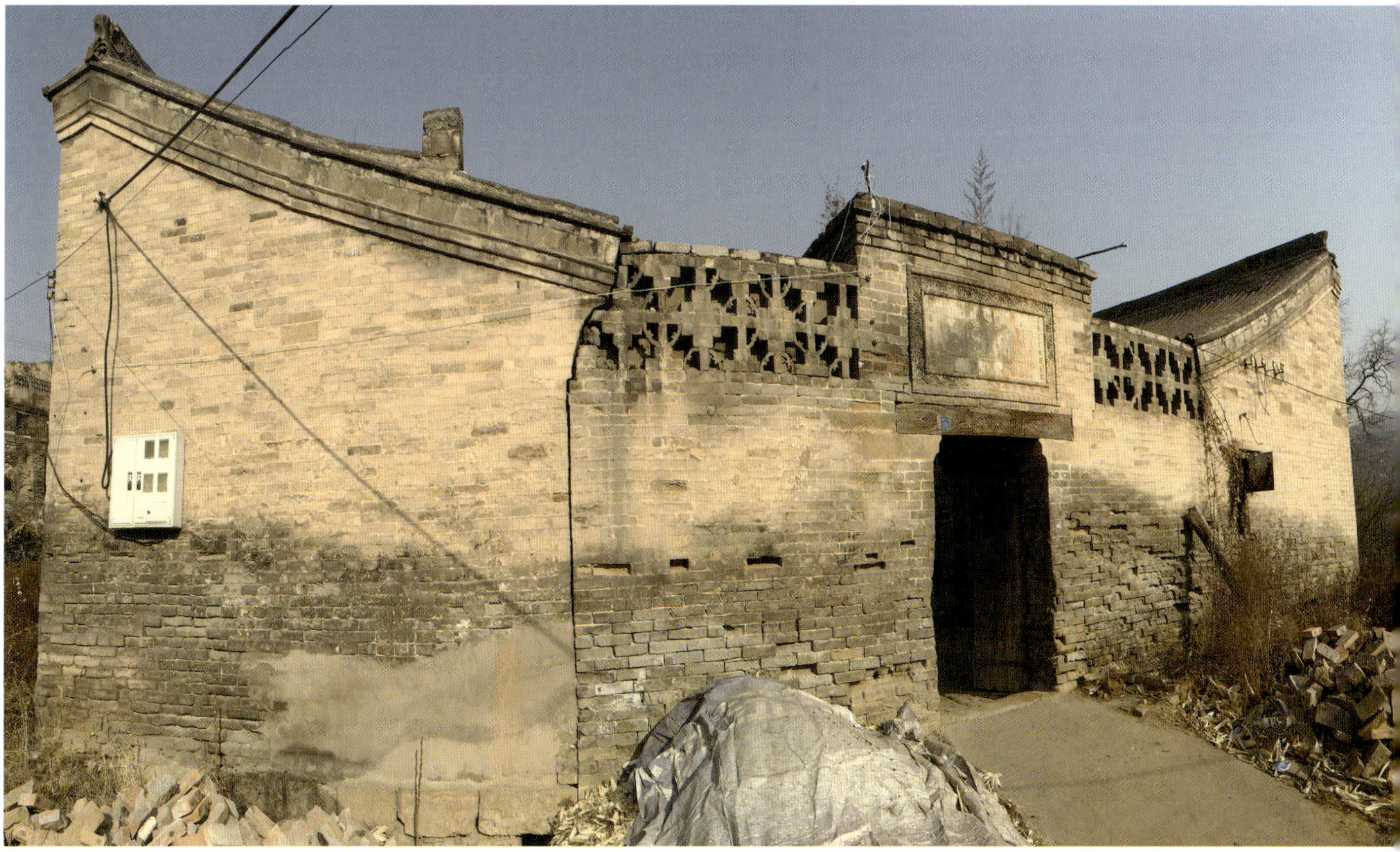

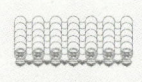

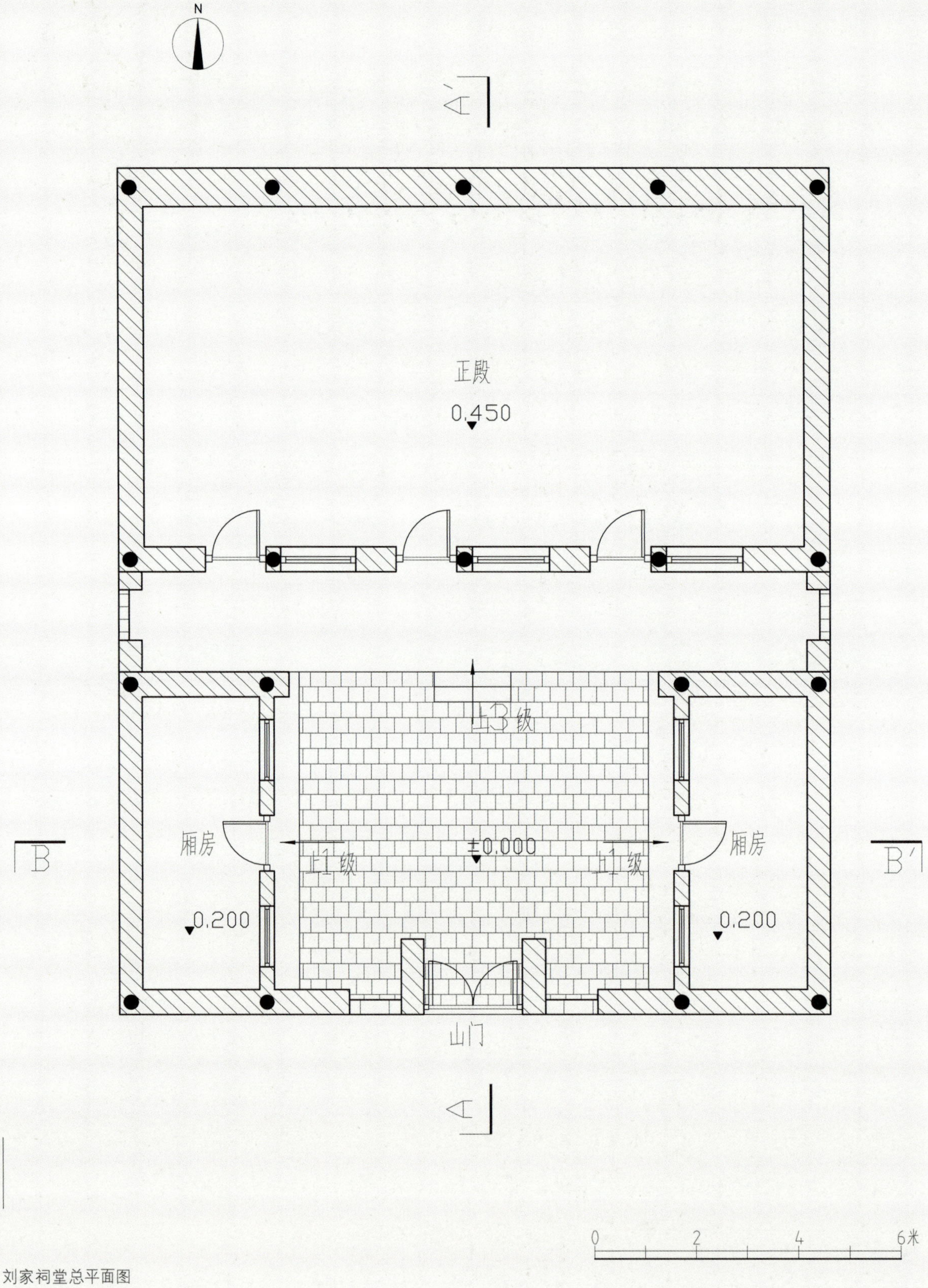

图 7 刘家祠堂总平面图

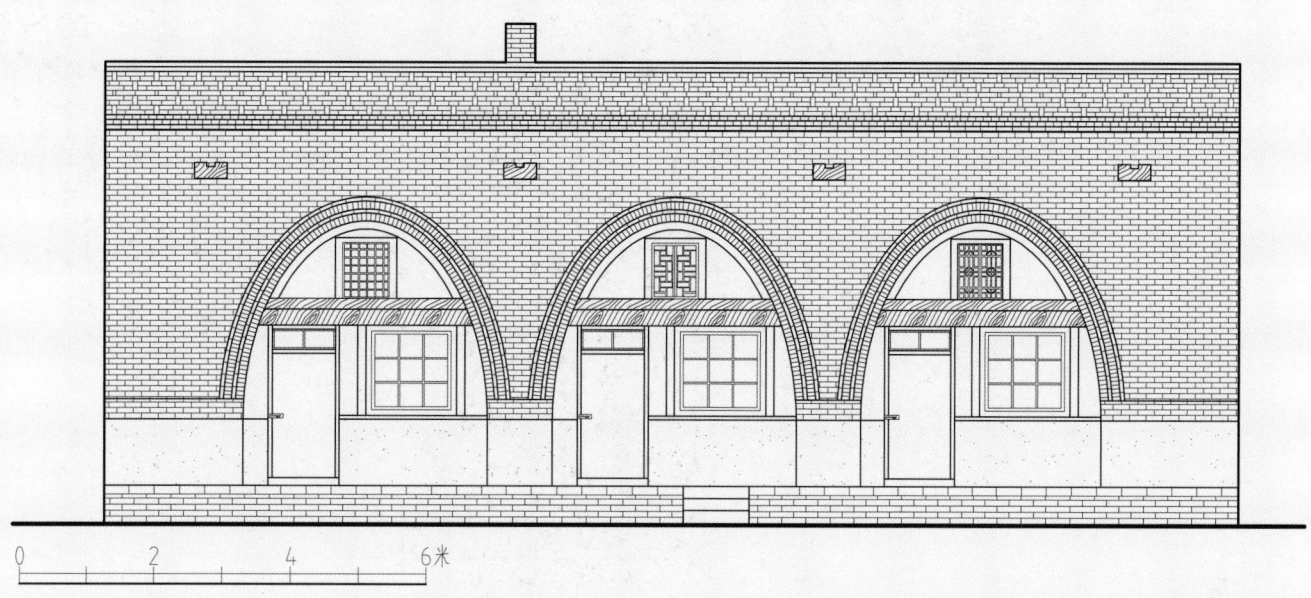

图 8　刘家祠堂正殿立面图

图 9　刘家祠堂山门立面图

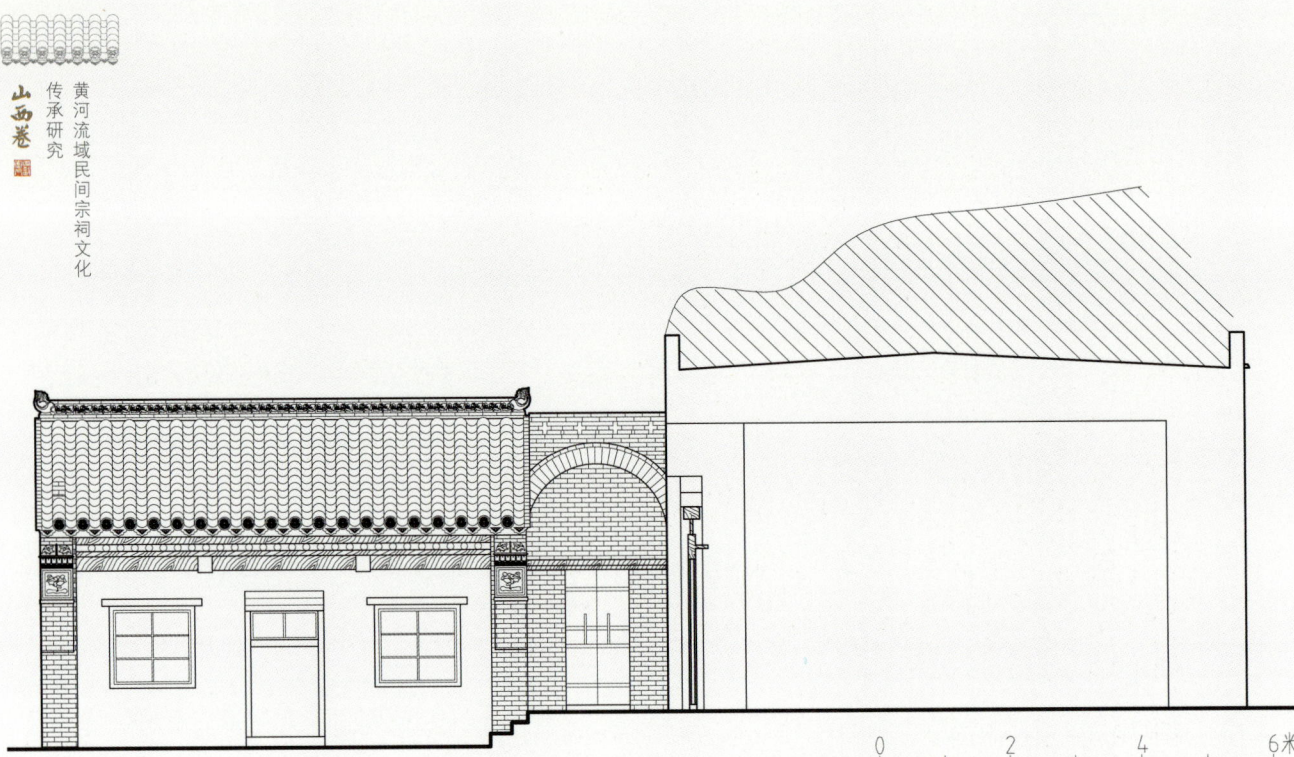

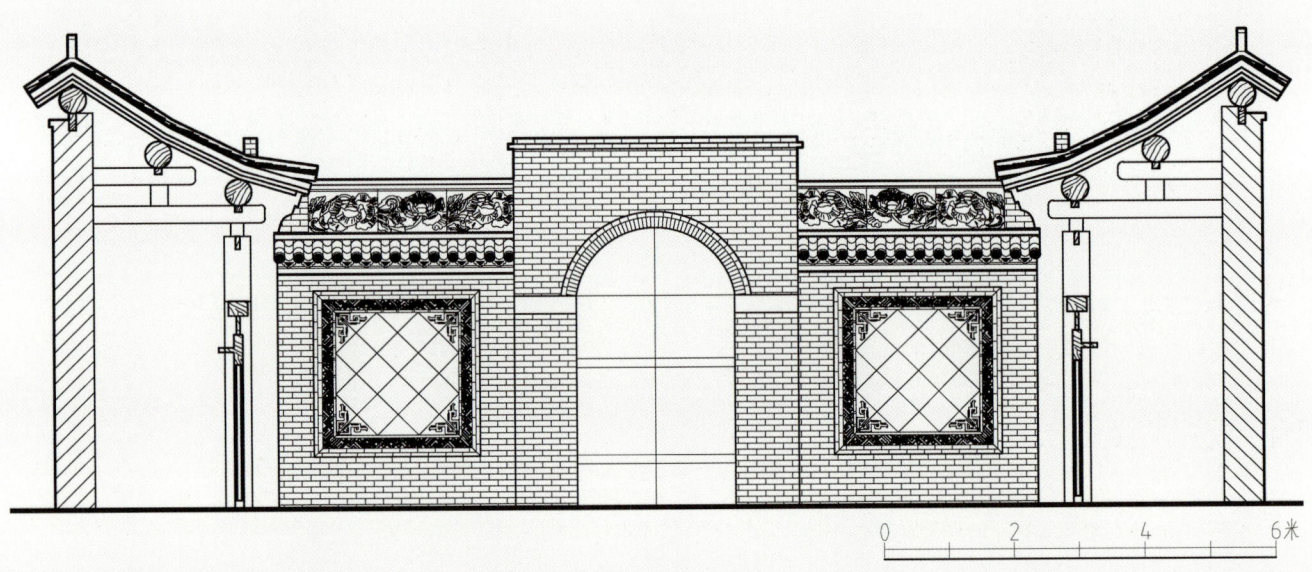

图10 刘家祠堂 A-A' 剖立面图

图11 刘家祠堂 B-B' 剖立面图

图12　刘家祠堂雕花大样图

图13　刘家祠堂照壁大样图

四、建筑装饰艺术

（1）仙鹤纹样与鹿纹样合为"鹤鹿同春"，寓有寿禄双全之意。

（2）绳武。《诗·大雅·下武》中写道："昭兹来许，绳其祖武。"朱熹集传中写道："绳，继；武，迹。言武王之道，昭明如此，来世能继其迹。"后因称继承祖先业绩为"绳武"。清朝李渔在《闲情偶寄·种植·木本》写道："我欲绳武而不能，以著述永年而已矣。"王毓岱在《乙卯自述一百四十韵》写道："卜居源远溯，绳武迹遐窥。"意思是踏着祖先的足迹继续前进，比喻继承祖业。

（a）

（b）

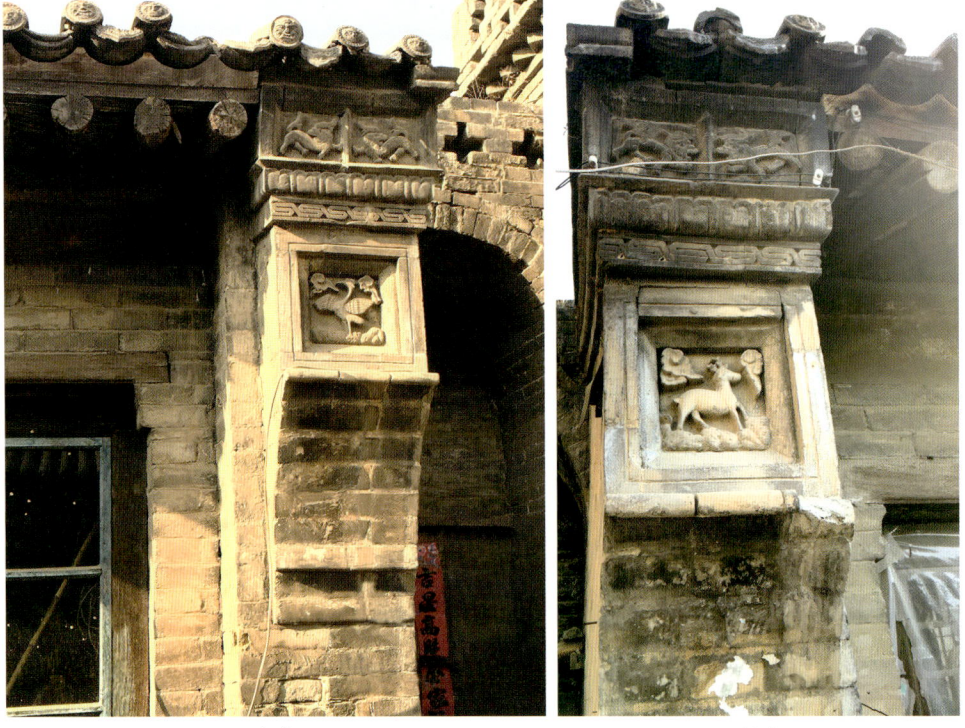

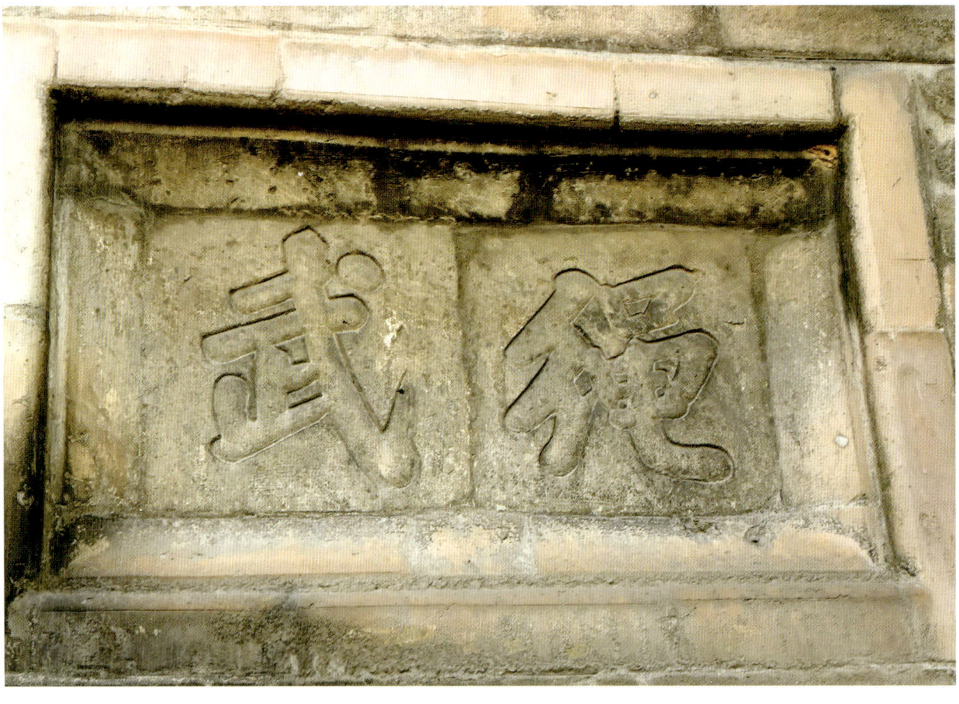

14 15
16

图 14　刘家祠堂墀头细节（a）

图 15　刘家祠堂墀头细节（b）

图 16　刘家祠堂“绳武”牌匾

卢氏祠堂

山西省临汾市浮山县东张乡柳曲村

一、建筑区位分析

卢氏祠堂位于山西省临汾市浮山县东张乡柳曲村（该文物点经纬度为 35°90′N，111°77′E）。

柳曲村是山西省临汾市浮山县东张乡下辖的建制村，属温带大陆性气候，主要气候特征为多风少雨，温差较大，四季分明。

柳曲村与翟底村、冯村村、南畔村、南畔山村、南畔桥村等相邻。

二、建筑空间结构

卢氏祠堂，始修于清朝，坐北朝南。正殿为硬山顶建筑，面阔三间9.3米，进深4.9米。现存山门和正殿。

三、建筑空间记忆

清雍正九年（1731）在修订家谱时所作之序中记"吾浮邑卢姓居邑之南乡柳曲村者亦相传十余世矣"，据此推算卢姓来此居住应为明朝末年1450年前后。至于从何地迁徙而来，据民国十四年（1925）先祖卢芳坟茔修建所立碑楼上记载，"始祖讳政未知从何而迁徙居是乡"，"旧有一谱渊源亦不能及远"。故无法考证何时迁徙时地，实乃为卢氏后裔之遗憾。

卢氏祠堂始建年代为清代，具体年代不详，重建于清光绪三十三年（1907），后因年久失修，于2016年正月重修。

图1　卢氏祠堂正殿
图2　卢氏祠堂山门

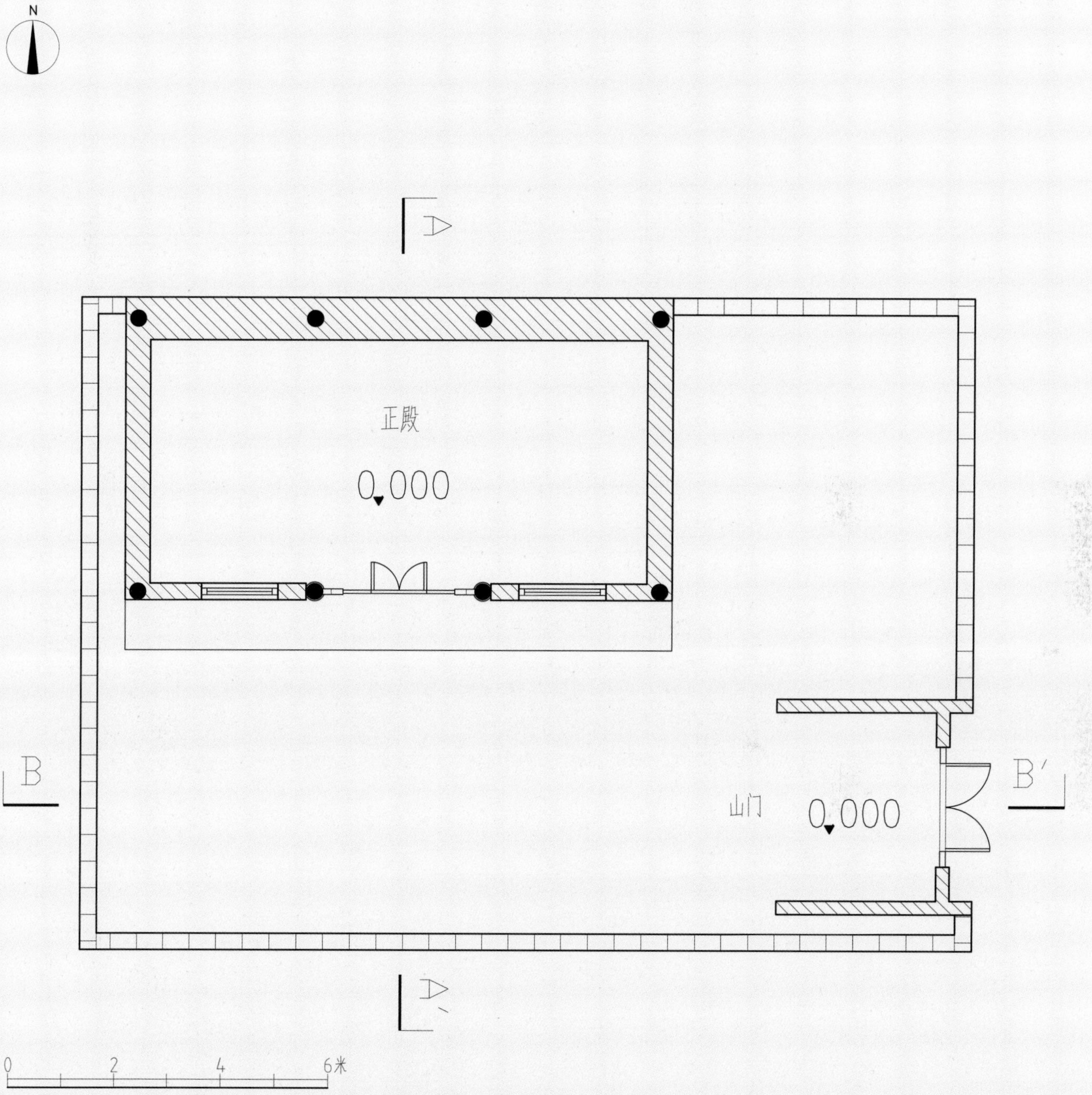

图 3 卢氏祠堂总平面图

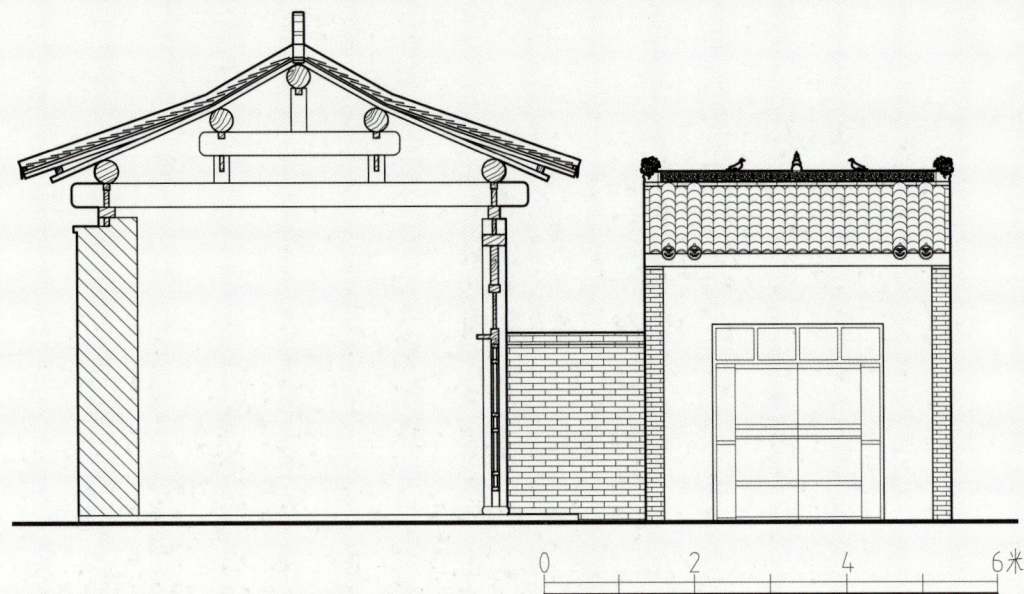

图4 卢氏祠堂 A-A' 剖立面图
图5 卢氏祠堂 B-B' 剖立面图

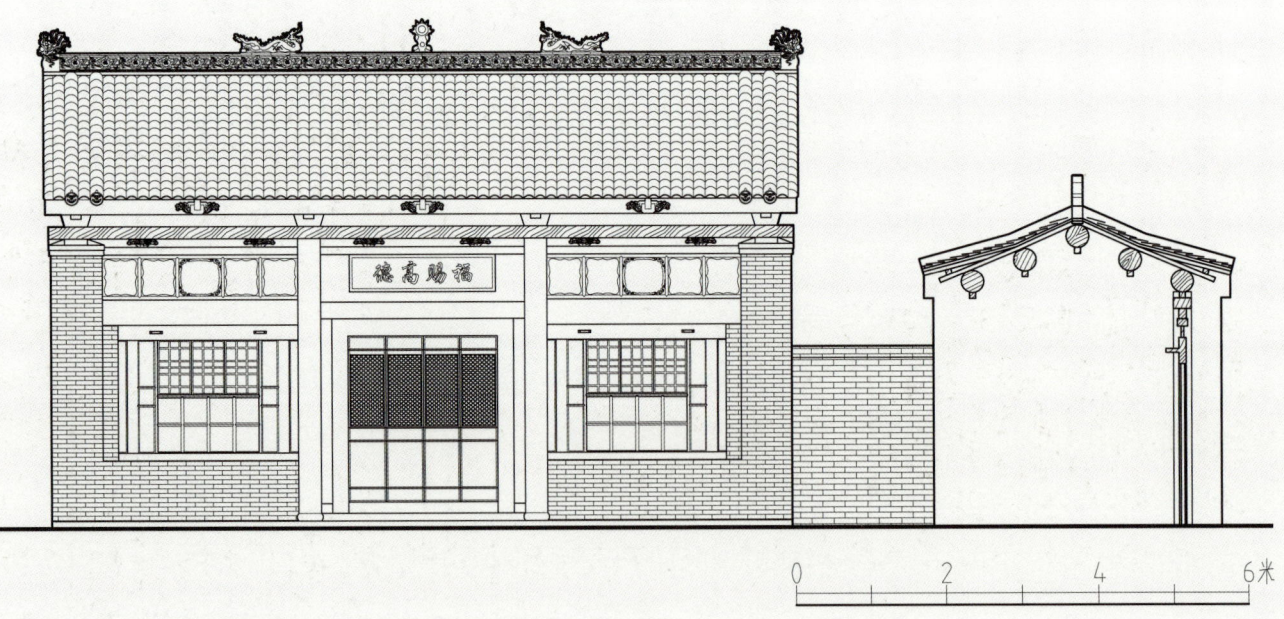

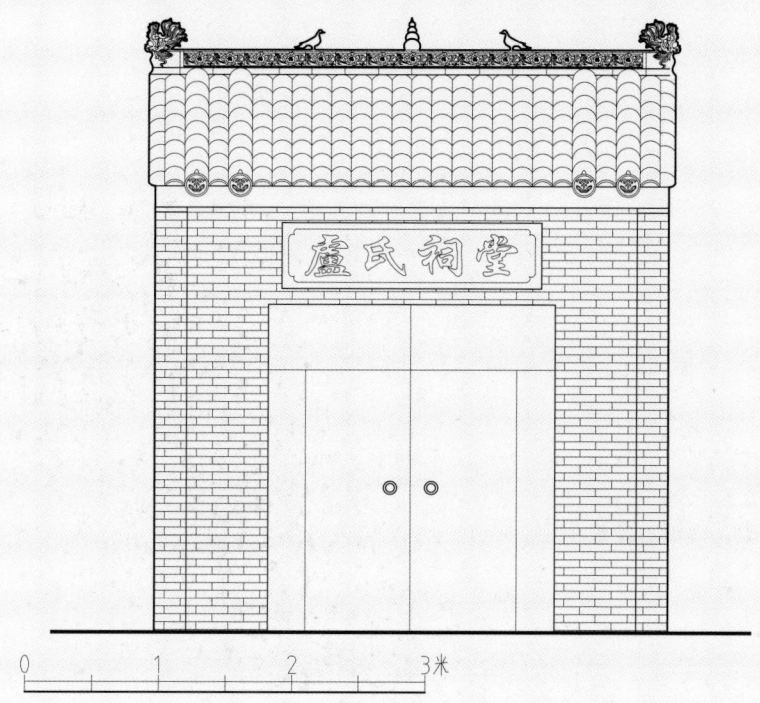

图6 卢氏祠堂山门立面图
图7 卢氏祠堂牌匾大样图

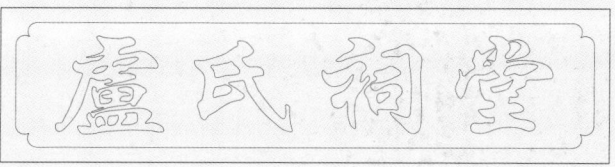 

四、建筑装饰艺术

祥云纹。本造型以涡形曲线、流线型排列构成纹样形式，抽象概括地表达了古代劳动人民对自然运动规律的认识，以及对天地万物的规律运动而呈现出的流动感与形式感，并具有盘曲回旋、周而复始的恒稳关系。

随着朝代更迭，人们的审美取向不断地发生变化，祥云纹在造型上不断地被改造，包含在其中的吉祥如意的美好寓意与简洁生动的线条在改造中不断被强化，成为代表中华文明的文化符号。至今，设计师仍然对祥云这个具有丰富内涵的传统纹样进行深入地发掘、变化和改造，使之在保持原有传统寓意的同时，更好地融入了中华民族文化特色的理念。同时，这也要求设计师在对传统纹样的传承、挖掘与不断创新中建立起更为深入、更为广阔的知识体系和思维模式结构。

重修卢氏祠堂匾文

参天之木，必有其根；怀山之水，定有其源。

柳曲村卢氏家族是卢氏大家族的一分支。据卢氏家谱记载，卢氏迁居柳曲村已逾五百余年之久。

卢氏祠堂肇建年代不详，后重修于大清光绪三十三年（公元一九〇七年）。然吾宗祠历经岁月沧桑，宇栋朽圮，年久失修，濒临倾覆。修建宗祠乃追远报本惠及子孙之善举。今恰逢太平盛世，人民安居乐业，修建宗祠正逢其时。公元二〇一六年农历正月，由十七代裔孙卢秀生、卢夺秀提议，效先辈创业之精神，继祖宗功德之崇伟，重修宗祠，保护祖业，启迪后昆。爰即成立以卢宝甲、卢宝国、卢秀生、卢夺秀、卢治华、卢新红、卢继玉、卢继贵、卢晋军、卢成金、卢兴茂等人组成的重修宗祠理事会。理事会诸公不负众望，联宗亲、定方案、筹善款、选贤匠，众族裔齐响应，献计谋、襄善举、捐财资。凡卢氏后裔慷慨解囊，均出筹资壹百元，实为善举。更有部分人士为略表孝德乐捐善款，令族人可敬可嘉。重修宗祠于公元二〇一六年农历正月二十八日择吉开工，公元二〇一六年农历三月二十日竣工，历时一月有余，共耗资三万余元。是时昔日古祠再次木石重光，古老庙堂祥光灵现。

祠堂竣工，举族欢庆。上慰列祖列宗在天之灵，下表子孙后代感念之意。今将捐资者芳名列其后，供子孙后代铭记其善举。重修宗祠，此乃盛举，特立此匾，以鉴后世。

时在公元前二〇一六年岁次丙申三月合族同立

捐资族人名单略　　　　十八世孙卢新胜

8　图8　卢氏祠堂匾文图

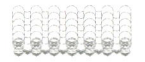

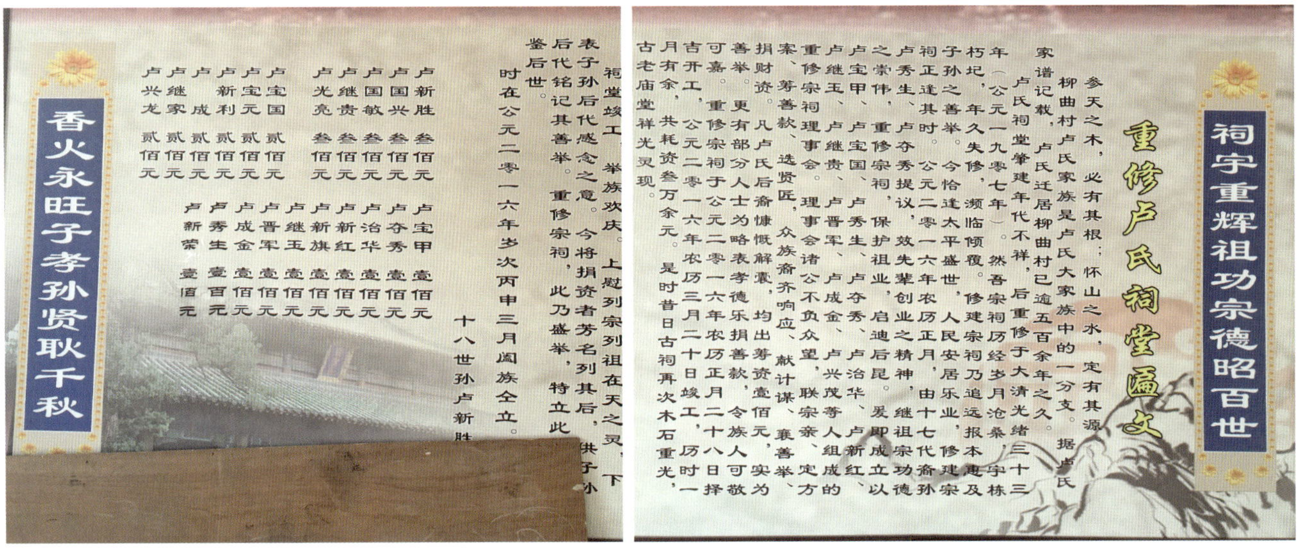

严家祠堂

山西省临汾市浮山县东张乡东张村

一、建筑区位分析

严家祠堂位于山西省临汾市浮山县东张乡东张村（该文物点经纬度为 35°90′N，111°77′E）。

东张村是山西省临汾市浮山县东张乡下辖的建制村。东张村与尧村、西张村、曹家坡村等相邻。

东张村附近有浮山博物馆、桥北遗址、浮山文庙大成殿、浮山老君洞、浮山清微观等旅游景点。

二、建筑空间结构

严家祠堂，始修于清朝，坐北朝南。正殿面阔三间8.6米，进深5.1米。现存正殿。

三、建筑空间记忆

严姓家族迁徙史不详，根据梁脊板上的记载："严思祯、严思旦、严思亨是严家庄传说的最早的三大门。"梁脊板上记载："建于大清雍正二年（1724），重建年代不详。"目前多处闲置，缺乏保护，只留正殿，有人居住。

图1　严家祠堂正殿
图2　严家祠堂正殿细节

图 3 严家祠堂总平面图

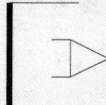

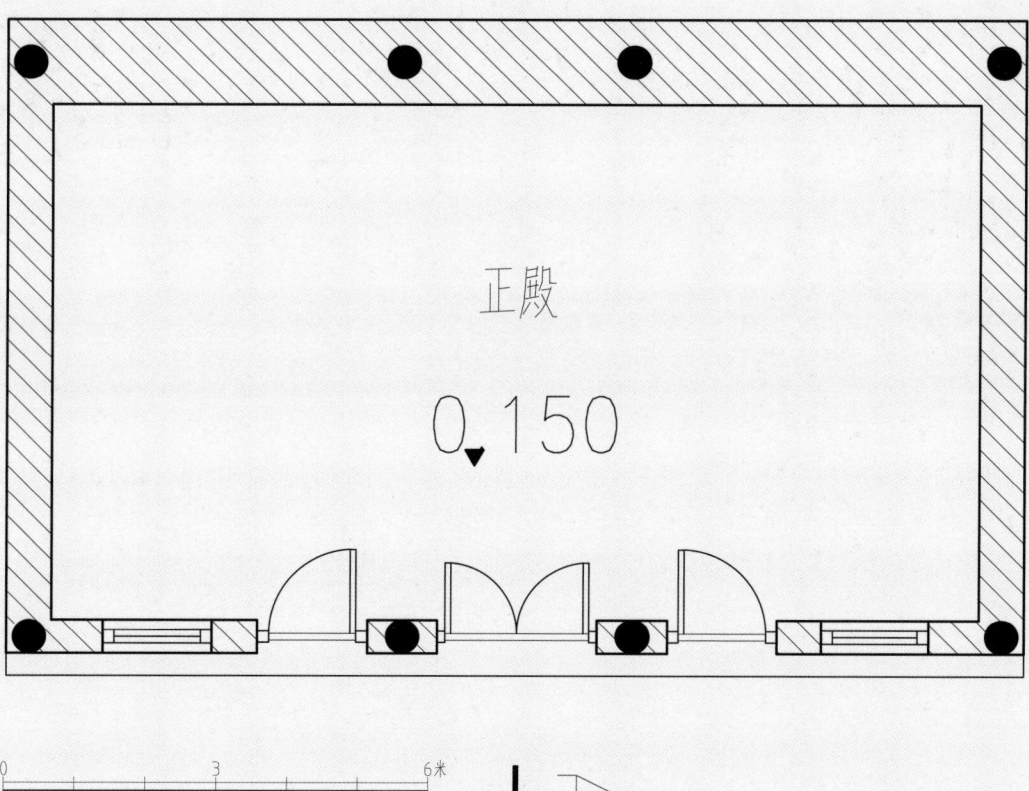

正殿

0.150

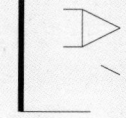

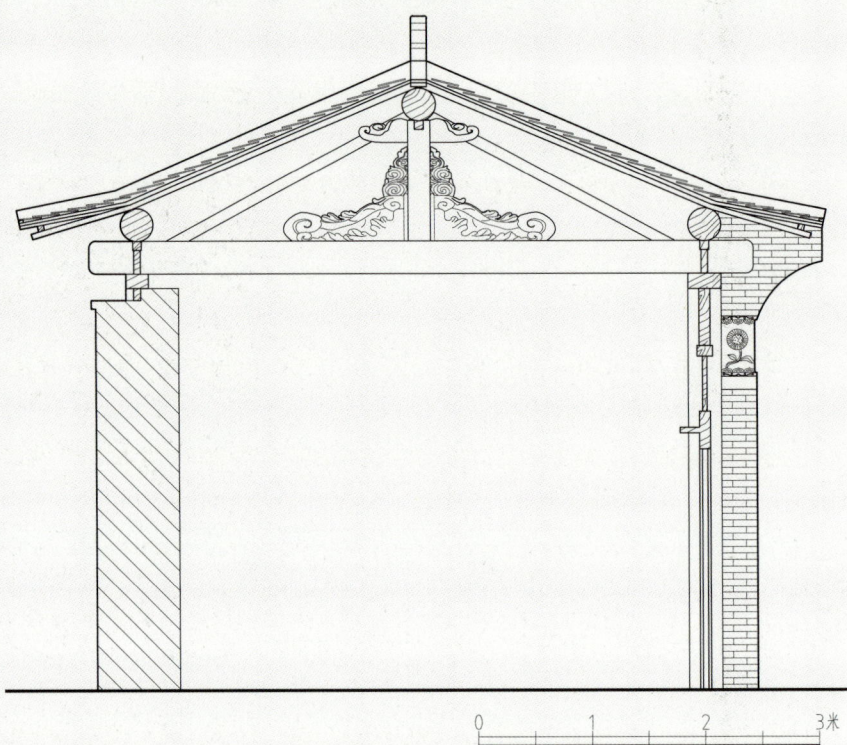

图 4 严家祠堂正殿剖面图

图 5 严家祠堂 A-A' 正殿剖立面图

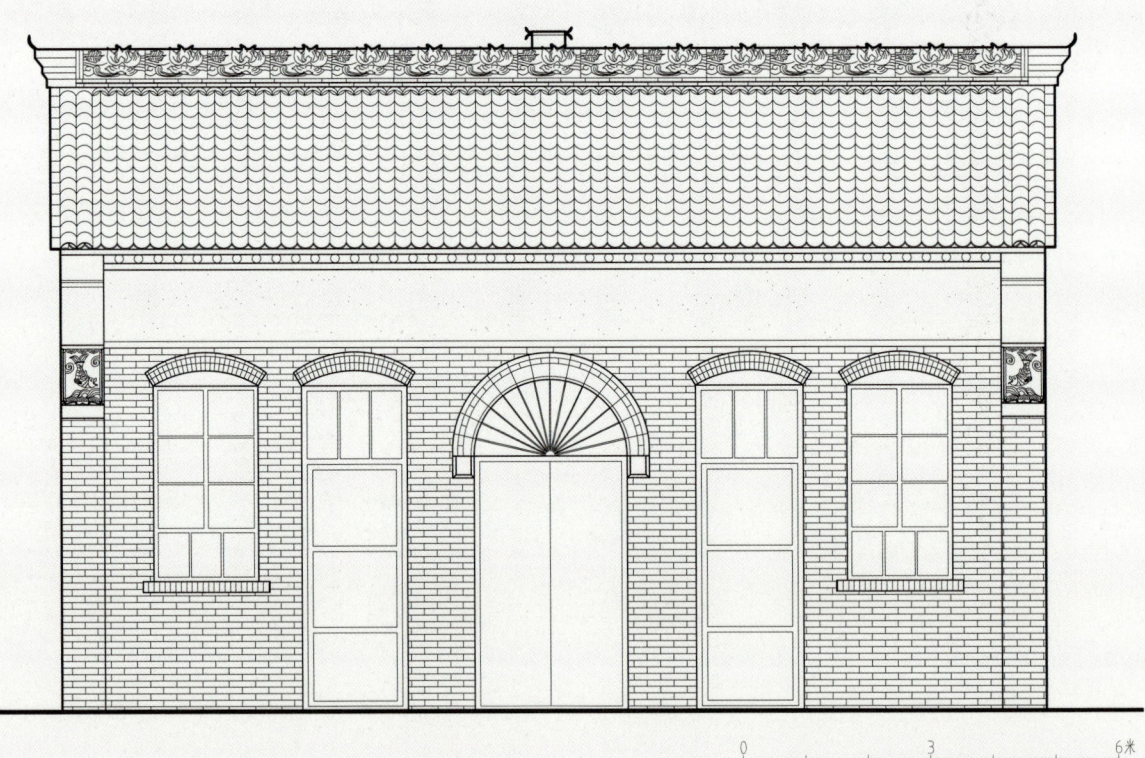

（a）

（b）

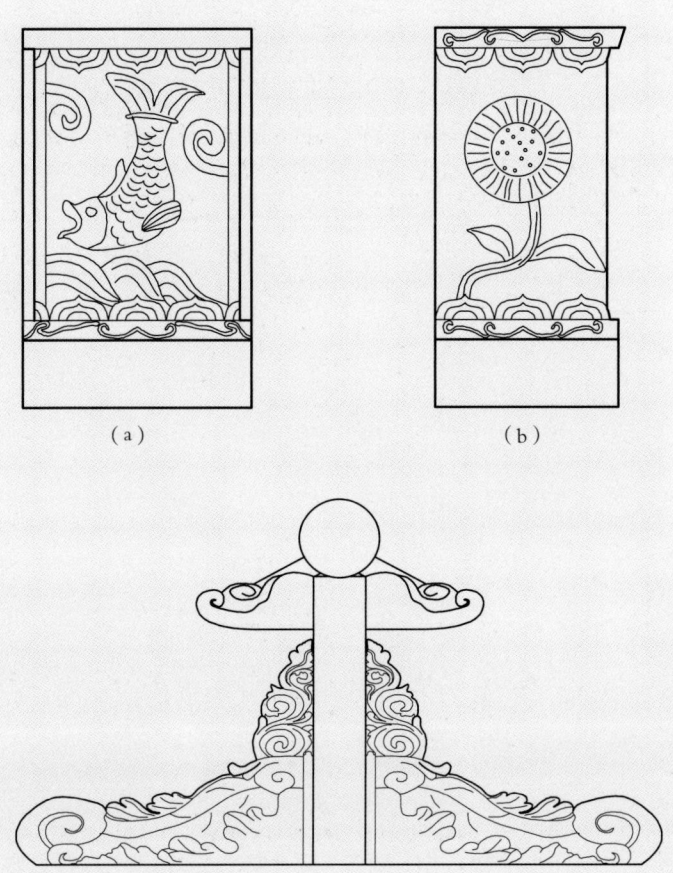

四、建筑装饰艺术

卷草纹。多取忍冬、荷花、兰花、牡丹等花草纹路，经处理后作 S 形波状曲线排列，构成二方连续图案。因其花草造型多曲卷圆润，通称卷草纹。

6 7
8

图 6　严家祠堂墀头大样图（a）

图 7　严家祠堂墀头大样图（b）

图 8　严家祠堂柁墩大样图

图 9　严家祠堂斗拱细节（a）

图 10　严家祠堂斗拱细节（b）

图 11　严家祠堂斗拱细节（c）

图 12　严家祠堂正殿屋顶

（b）

（c）

(a)

(b)

图 13　严家祠堂柁墩细节（a）

图 14　严家祠堂柁墩细节（b）

图 15　严家祠堂正殿结构

图 16　严家祠堂墀头细节

山西省民间宗祠测绘图典选集　　211

赵家祠堂

山西省临汾市洪洞县兴唐寺乡兴唐寺村

一、建筑区位分析

赵家祠堂位于山西省临汾市洪洞县兴唐寺乡兴唐寺村（该文物点经纬度为 36°42′N，111°78′E）。

兴唐寺村是山西省临汾市洪洞县兴唐寺乡下辖的建制村，与杏沟村、关口村、窑垣村等相邻。

二、建筑空间结构

赵家祠堂，正殿面阔三间 9.0 米，进深 4.5 米。

三、建筑空间记忆

此赵家祠堂被誉为"天下赵姓第一祠"，位于洪洞县城东北 30 公里的太岳山主峰脚下，占地面积三十余亩。此祠于 2013 年 7 月开工，历时三年，于 2016 年 10 月竣工。项目主要有 108 米造父通天塔及辅助性标志建筑。此地古为赵城赵姓始祖造父封邑。现为洪洞县兴唐寺乡治辖。经地山势雄伟、林木葱郁、峡谷幽深，自然生态植被保存完好，堪称华北高原晋南一带的清凉胜境，人间天堂；"天下赵姓第一祠"整体建筑背靠太岳山主峰，后山玄武厚重，峰峦叠嶂，左山青龙高且蜿蜒，半环绕于祠宇，右山虎山低首漫延西北而去，符合"虎山不得抬起头"之论；对山朱雀略阔，足以朱雀翔舞；水自东南而来，两水交汇后亦半绕祠宇向西北流去，可谓青山绿水环绕一方宝地。

通天塔于2013年动工，于2016年建成，塔高108米，由九根均30多米深的桩基连成直径12米的基座，塔为剪力墙结构，外形八角，外观米黄色，为中西合璧之杰作。塔内分九层，每层都有观景台；塔内有504级旋转台阶可拾级而上直通塔顶，而504级台阶是代表中华民族"百家姓"共504个姓氏。塔正门上方镶有"造父通天塔"五个大字，正门装有琉璃、玻璃工艺的双开大门，门上方镶有赵姓始祖造父的神像，左右对联分别为"国泰民安百业兴""风调雨顺万物盛"，当开启大门之时，一个"赵"字映入眼帘，拾级而上，每级刻上一个姓氏，504个姓氏顺序排列到塔顶，塔前为造父雕像，高6米，用整块白色花岗岩石材雕刻而成。造父始祖手握宝剑威严矗立，雕塑旁有古木遮阴，人文与自然相得益彰。神像的左边是我国古时火药、指南针、活字印刷术的雕塑，右面有被称为"量天尺"的造父变星雕塑。寓意赵姓后人代代奋发，不断做出突出贡献。造父神像下方是桃林八骏浮雕图、香案、祭品台及魏王神像，八骏分别为骅骝、骞（绿耳）、赤骥、白羲、渠黄、逾轮、盗骊、山子，寓意造父为御，选驾八骏马，日行千里，如腾云驾雾为周王朝平徐偃王叛乱立下汗马功劳。

图1　赵家祠堂全景（a）

（a）

黄河流域民间宗祠文化传承研究　山西卷

图2　赵家祠堂正殿立面图
图3　赵家祠堂塔立面图

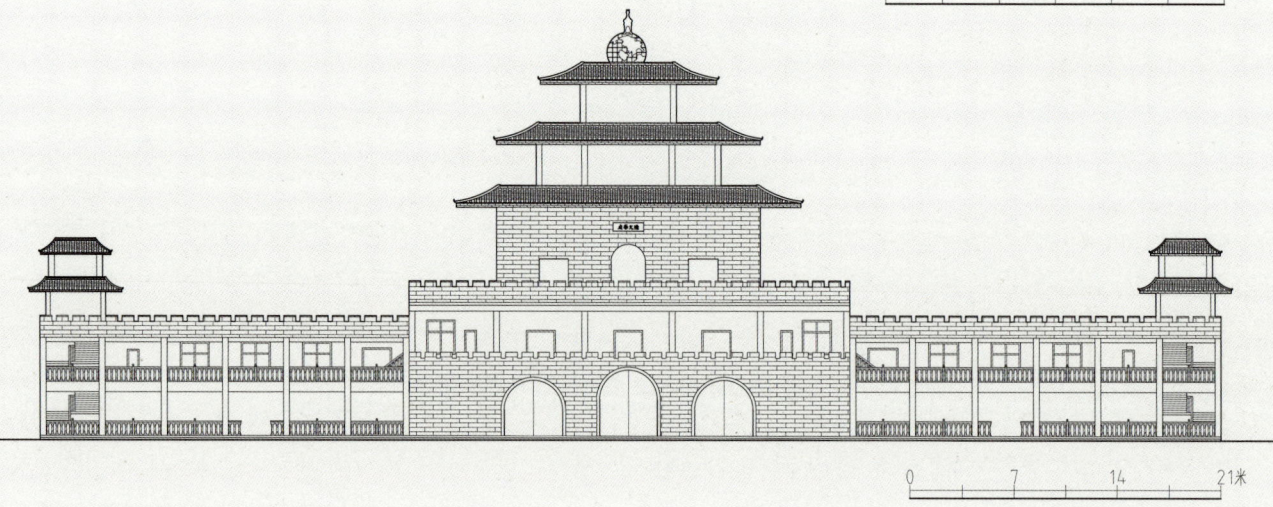

(b)

图 4 赵家祠堂塔
图 5 赵家祠堂全景（b）

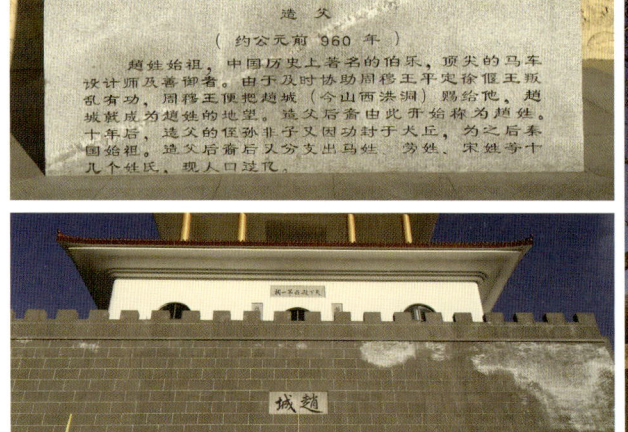

图6　赵家祠堂石碑
图7　赵家祠堂雕塑
图8　赵家祠堂正殿

四、建筑装饰艺术

八骏图。赵姓始祖造父是一位有超能御马技术的善御者，于三千年前已设计出远超世界一流的马车，并在桃林一带，为周穆王寻得了八匹骏马，简称八骏。相传造父为了寻得良驹，在深山野林中风餐露宿，智斗毒蛇猛兽，经历了冬去春来的艰难时光，终于达成所愿。

由古至今有很多关于八骏的诗句，如唐代诗人白居易在八骏图中写道"穆王八骏天""马驹日行万里速如飞"，再如李商隐"瑶池"中"八骏日行三万里，穆王何事不重来"等诗句都形容了八骏速度之快。在三千年前，造父驾驶八骏马车的时速夸张到堪与今日的火箭相比，这实在是充满了传奇色彩。

正是造父有此良驹及高超的驭马技术，协助了周穆王及时返回朝歌平乱，延续周朝日后数百年辉煌。因此立功获封得赵姓，赵姓的历史文化由此灿烂开篇，赵姓的族人也得以赵城为寻根溯源的圣地。

琚家祠堂

山西省长治市上党区荫城镇琚寨村

一、建筑区位分析

琚家祠堂位于山西省长治市上党区荫城镇琚寨村（该文物点经纬度为 35°97′N，113°15′E）。

琚寨城堡式建筑群的东北部，南北长 16 米，东西宽 20 米，建筑面积约 300 平方米。

二、建筑空间结构

琚家祠堂，坐北朝南。正殿面阔五间 15.3 米，进深 4.0 米；厢房面阔二间 8.0 米，进深 4.9 米。现存山门、正殿及东西厢房。

三、建筑空间记忆

琚家祠堂始建于清朝，于同治六年（1867）重修，由琚献珍主持。整个祠堂建造结构严谨，由精美的木雕、石雕、砖雕点缀着整个院落。

新中国成立初期，琚家祠堂分给同村人居住。因修缮不及时，现今均处于荒芜状态，存在不同程度的损坏。祠堂祭祀先祖、凝聚宗亲的功能几近丧失，整体建筑基本被另作他用，有的成了民房，有的闲置，尚未发挥出新作用。

图1 琚家祠堂山门
图2 琚家祠堂正殿

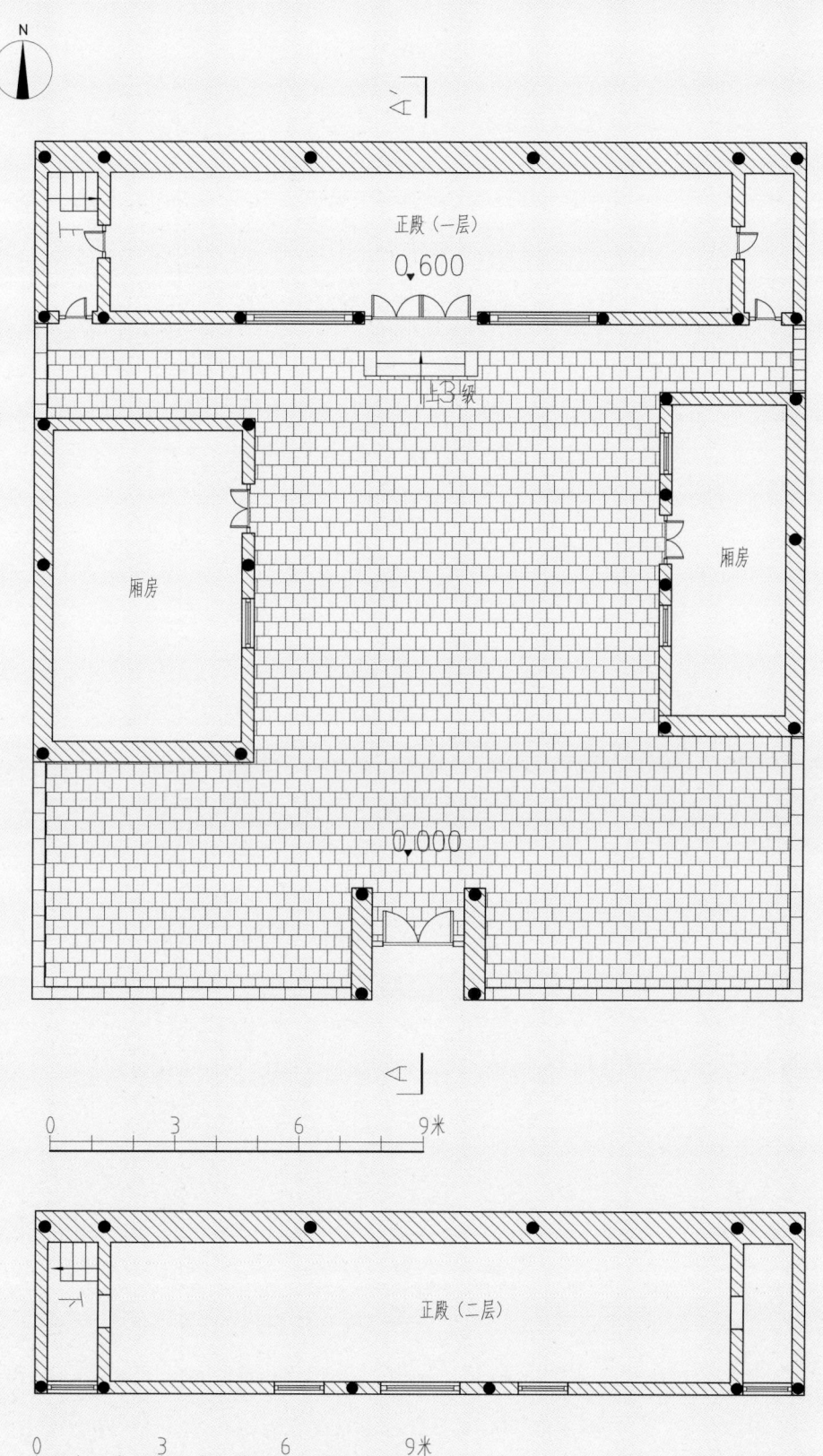

图 3 琚家祠堂总平面图

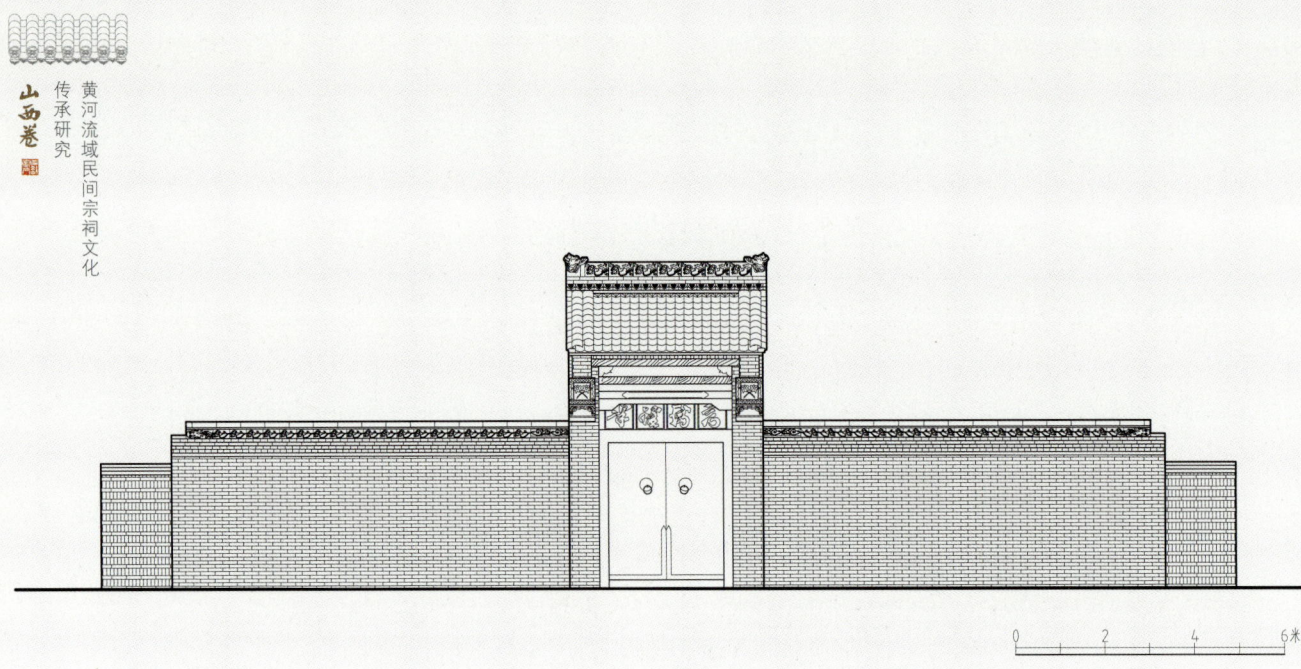

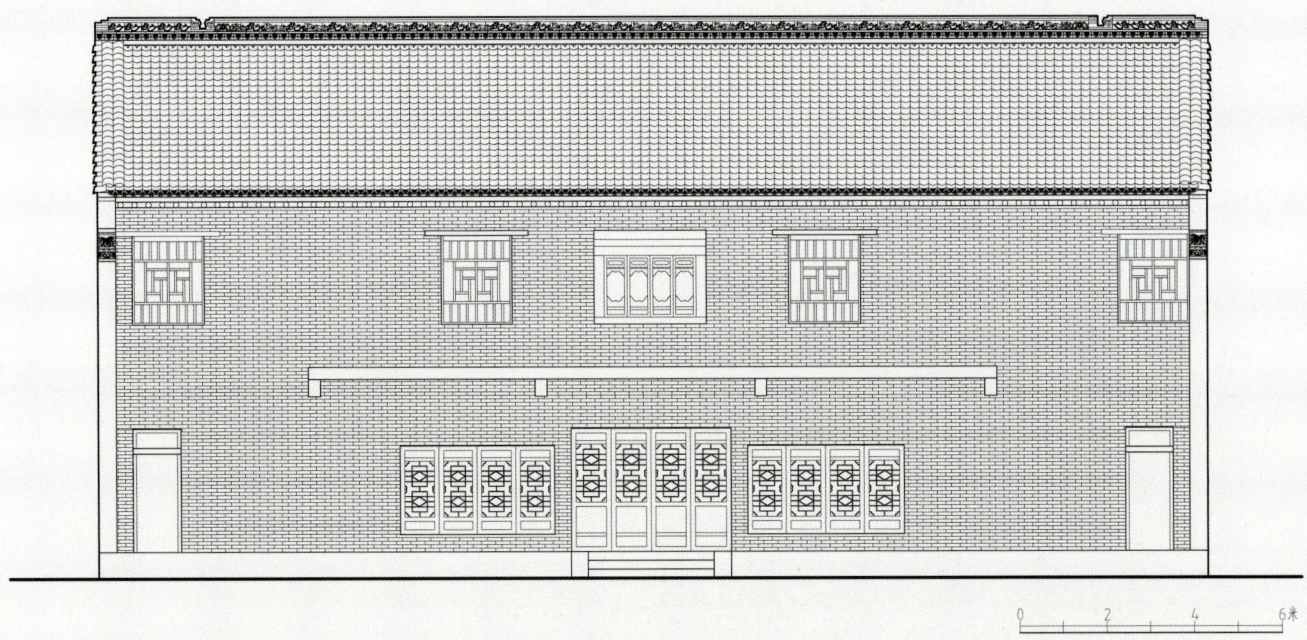

图4 琚家祠堂山门立面图

图5 琚家祠堂正殿立面图

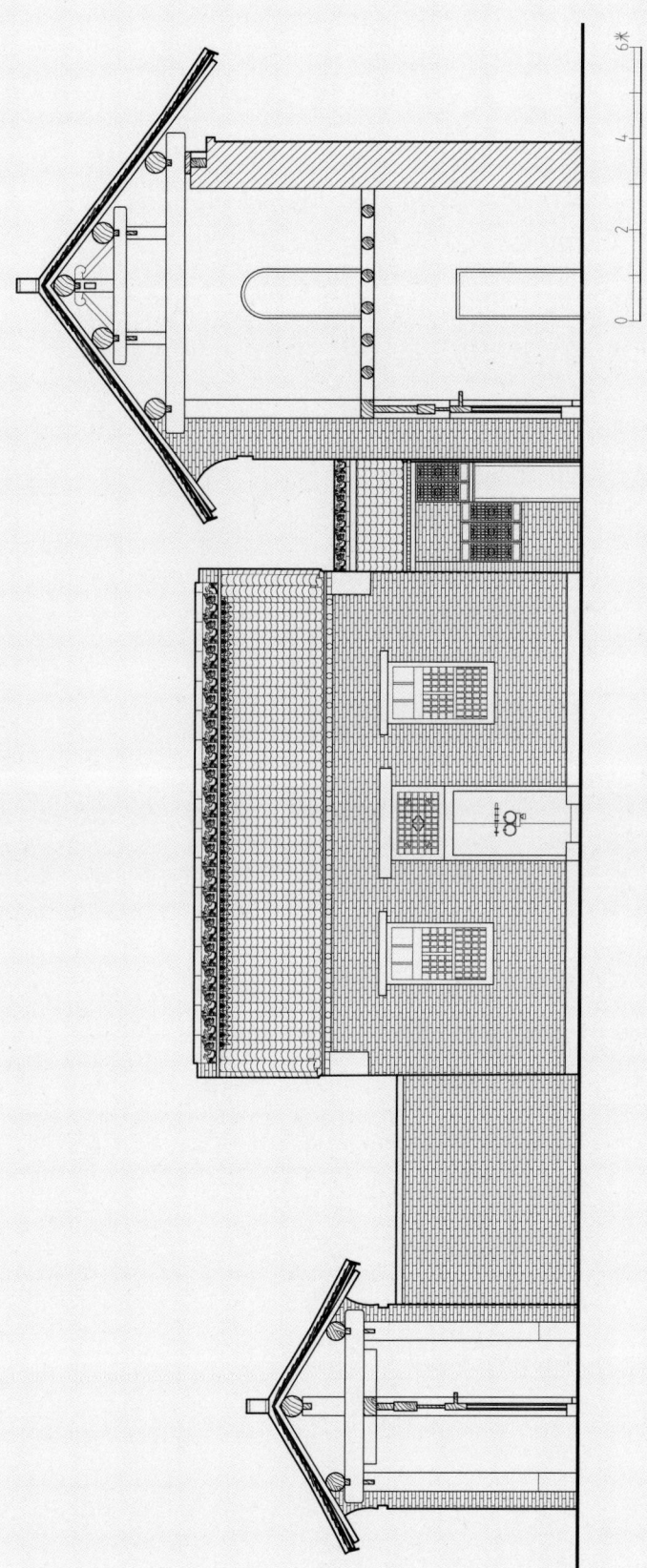

图 6 琚家祠堂 A-A' 剖立面图

图7 琚家祠堂山门正脊、吻兽

图8 琚家祠堂正脊、吻兽、牌匾大样图

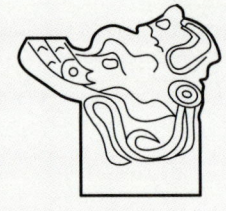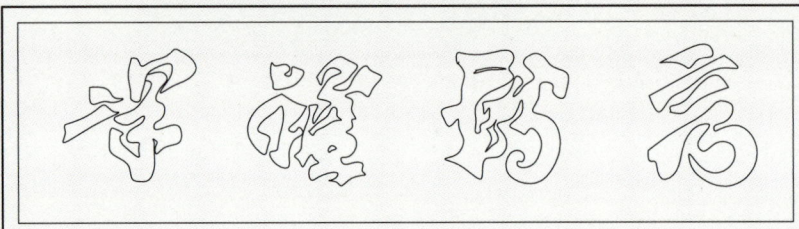

四、建筑装饰艺术

（1）牡丹花纹。鉴于牡丹的象征意义与百姓祈盼富贵的愿望相符，因此千百年来在民间广为应用，象征富贵的牡丹与其他物件结合产生的吉祥词和吉祥图案应运而生。牡丹图案作为装饰语言，具有浓郁民族气息，是人们喜闻乐见的传统图案之一。

（2）缠枝纹牡丹。传统吉祥纹样，又名万寿藤，寓意吉庆，因结构连绵不断，故又具生生不息之意。

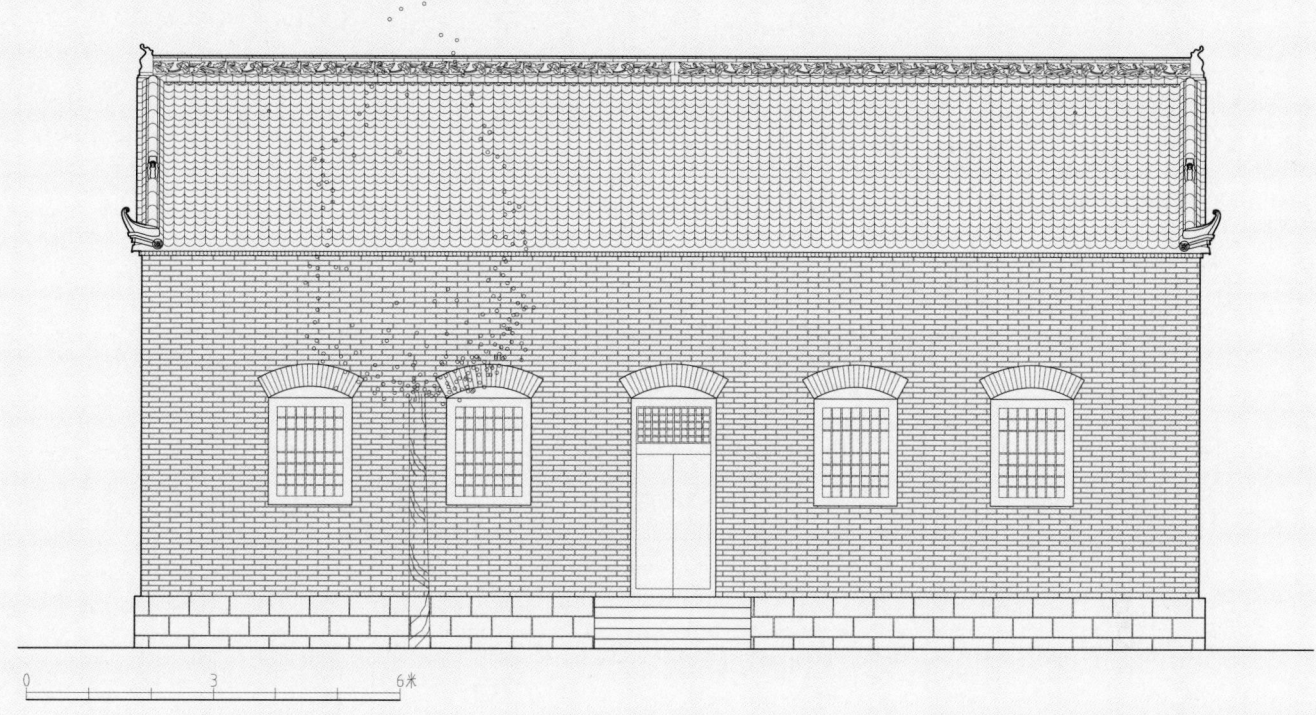

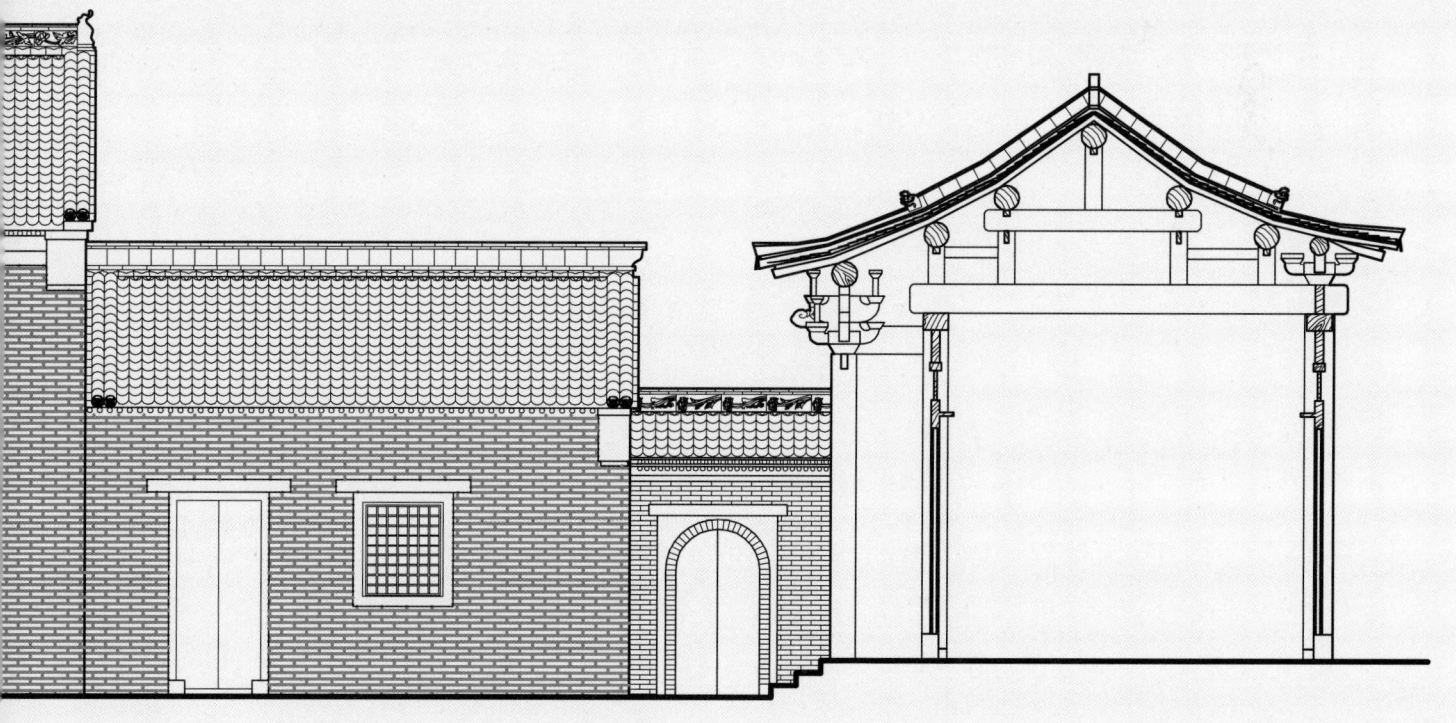

杜家祠堂

山西省长治市沁县册村镇寺庄村

一、建筑区位分析

杜家祠堂位于山西省长治市沁县册村镇寺庄村（该文物点经纬度为 36°69′N，112°60′E）。

寺庄村处在北纬 36°~37° 之间，是农业生产的黄金纬度，属温带半湿润大陆性季风气候，年平均日照长，无霜期占半数以上，年平均气温为 8.9℃，夏无酷暑，冬无严寒。

寺庄村与西温庄村、后泉村、下湾村等相邻。

二、建筑空间结构

杜家祠堂，坐北朝南。正殿面阔五间13.2米，进深6.4米；厢房面阔二间8.5米，进深4.6米。现存山门、正殿及东西厢房。

三、建筑空间记忆

杜姓家族迁徙史不详，杜家祠堂修建于清代，具体年代不详，重建年代不详，如今已修缮。

图1 杜家祠堂山门
图2 杜家祠堂厢房
图3 杜家祠堂额枋
图4 杜家祠堂正殿

山西省民间宗祠测绘图典选集

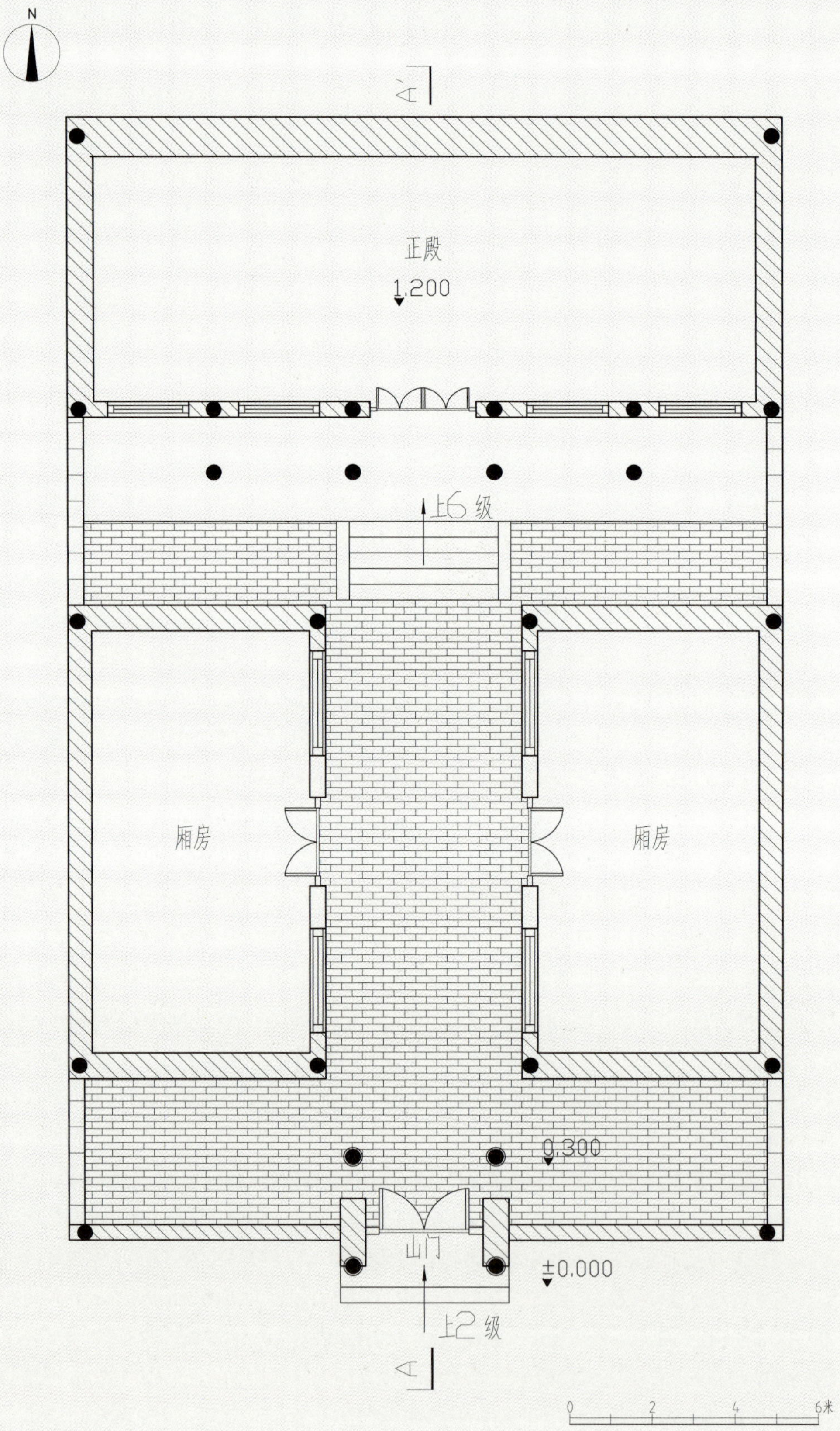

图 5 杜家祠堂总平面图

图 6　杜家祠堂山门立面图
图 7　杜家祠堂正殿立面图

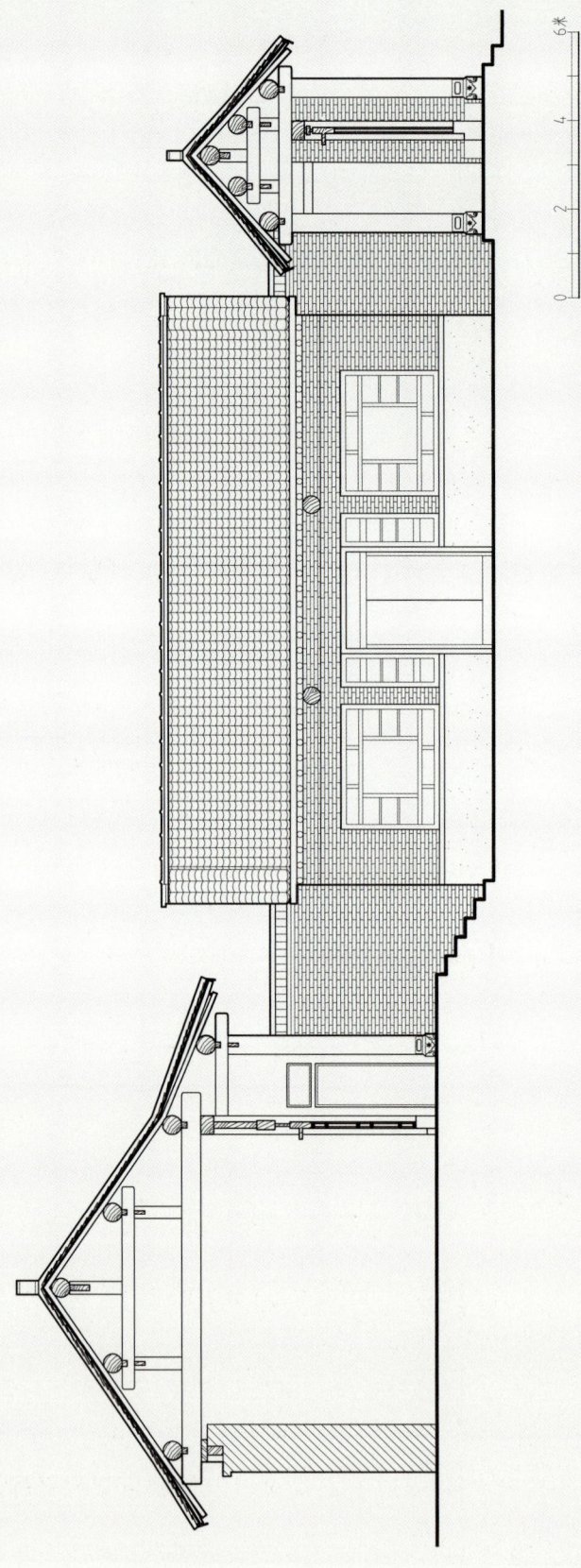

图 8 杜家祠堂 A-A' 剖立面图

张氏宗祠

山西省吕梁市孝义市振兴街道司马村

一、建筑区位分析

张氏宗祠位于山西省吕梁市孝义市振兴街道司马村（该文物点经纬度为 37°17′N，111°85′E）。

司马村是山西省吕梁市孝义市振兴街道下辖的建制村，与北辛安村、中辛安村、南辛安村等相邻。

二、建筑空间结构

张氏宗祠，坐北朝南。正殿面阔五间 12.3 米，进深 4.9 米；厢房面阔三间 10.0 米，进深 3.8 米。现存山门、正殿及东西厢房。

三、建筑空间记忆

张氏一族，世居孝义县司马镇，自明嘉靖年间，由陕西庆云村（今有后辈在彼助查，现无果）迁居于此，已越近五百个春秋，繁衍生息有二十代裔孙流传至今。

祠堂建造于清光绪二十一年（1895）及康熙至道光年间，以从政、经商、农业等经济来源，分期建造而成。而至清末民初时被大肆拆毁，2011 年—2015 年，族人捐资分期重修。

图 1　张氏宗祠山门
图 2　张氏宗祠山门牌匾
图 3　张氏宗祠柱础细节
图 4　张氏宗祠厢房

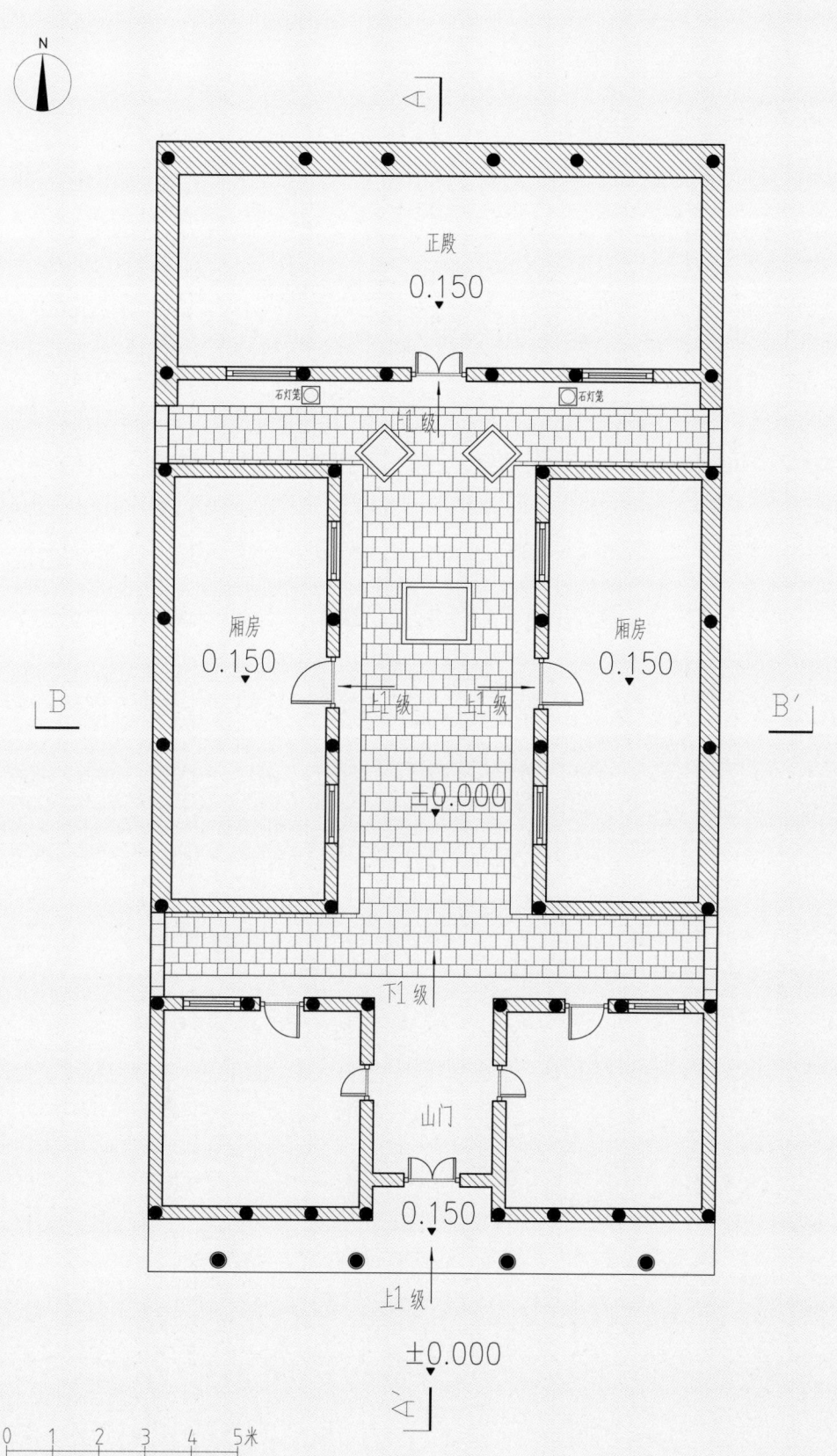

图5 张氏宗祠总平面图

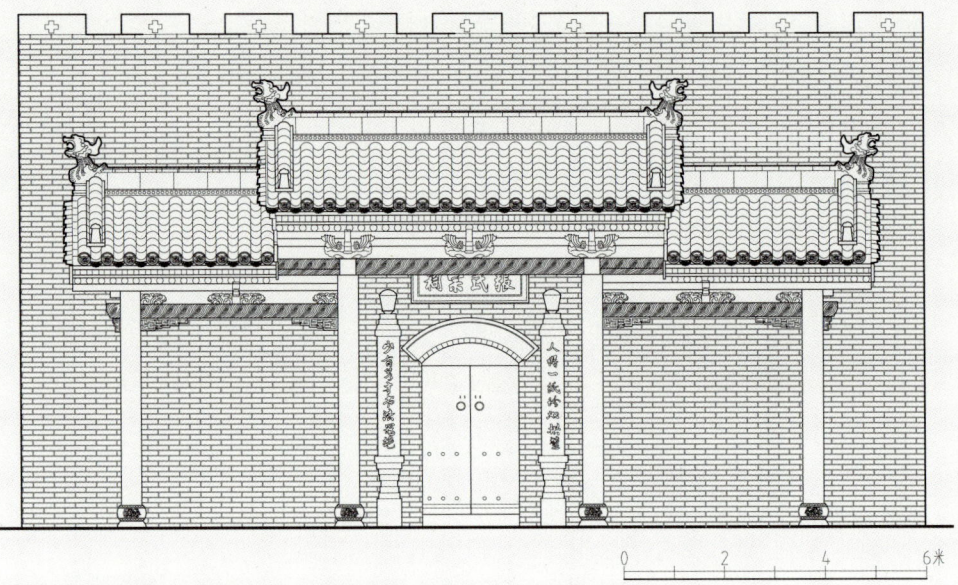

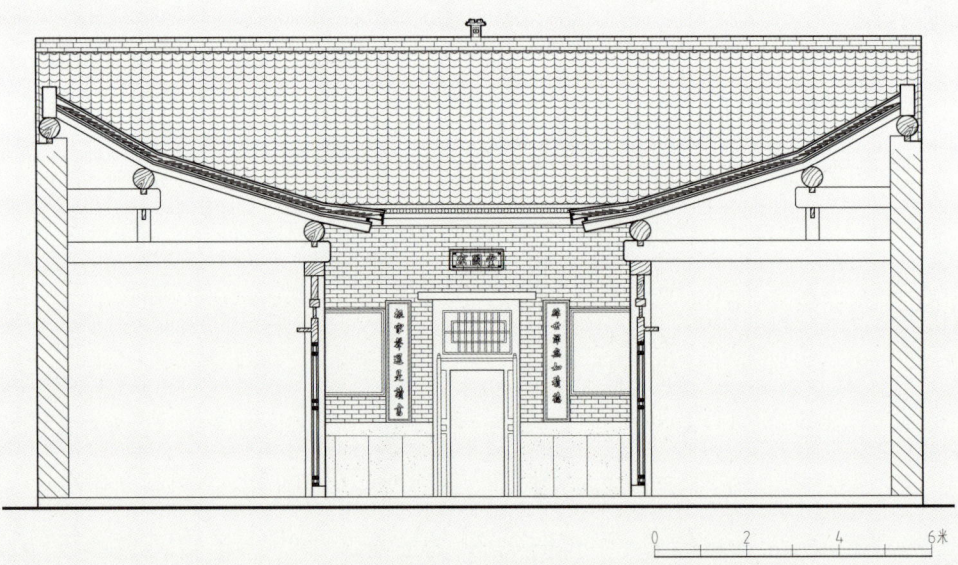

图 6 张氏宗祠山门立面图

图 7 张氏宗祠 B-B' 剖立面图

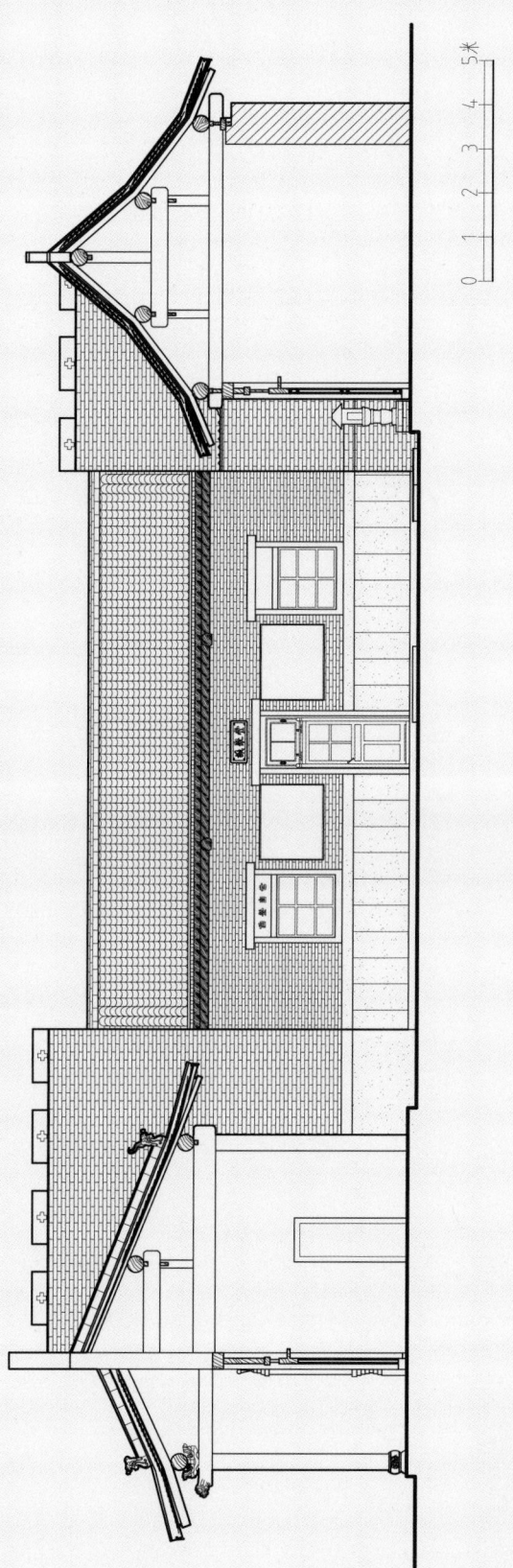

图 8 张氏宗祠 A-A' 剖立面图

徐家祠堂

山西省吕梁市交城县夏家营镇郑村

一、建筑区位分析

徐家祠堂位于山西省吕梁市交城县夏家营镇郑村（该文物点经纬度为 37°57′N，112°20′E）。

郑村是山西省吕梁市交城县夏家营镇下辖的建制村，为镇乡结合区，郑村与连家寨村、段村、王明寨村等相邻。

二、建筑空间结构

徐家祠堂，坐北朝南。正殿面阔五间 13.1 米，进深 5.5 米。现存山门、正殿及东西厢房。

图 1　徐家祠堂山门

三、建筑空间记忆

徐姓家族乃武帝伯益之后裔，明万历年间从陕西吴堡迁徙到此地。历时四百余年，繁衍廿一代。

徐家祠堂于清乾隆三十一年（1766）创修，清嘉庆二十一年（1816）重建，距今亦近二百年，其间沧桑换代已成残垣断壁。2009 年 3 月 21 日，族人捐资重修而成。

四、建筑装饰艺术

（1）如意纹。以如意端头绘成的纹样称"如意头"。山西古建装饰图案中有很多和如意头搭配而成的吉祥图，有心形、灵芝形、云形等多种。如意因名字、形状吉祥，又因造型玲珑别致，做工精美，用料讲究，故而成为封建社会权势和富贵的象征，受到皇亲国戚、达官贵人的青睐，常被用作贺婚、祝寿的礼物。

（2）卷草纹。卷草龙纹起源于皇家的卷体龙纹，这种龙纹装饰自商周时期在各种青铜礼器上已有广泛的应用，只是到了封建时期皇家禁止民间应用龙纹，故民间逐渐把卷体龙纹抽象化，并加以植物藤茎花朵，成为单线条的团云形状，似卷起的花草，并作S形或C形的连续图案。

图 9　徐家祠堂正殿彩绘细节
图 10　徐家祠堂雕花细节

重修交城郑村徐氏宗祠碑记

天下徐兴乃武帝伯益之俊裔，占全国总人口1.06%。居姓氏第12位。

据我族家谱序述始祖得本固本约□明万历年间有西陕之吴堡□于斯。历时四百年余繁衍廿一代。光阴荏苒月岁月沧桑，我徐氏一门贯崇儒道，耕读传世，托仙人之灵威，人才辈出，世代旺兴，敦本睦族之风唯我徐氏为最。家祠乃合族孝享之地，自十三世祖奋翼公乾隆卅一年操建，十二世祖祥训公嘉庆廿一年重修□缮，距今亦近二百年其间沧桑换代风雨残□迄今已颓垣残壁，面目全非，重修家祠为吾族人等素愿。乙丑年节祭祖有族中望尊者动议修祠之事遂一呼而百应捐资祠万千元者众后按人丁伍拾拾元筹措共集资壹拾式万元修祠之重资足矣时公推十七世孙雨杰及立占晋长为经纪人择公元二○○九年三月廿一日□旦破土动工。正殿不动，门栏重漆重彩，新砌东西院墙琉璃瓦扼檐□山式板门□正院西南盖房两间，全院青砖白釉瓷砖墁地，通道两侧砌花池，新栽柏树两株。余栽常青灌木祠内外悬金字牌匾五副，照立旗杆两通，为昭我十六世祖绍崇十四世祖步魁大清中文武举之荣，祠门前立牌两通，富丽堂皇之徐氏宗祠再现其曾经的尊容。

顺示：凡本祠族人从廿世始，无论男女均按传世予立字谱起名，其谱为温、良、恭、俭、让、义、礼、智、信十字为一轮，周而复始，绵绵相继。

彰我敬祖尊先之德，弘我乐施好善之风，特铭此碑以志。

公元二○○九年七月夏历乙丑年闰五月十二立

图11 徐家祠堂碑记

薛公家庙

山西省运城市万荣县里望乡平原村

一、建筑区位分析

薛公家庙位于山西省运城市万荣县里望乡平原村（该文物点经纬度为 35°48′N，110°80′E）。

该村位于里望乡西南侧，地理位置优越，交通便利，可适当发展第三产业。

二、建筑空间结构

薛公家庙，坐北朝南，原为一进三间，现只残存门楼。

三、建筑空间记忆

薛公家庙位于万荣县里望乡平原村，即我国明代著名理学家、教育家和文学家薛瑄的故里。庙始建于明万历二十八年（1600），原牌楼、正殿及东西廊房已毁，现只残存门楼。正殿塑有薛瑄像一尊，高2米，形象逼真、生动。现今所供奉的始祖是薛瑄第七氏子孙薛应麟。

薛瑄为中国明代思想家，字德温，号敬轩，谥文清，山西河津（今万荣县）人。曾为进士，任大理寺正卿、礼部侍郎、翰林院学士等职，晚年辞官居家讲学、著述。其认为理在气中，不能离气而独立存在，称"遍满天下皆气之充塞，而理寓其中","理只在气中,决不可分先后","理气无缝隙,故曰器亦道也,道亦器也"。但亦接受"理具于心"和"性即理"的观点,承认物我内外同是一理,同是一性。著有《读书录》《薛文清集》。

薛姓家族迁徙史不详,建筑修建年代为明万历二十八年,重建年代不详。

图1 薛公家庙山门

图2 薛公家庙山门南侧

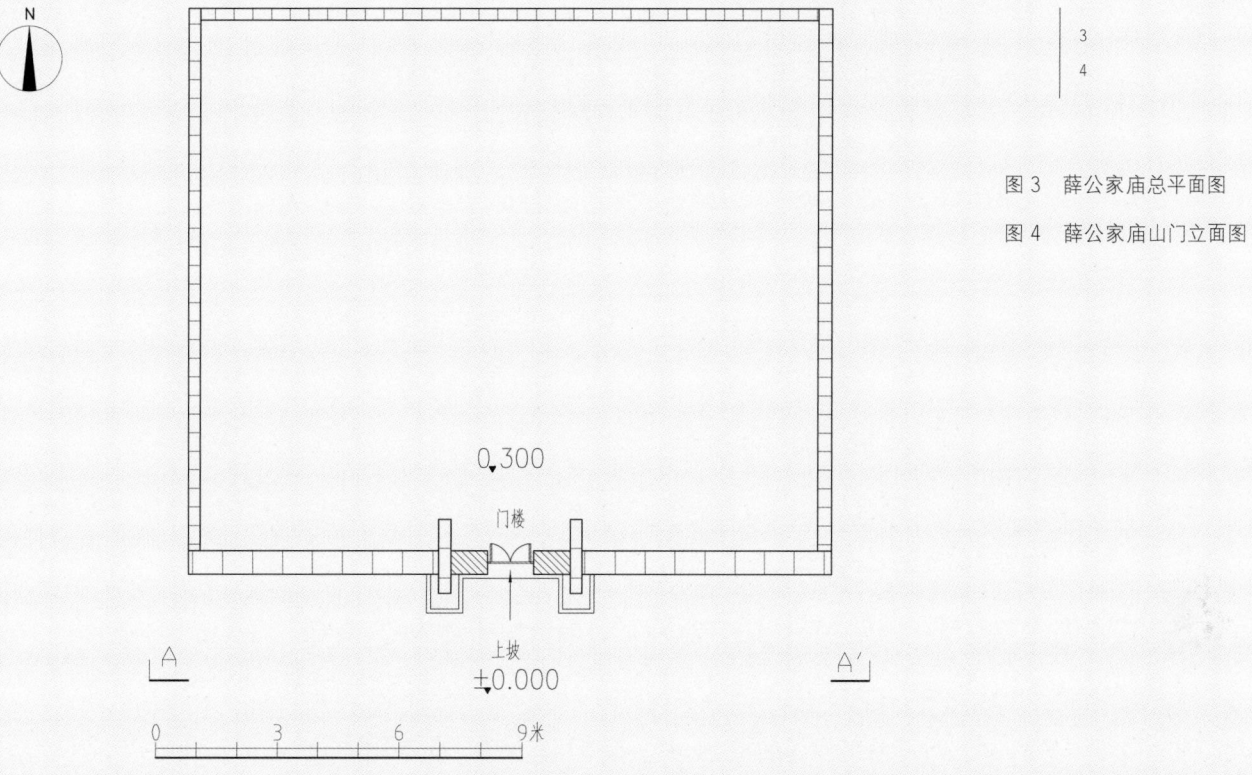

图 3 薛公家庙总平面图

图 4 薛公家庙山门立面图

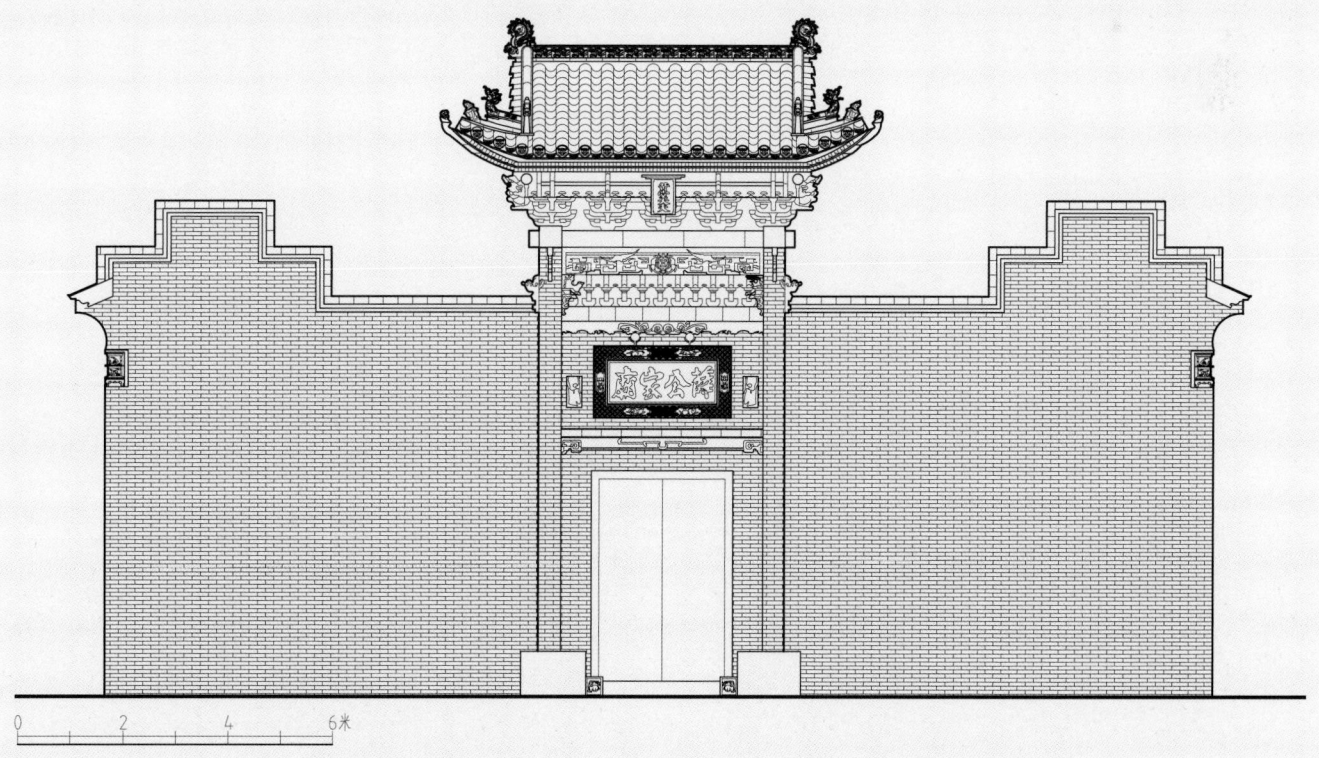

山西省民间宗祠测绘图典选集

图5 薛公家庙牌匾大样图
图6 薛公家庙墀头大样图

四、建筑装饰艺术

（1）薛家公庙牌匾。①"万"字纹。万字并不是正规文字，从艺术角度考虑，它和双喜以及多变的寿字一样是一种具有装饰和吉祥意义的标志符号，由于万字的吉祥谐音，备受古代统治者及老百姓的青睐，统治者用它象征江山永葆。②梅花。岁寒三友，梅居其一。梅能于老干发新枝，又能御寒开花，故古人用以象征不老不衰。梅花瓣为五，民间又借其表示五福：福、禄、寿、喜、财。因此，明清以来梅花纹样是最为人喜闻乐见的传统寓意纹样之一。③石榴。石榴之所以成为吉祥物，主要是其花之色、果之实，有吉祥之意。④桃子。桃象征长寿和西王母有关，据说在西王母的瑶池，三千年才长成的蟠桃堪称上品，吃一枚可增寿千年万年。以桃为内容的寓寿图案随处可见，桃、佛手与石榴并寓"三多"，即寿多、福多、子多。⑤佛手。佛手原产于佛教圣地，印度因果实多半或生如止，或不如全，故有开佛手、全佛手之别，人们将佛手与佛联系在一起是缘着手带来好运，带来吉祥如意。葫芦蔓上结着数个葫芦的图案称为"子孙万代"；佛手加葫芦的图纹，因"佛"与"福"音近，"芦"与"禄"音同，故叫作福禄绵长。

（2）龙是百灵之首，封建帝王自称真龙天子，而凤是百鸟之长，成为皇后的象征，因此龙凤组合成婚庆诸子，如龙凤呈祥、龙飞凤舞、龙凤双喜，因此在百姓的眼里往往象征着高贵、喜庆和吉祥。

（3）牡丹作为中国传统的特色花卉，文化内涵极其丰富，涵盖了文学、美术、曲艺、装饰、民俗等诸多方面，堪称中华民族文化完整机体中的一个独特细胞。

牡丹图案作为装饰语言，具有浓郁民族气息，是中国人民喜闻乐见的传统图案之一。它以富丽饱满的形态和艳丽夺目的色泽，在国人心目中享有特殊的地位。常作为本民族精神象征，融进人们对生活的美丽憧憬和良好祝愿，寓意中华民族繁荣昌盛,源远流长。正因为艺术家将此主观意愿生动地融注在牡丹的形态之中,才使牡丹纹样的生命力具有长久不衰的艺术魅力。

(4)图纹初看似卷草纹,但仔细辨认后发现藏于卷草纹中的龙头,其实是一幅"卷草龙纹"图案,此草龙雕刻技法流畅圆润、气韵生动,让人看后浮想联翩,回味无穷。

(5)檐角上的一员神将,通常是骑凤仙人。传说战国时,齐国国君齐泯王在一次大战中败退下来,前面遇到一条大江阻路,后面有追兵,危急万分之时,忽然飞来一只大鸟将泯王驮过了江,以后人们就把他们的形象放在了宫殿和神庙顶的屋檐角前端,寓意逢凶化吉、遇难成祥。

图7　薛公家庙雕花大样图(a)

图8　薛公家庙雕花大样图(b)

(a)

(b)

9	图9 薛公家庙牌匾大样图（a）
10	图10 薛公家庙牌匾大样图（b）
11	图11 薛公家庙屋脊雕花大样图

袁氏祖祠

山西省运城市河津市僧楼镇北方平村

一、建筑区位分析

袁氏祖祠位于山西省运城市河津市僧楼镇北方平村（该文物点经纬度为 35°67′N，110°74′E）。

北方平村属暖温带大陆性黄土高原气候，受季风和内蒙古沙漠气候的影响，四季分明：春季温和，夏季炎热多雨，秋季凉爽，冬季寒冷多风；春季略长于秋季，冬季略长于夏季。

僧楼镇古迹有吕祖静养坛、郭庄村遗址、贺家庄遗址、艳掌遗址等。

二、建筑空间结构

袁氏祖祠，始建于康熙四十七年（1708），坐北朝南。正殿为硬山顶建筑，面阔五间15.0米，进深5.1米。现存山门和正殿。

三、建筑空间记忆

袁氏祖祠位于僧楼镇，其名来源于隋唐时期，庙宇林立，僧侣众多，称为僧楼。元明时期，称楼里镇。僧楼镇的非物质文化遗产有锣鼓、干板腔、转灯、剪纸等民间艺术。

袁姓家族迁徙史不详，建筑修建于清康熙四十七年，重建年代不详。

图1　袁氏祖祠正殿
图2　袁氏祖祠山门
图3　袁氏祖祠牌匾细节
图4　袁氏祖祠山门局部

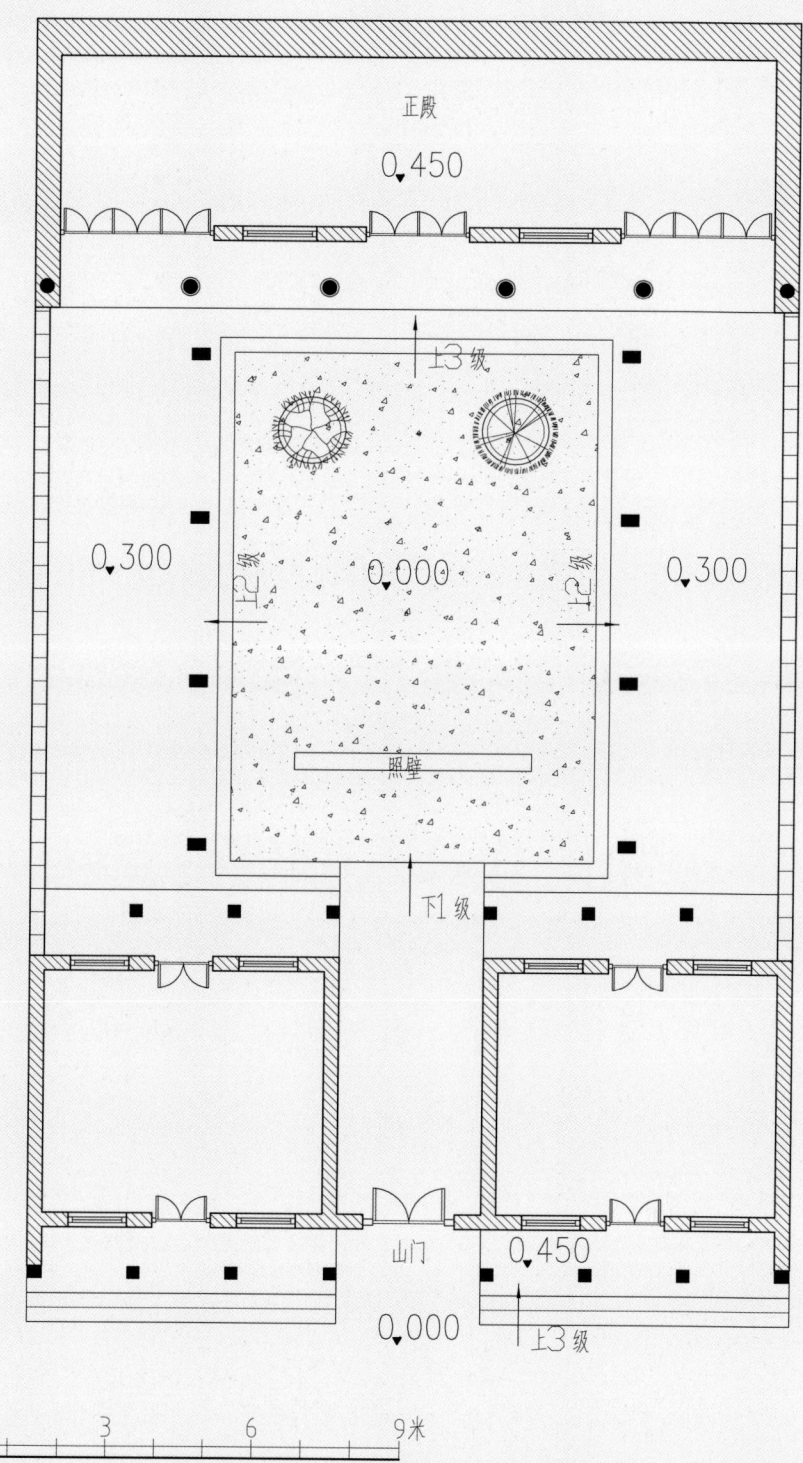

图 5 袁氏祖祠总平面图

山西省民间宗祠测绘图典选集　　253

图 6　袁氏祖祠山门立面图
图 7　袁氏祖祠正殿立面图

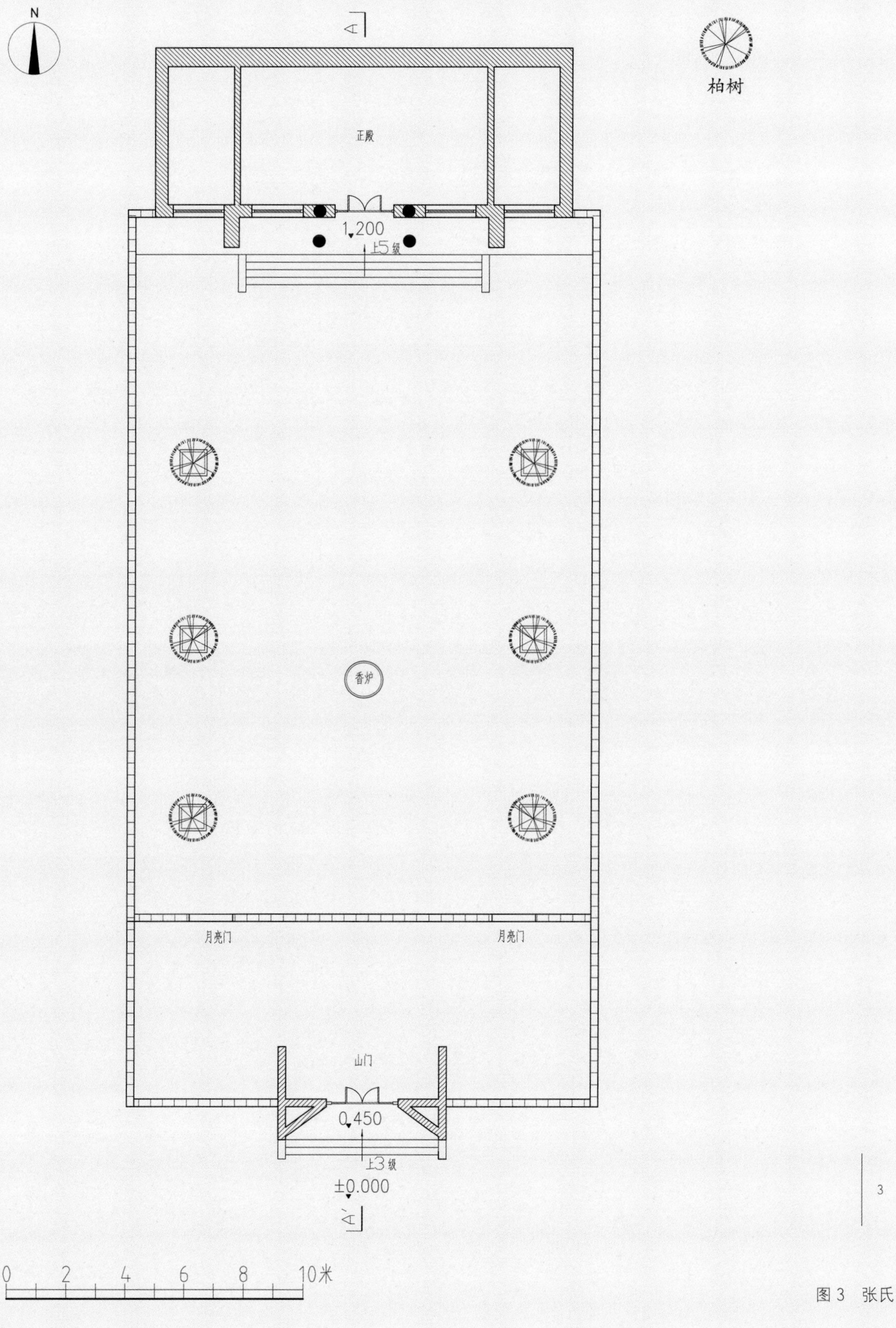

柏树

图3 张氏祠堂总平面图

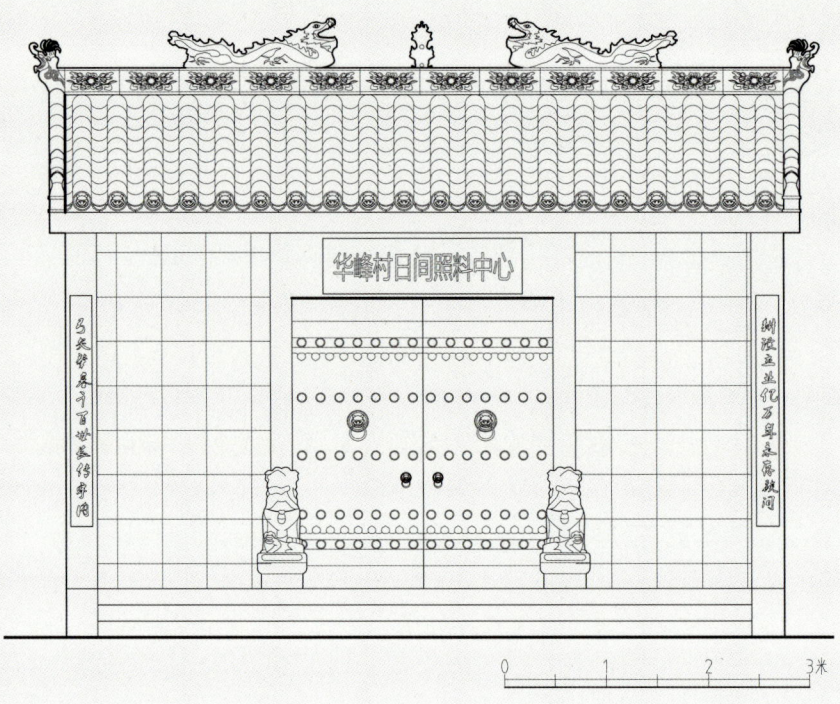

图4 张氏祠堂山门立面图

图5 张氏祠堂正殿立面图

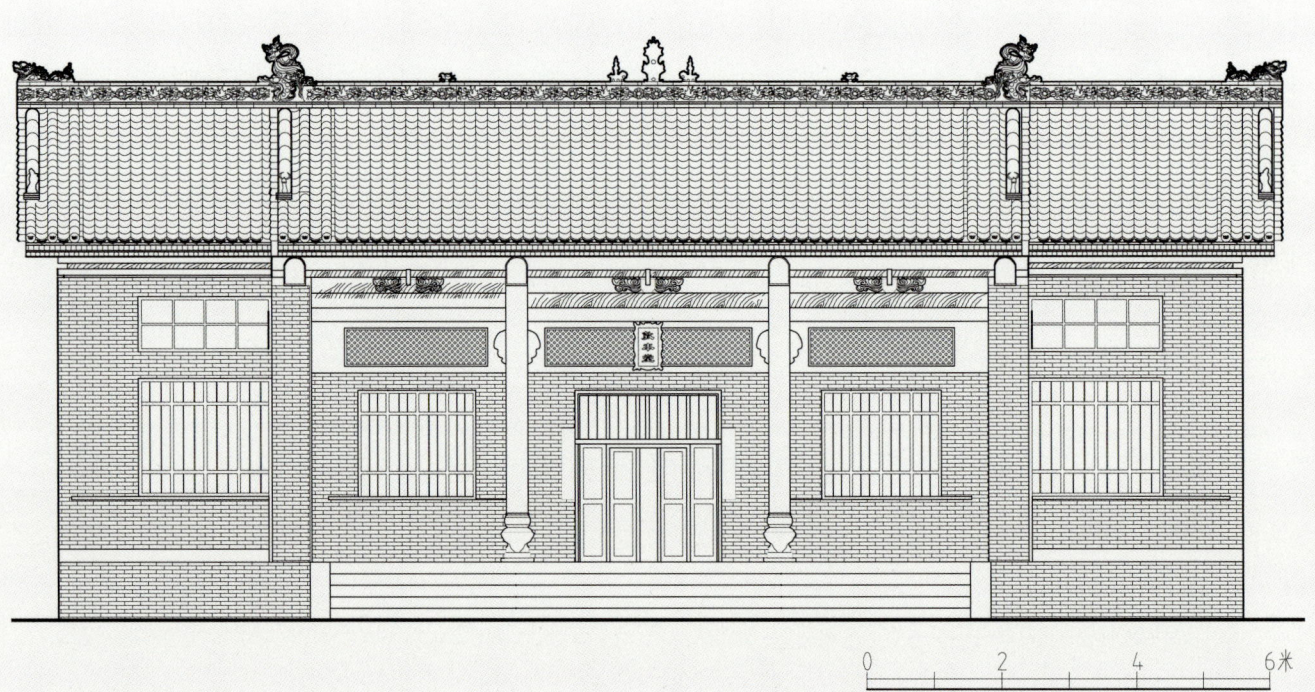

图 6 张氏祠堂照壁立面图

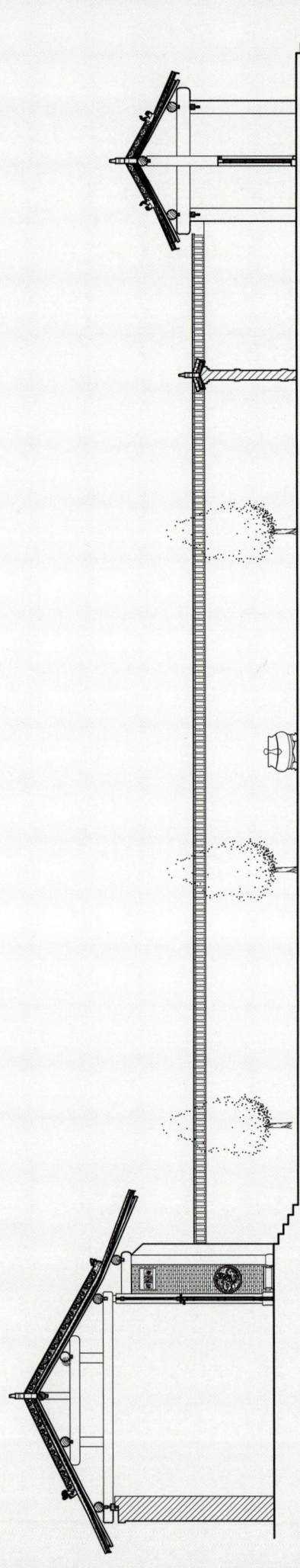

图7 张氏祠堂 A-A' 剖立面图

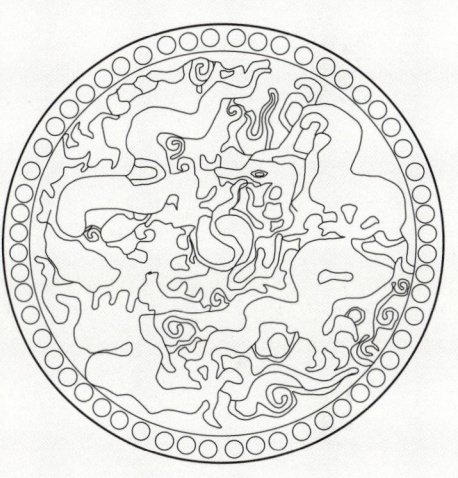

图 8　张氏祠堂山墙雕花细节

四、建筑装饰艺术

　　双龙戏珠是两条龙戏耍（或抢夺）一颗火珠的表现形式。它的起源来自中国天文学中的星球运行图，火珠是由月球演化来的。从西汉开始，双龙戏珠便成为一种吉祥喜庆的装饰图纹，多用于建筑彩画和高贵豪华的器皿装饰之上。双龙的形制以装饰的面积而定，倘是长条形的，两条龙对称状地设在左右两边，呈行龙姿态。倘是正方形或是圆形，两条龙则上下对角排列，上为降龙，下为升龙。不管是何种排列，火珠均在中间，显示出活泼生动的气势。

李家祠堂

山西省运城市万荣县里望乡南阳村

一、建筑区位分析

李家祠堂位于山西省运城市万荣县里望乡南阳村（该文物点经纬度为35°50′N，110°80′E）。

南阳村位于里望乡北部，南与平原村和里望村相接，东与乔薛村相连，北与北阳相邻，西靠毋村。南阳村距里望乡2.5公里，紧邻209国道，交通十分便利。

二、建筑空间结构

李家祠堂，坐北朝南。正殿面阔五间14.3米，进深4.5米；厢房面阔6.0米，进深3.0米。

三、建筑空间记忆

李姓家族迁徙史不详，李家祠堂修建于清代，具体修建时间不详，于近代重修。

1　图1　李家祠堂正殿
2　图2　李家祠堂围墙

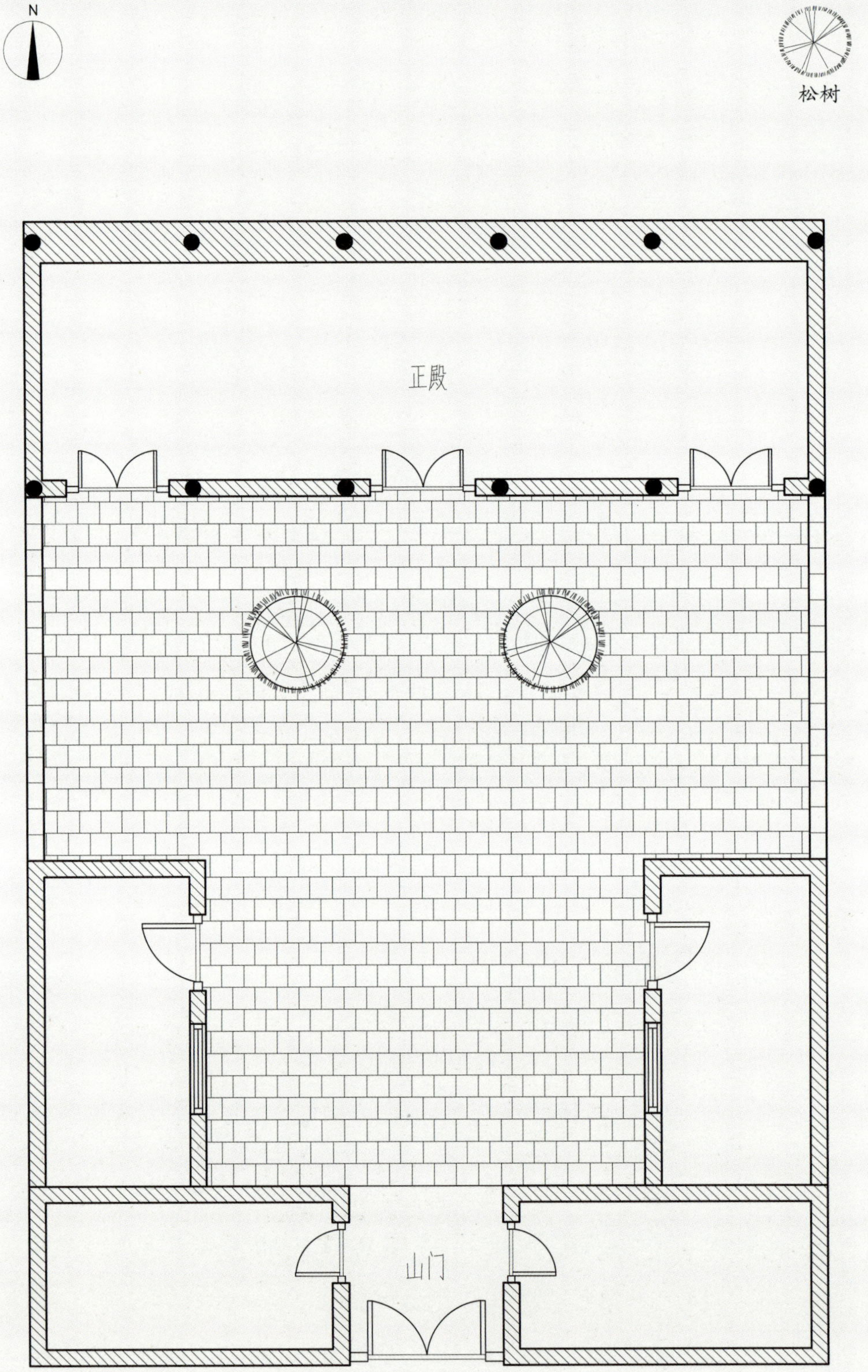

松树

图3 李家祠堂总平面图

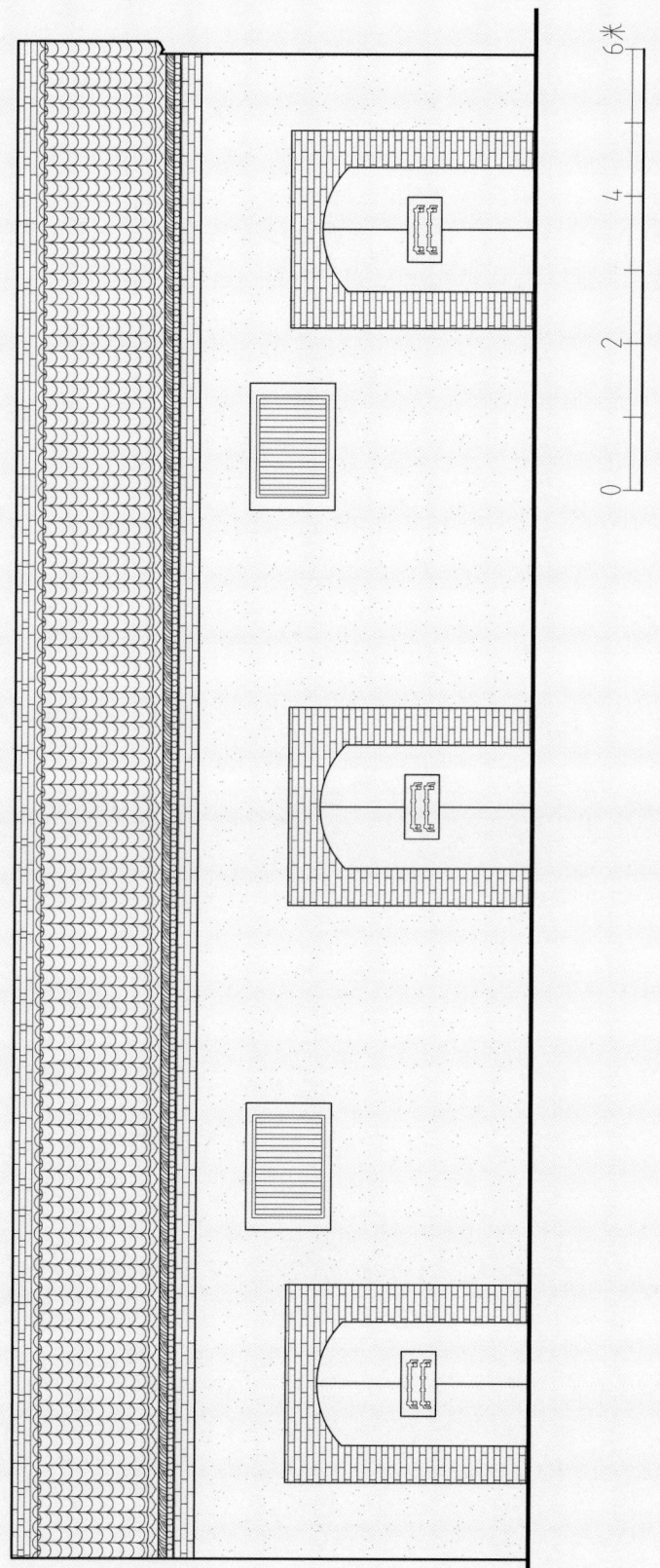

图 4　李家祠堂正殿立面图

杨家祠堂

山西省运城市新绛县阳王镇北池村

一、建筑区位分析

杨家祠堂位于山西省运城市新绛县阳王镇北池村（该文物点经纬度为35°50′N，110°80′E）。

村容村貌整洁有序，村内建有小学、卫生诊所、文体休闲广场，逢年过节还要举办文体比赛、社火表演、书画展等文化活动，群众文化生活比较丰富。

二、建筑空间结构

杨家祠堂，据西厢房梁脊板载，建于清乾隆三十九年（1774），曾在嘉庆二十四年（1819）、道光十五年（1835）均作续建。祠堂位于村中心偏西处，坐北朝南。正殿为单檐悬山顶建筑，面阔三间8.7米，进深3.3米，三檩无廊式构架，檐下无斗拱，大梁出头，柱础为八棱状；东西厢房面阔三间8.6米，进深5.0米，东厢房为单檐硬山顶，西厢房檐下平身科一攒，木雕卷叶花卉图案；山门面宽一间，进深二椽，单檐硬山顶，灰筒瓦覆盖，三檩无廊式构架，后檐明间施平身科一攒，形制为一斗三升。前檐下施七踩斗拱三攒，出异形拱，檐下有飞椽，设八字分墙。走马板上木雕"光耀斗南"四字。占地面积281平方米。四合院式布局，整体保存完整。

三、建筑空间记忆

杨家祠堂"文革"期间曾作会场使用,现南房内墙留有毛主席语录及红太阳宣传画。北房后墙上嵌"杨氏后四家创建阁楼记"石碣一方。根据祠堂中的碑文记载:这届祠堂最早是杨家将的后人建造,为了纪念其先祖。现在进入祠堂还可以看到高耸的木质结构雕像,正是杨业夫妻和他们的子孙。专家根据族谱进行了广泛考察,发现村子中有一半的人是杨家将的直系后人,其余的人都是旁支后人。

如果说村子遭受了大的灾难,下一任组长也有修复祠堂和家谱的责任。他们将没有被贴写在家谱上的人进行补写,以证明传承关系。正因在这种精神和周密的保护之下,村子里的杨家祠堂才能成为我国目前保存最完整、规模最大的杨家祠堂。

图 1　杨家祠堂墙上的毛主席语录

图 2　杨家祠堂建筑北外立面

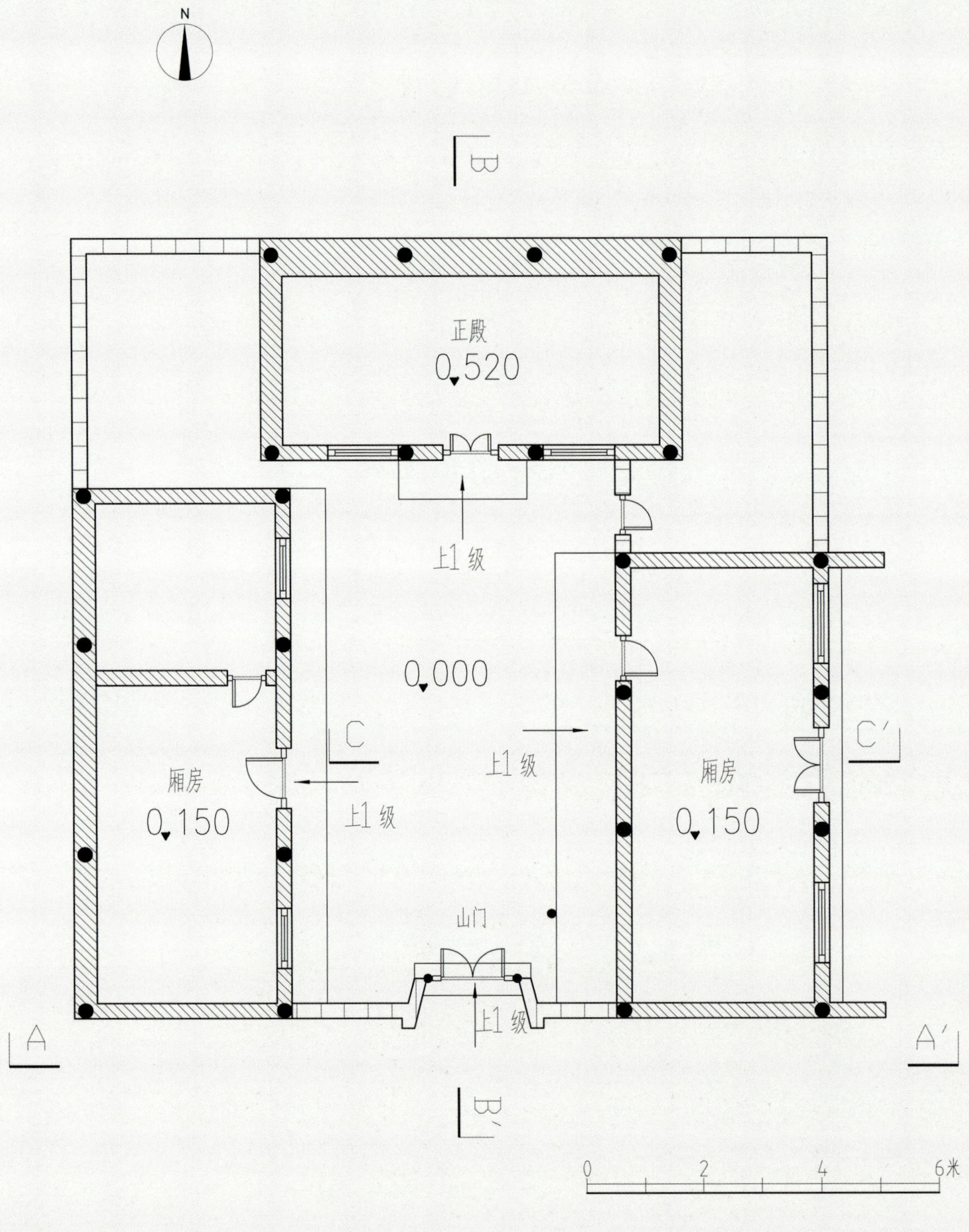

图3 杨家祠堂总平面图

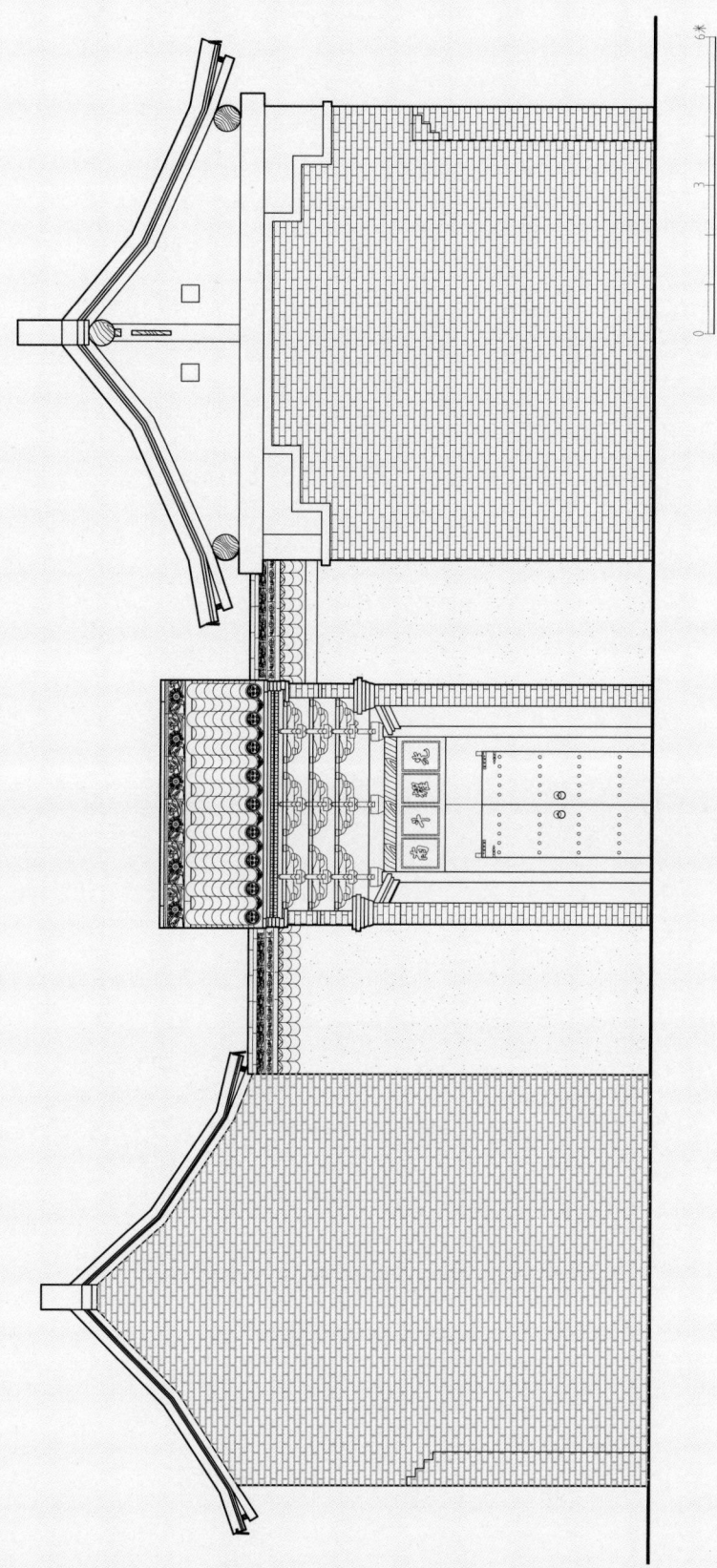

图 4 杨家祠堂 A-A' 剖立面图

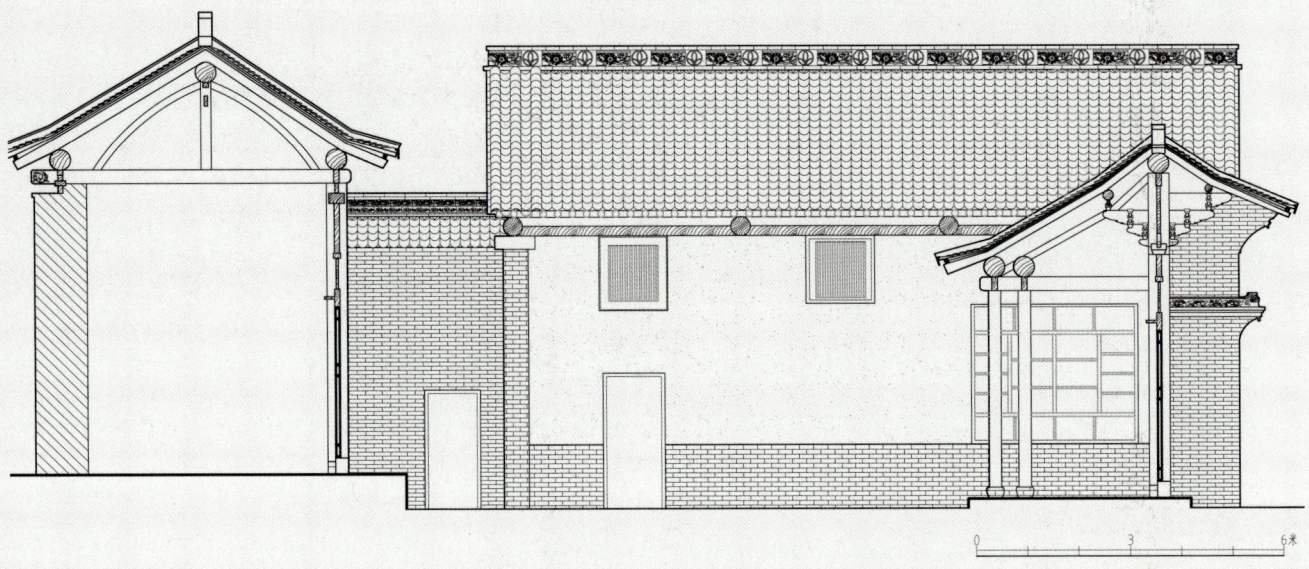

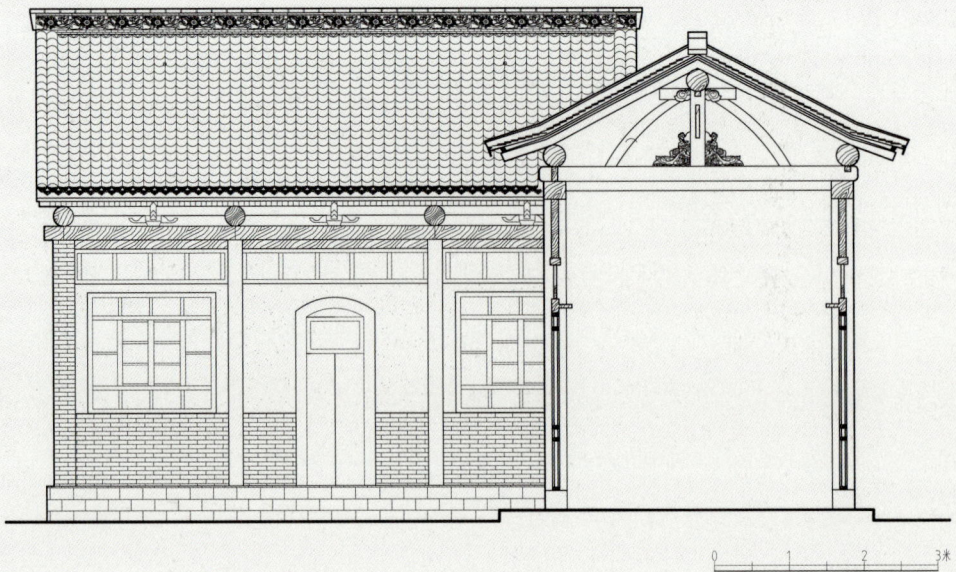

图 5 杨家祠堂 B-B' 剖立面图

图 6 杨家祠堂 C-C' 剖立面图

图 7　杨氏后四家创建的门楼碑记

杨氏后四家创建门楼记

尝闻宅舍之设房为主门为副爻象欲合八卦欲配自古及今莫不皆然也余家庙门先向西堪舆家以为向西不合宜移于北维时有学周等因纠合后四家老幼商议建竖无不应允故于道光十五年三月十七日起造至四月内而告竣功成焉此非特壮一时之观瞻而实欲以安先人之灵爽耳兹举虽细未可忽也是为序

捐资族人名单略

盖氏宗祠

山西省运城市绛县古绛镇盖家沟村

一、建筑区位分析

盖氏宗祠位于山西省运城市绛县古绛镇盖家沟村（该文物点经纬度为35°57′N，112°94′E）。

盖家沟村位于绛县县城东北角，距县城5公里，交通十分方便。东与南樊镇的王良坡村相邻，西与南乔野村相接，南与路村相连。

盖家沟村附近有晋文公墓、紫云寺、东华山、太阴寺、绛北大峡谷、东华山滑雪场等旅游景点，有黄芩、连翘、柴胡、大樱桃、山楂、运城相枣等特产，有尧王传说、柏林坡道教音乐、尧的祭祀、晋文公的传说、绛县布扎等民俗文化。

二、建筑空间结构

盖家祠堂，坐北朝南。正殿为硬山顶建筑，面阔15.5米，进深4.8米。现存山门和正殿。

三、建筑空间记忆

盖姓家族明嘉靖年间移居此地，起村名叫盖家沟。盖家沟先辈族人于民国二十六年（1937），在村中心合户自建祠堂，第二年7月24日午时监柱上梁。祠堂共五间，坐东朝西，砖瓦建筑。内部设施，中堂外设两门，内墙边设有祭台，祖宗牌位设于墙内，高150厘米，宽25厘米。右墙壁绘有盖氏祖先盘丝图，记载着始祖小八公至第二十一世历代祖先姓名。2013年12月重修祠堂门楼。

图1 盖氏宗祠正殿
图2 盖氏宗祠山门

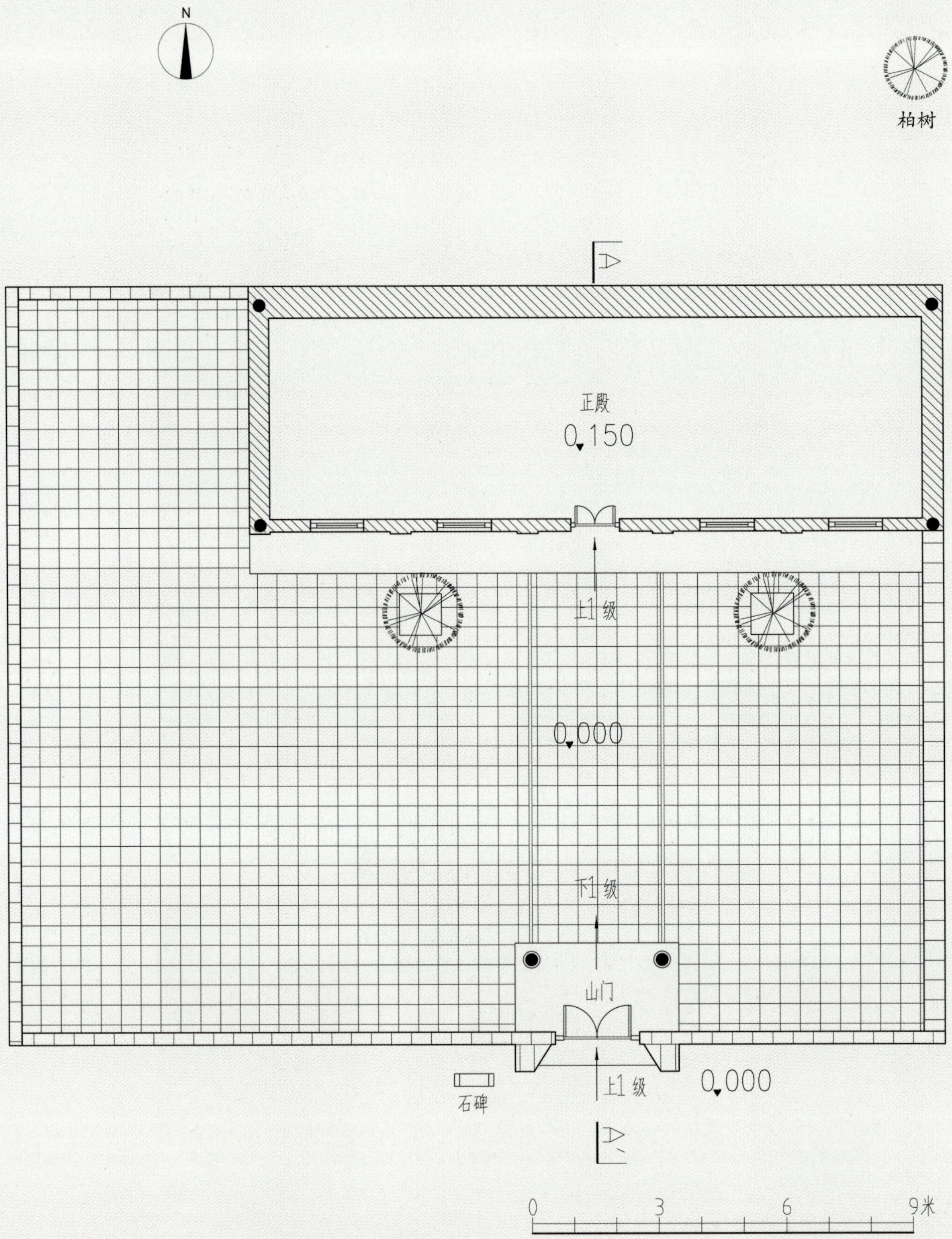

柏树

图3 盖氏宗祠总平面图

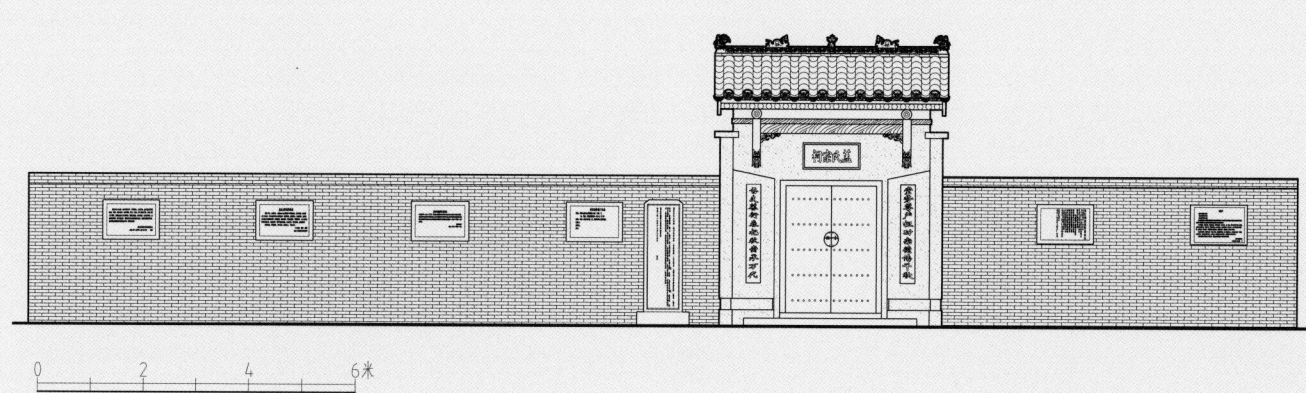

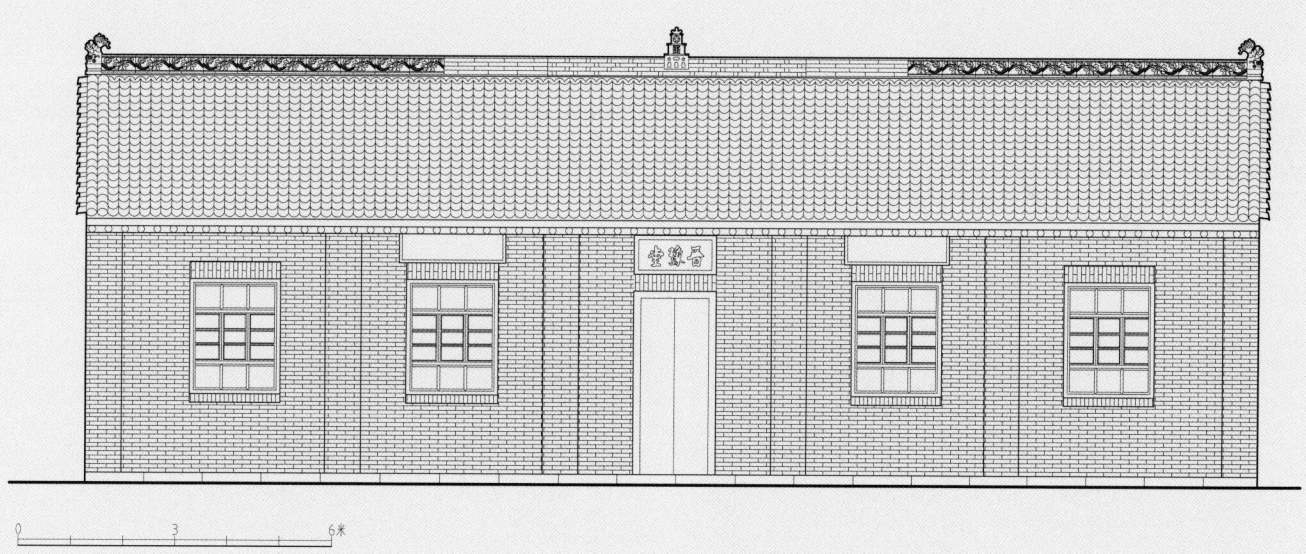

图 4　盖氏宗祠山门立面图

图 5　盖氏宗祠正殿立面图

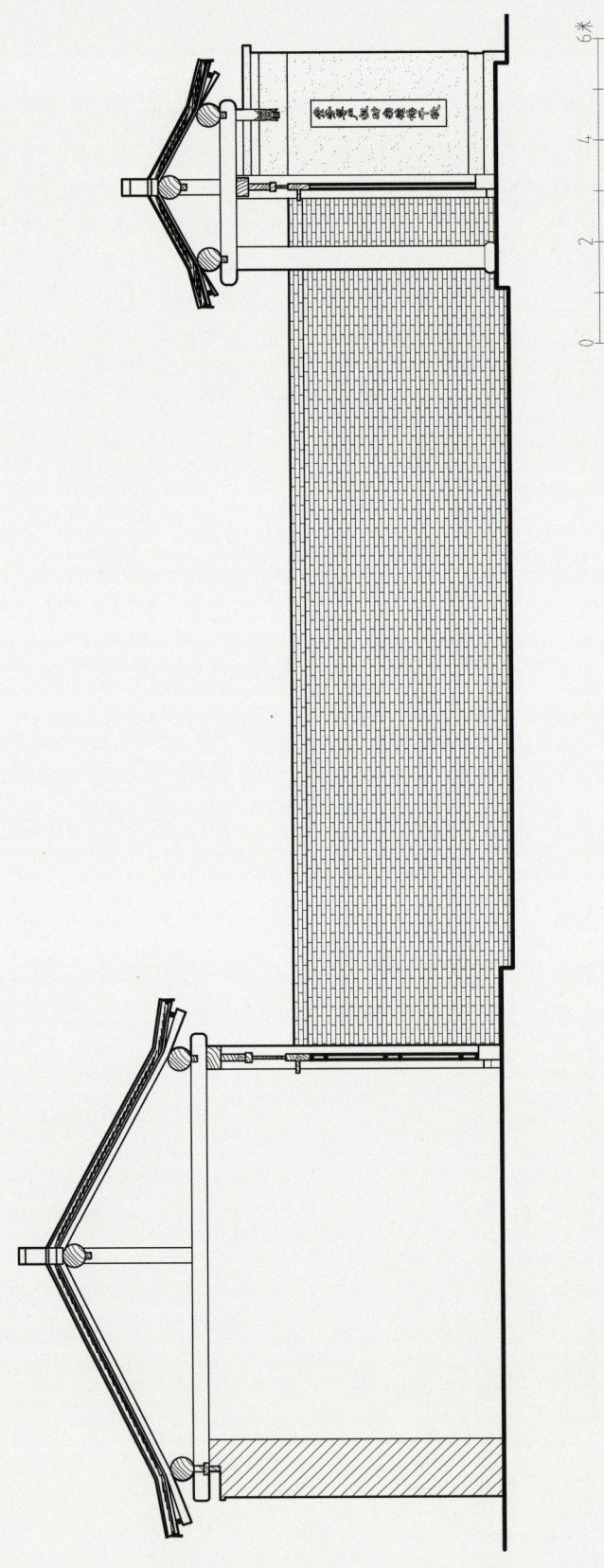

图6 盖氏宗祠 A-A' 剖立面图

图 7　盖氏宗祠屋脊
图 8　盖氏宗祠牌匾
图 9　盖氏宗祠石碑

盖氏自小八公始，迄今五百余年。子孙繁盛，人才辈出，尤近代众多宗亲从政、经商、创业各地，业绩辉煌，博士、硕士、学士层出不穷，皆祖上厚德恩泽。先贤为念祖德建宗祠，因岁月沧桑，流年风霜，况今夏多雨，水注墙垣根基，致门楼左倾。吾族在外从业后贤们知晓后，遂集善款重建门楼。为弘扬此追远报本尊祖敬宗之举，特勒石为记。

捐资族人名单略

盖氏宗祠第三届管理委员会

公元二〇一三年十二月二十六日　竖石

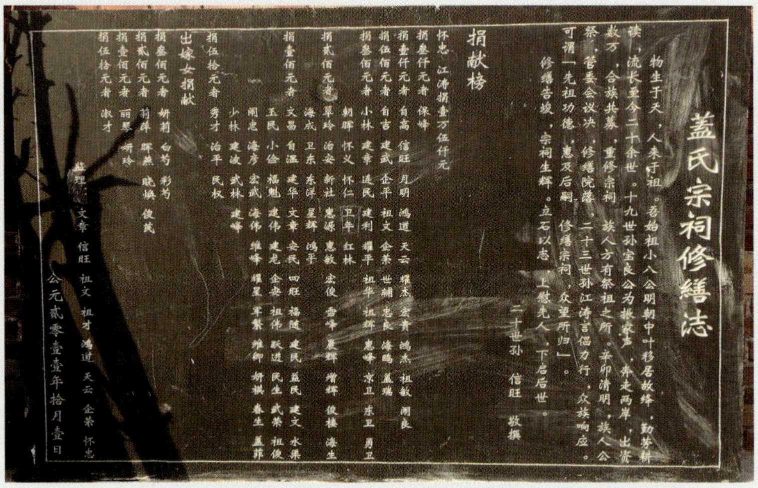

盖氏宗祠修缮志

物生于天，人来于祖。吾始祖小八公明朝中叶移居故绛，勤劳耕读，流长至今二十余世。十九世孙宝良公为振家声，奔走两岸，出资数万，合族共募，重修宗祠，族人公祭，二十三世孙江涛管委会议决，修缮院落，族人方有祭祖之所。辛卯清明，族人公祭，管委会议决，修缮院落，二十三世孙江涛言倡力行，众族响应。可谓"先祖功德，惠及后嗣，修缮宗祠，众望所归"。

修缮告竣，宗祠生辉。立石以志，上慰先人，下启后世。

捐资族人名单略 二十世孙信旺敬撰

公元二〇一一年十月一日

功德碑

盖宝良先生族人楷模

谒祖归宗拳拳赤子心
海峡彼岸殷殷思乡情

盖公宝良祖籍晋绛移居豫南现居台湾自幼聪慧勤奋向上出求学就读于郑国遇罹乱弃笔从戎随军赴台迁居异乡于斯阻隔故土难望沧海茫茫世浮萍桑梓遥遥魂系梦萦即天降福祉两岸三通公虽年届古稀却不辞辛劳毅然返乡自一九九一

图10 盖氏宗祠修缮志碑
图11 盖氏宗祠功德碑

年至二〇〇六年十余年间，先后四番荣归故里，省亲访旧，谒祖朝宗，其一片赤诚之心，令族人感动，更有甚者，公自费为家族续填家谱，精装成册，赠予每户，且倡导族人兴建宗祠，并慷慨解囊，捐资数万，族人有口皆碑。

岁次戊子仲春，公岁逾八旬，年高德劭，再度回乡谒祖，其一如既往之心，血浓于水之意，再聚族人团结之气，又唤族人敬祖之情，今立此碑，谨显盖公宝良之精神，亦彰显盖氏家族之遗风。

愿盖公光宗耀祖之诚心千秋万世，冀盖氏家族之薪火万世千秋世代传承。

盖氏宗祠管委会
戊子仲春二月清明立

图12 盖氏宗祠重修竣工纪念碑

宗祠重修竣工纪念

原建：为绛县盖氏九世孙桐公之子，文炫、文炜、文煌、文燃等所建于一九三七（丁丑）年。

重修：公元一九九六年春，绛、蔡两地族人捐资完成。

盖氏祠堂重修落成志

本祠堂建于一九三七（丁丑）年由第九世孙桐公及其子文炫公文伟公文煌公文燃公等筹建。

吾族感于族谱之编印缅怀始祖小八公及列祖列宗之延续引起族人慎终追远重修祠堂恢复旧观之共鸣为再奉祀祭祖之大典掀起晋豫两地族人鼎立捐款使祠堂于一九九六（丙子）年重修落成。

盖宝良撰文

公元一九九六（丙子）年春

《盖姓小八公衍派大族谱》编印志

《盖姓小八公衍派大族谱》能建谱流传后世，端赖绛、蔡两地族人及编纂委员热心支持。主其事者为旅台第十九世孙宝良公之策划，并亲自执笔编撰。公曾先后两次返乡修正编稿并口新都公、宝勤公、振武公、会志公等搜整资料之配合，与运溪公之修校定稿，费时三年，始完成盖世族谱文献。

宝良公秉承先人遗志，自筹经费，在台精装印制。印后由台北运回广州，再由宝勤公及运溪公接运回乡，馈赠绛、蔡两地族人，各家一册。公这种饮水思源，勇于奉献、慷慨解囊之精神，令人感动。堪称吾族族人效法之典范也。

盖宝良撰文

公元一九九一年编印

公元一九九六（丙子）年八月吉日立

图13　盖氏宗祠重修落成志碑
图14　《盖姓小八公衍派大族谱》编印志碑

黄氏祠堂

山西省阳泉市郊区保安村

一、建筑区位分析

黄氏祠堂位于山西省阳泉市郊区旧街乡保安村中部（该文物点经纬度为 37°91′N，113°36′E）。保安村位于旧街乡中北部，桃河上游，距市中心 28 公里。

保安村属暖温带半湿润大陆性季风气候区。受季风及复杂地形影响，不同地区的气候差异较大。总的特点是冬夏长，春秋短，四季分明；日照比较充足，昼夜温差较大；春季干旱严重，夏季炎热多雨，秋季降温迅速，冬季寒冷干燥。

二、建筑空间结构

黄氏祠堂，坐北朝南。正殿为硬山顶建筑，面阔五间 12 米，进深 5.3 米。现存正房和东西厢房，一进院落布局，均为清代遗构。

图 1　山门立面图

三、建筑空间记忆

该祠供奉黄氏十一世祖黄宗善（1349—1404），号乐轩，生七子，三子（黄祯、黄俊、黄良）考取进士。新中国成立后该祠长期作为该村小学校址。

黄姓家族迁徙史不详，建筑修建年代为清朝，重建年代不详。

图2　黄氏祠堂正殿山墙

图3　黄氏祠堂厢房西面

图4　黄氏祠堂正殿

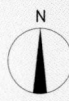

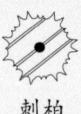

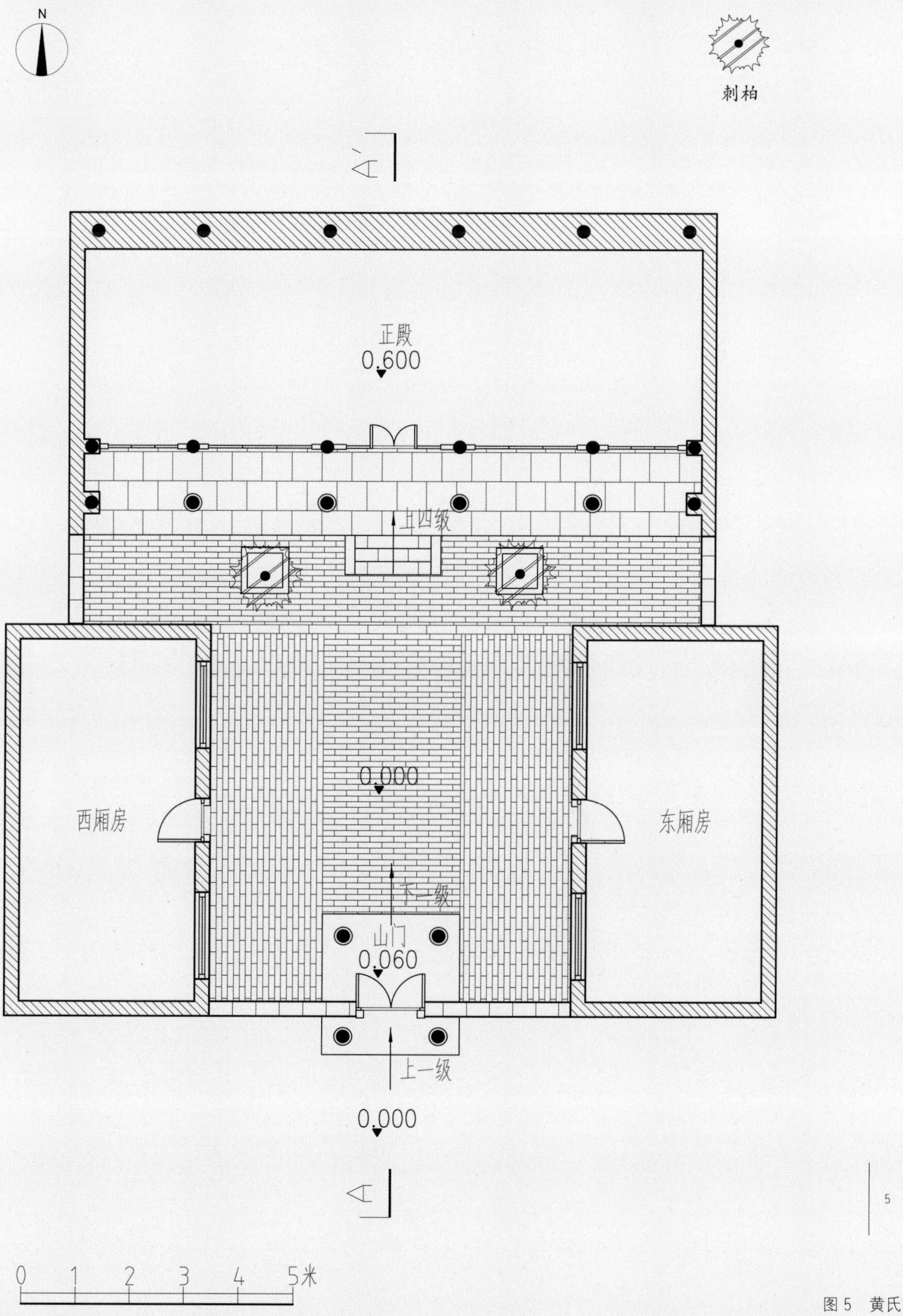
N
刺柏
A′
正殿
0.600
上四级
西厢房
东厢房
0.000
下一级
山门
0.060
上一级
0.000
A
0 1 2 3 4 5米

图 5　黄氏祠堂总平面图

黄河流域民间宗祠文化传承研究 山西卷

图6 黄氏祠堂山门立面图

图7 黄氏祠堂正殿立面图

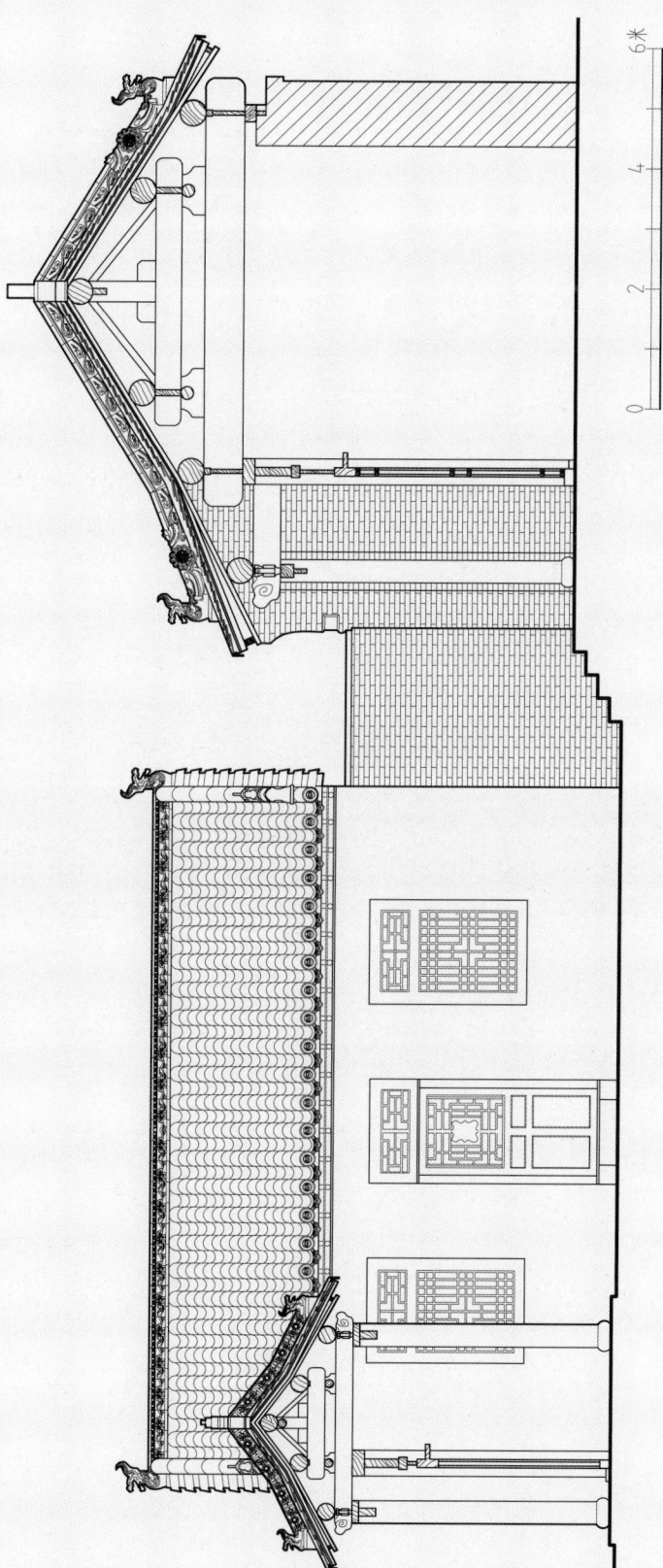

图 8 黄氏祠堂 A-A' 剖立面图

图 9　黄氏祠堂山门雕花瓦当

图 10　黄氏祠堂山门雕花梁头

图 11　黄氏祠堂牌匾

图 12　黄氏祠堂斗拱细节

图 13　黄氏祠堂介绍牌

图 14　黄氏祠堂门细节

图 15　黄氏祠堂柱墩细节

四、建筑装饰艺术

牡丹的象征意义与百姓期盼富贵的愿望相符，千百年来在民间广受欢迎。用象征富贵的牡丹与其他物件结合产生的吉祥辞和吉祥图案应运而生，如牡丹与代表长寿的桃或寿石组图，称"长命富贵"；牡丹和寓意神仙的水仙组图，称为"神仙富贵"；牡丹配以十个古钱组图，取"钱""全"谐音，曰"十全富贵"；牡丹上落一只锦鸡的图案，又名"锦上添花"；牡丹与凤凰组图，则称"凤戏牡丹"。

陈氏宗祠

山西省忻州市定襄县河边镇陈家营村

一、建筑区位分析

陈氏宗祠位于山西省忻州市定襄县河边镇陈家营村（该文物点经纬度为38°58′N，113°08′E）。

图1　陈氏宗祠山门

二、建筑空间结构

陈氏宗祠，坐北朝南，占地面积约 495 平方米。现存门厅三间，正厅三间，正厅两边耳室三间，东西两边配房各五间，均为硬山顶结构。该祠堂现已弃用多年，成为家族库房。

三、建筑空间记忆

陈姓家族迁徙史始于1369年，建起的陈家营村至今已六百余年，历二十余世。历世族人创家立业，繁衍生息，该祠堂现已弃用多年，成为家族的库房。据村民描述，该祠堂门匾原为晋系军阀首领阎锡山亲题"陈氏祠堂"四字，现已无存，祠堂也是阎锡山出资修建的。祠堂建筑修建年代为民国二十六年（1937），于2012年重修。

图2 陈氏宗祠山门

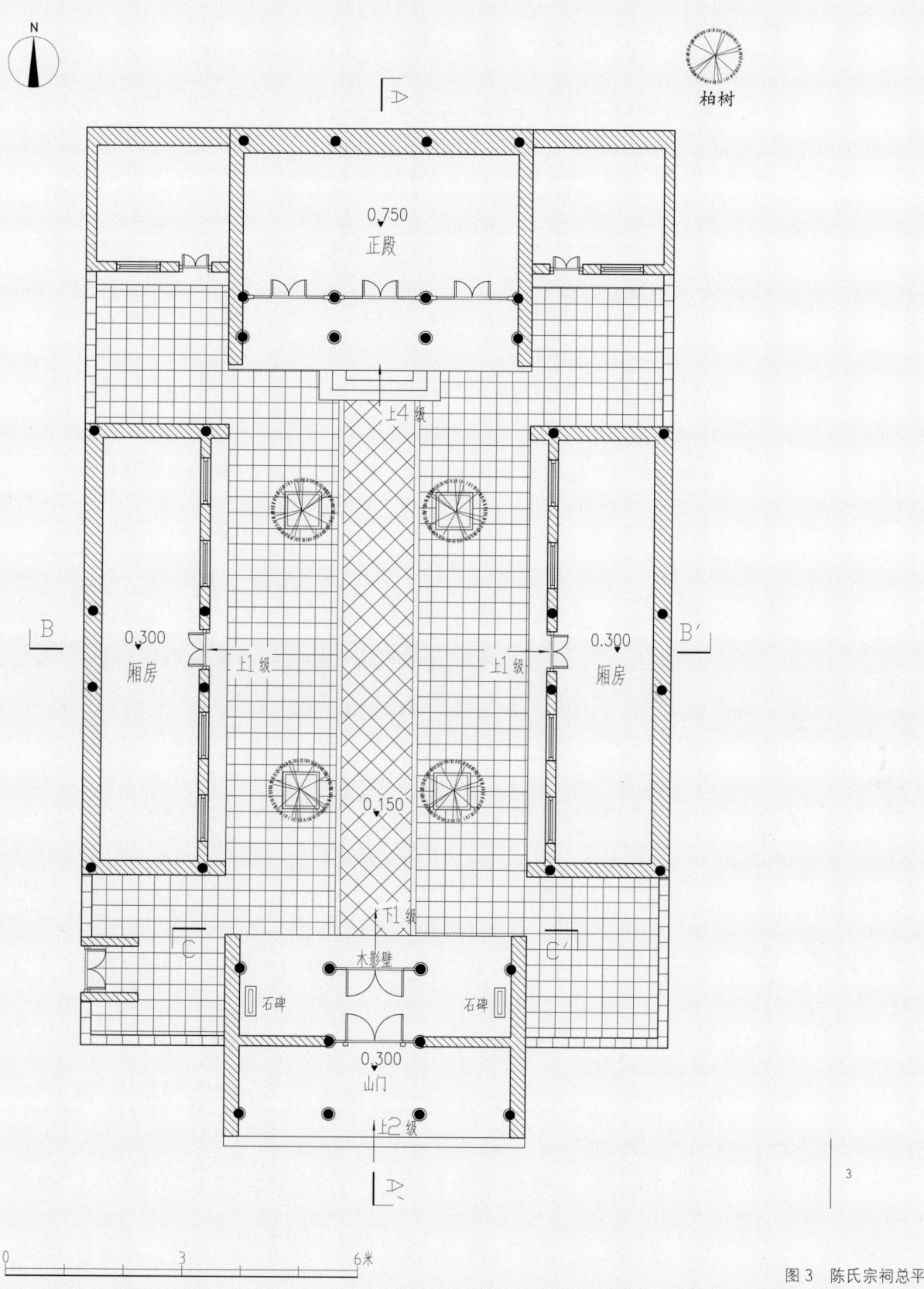

图 3 陈氏宗祠总平面图

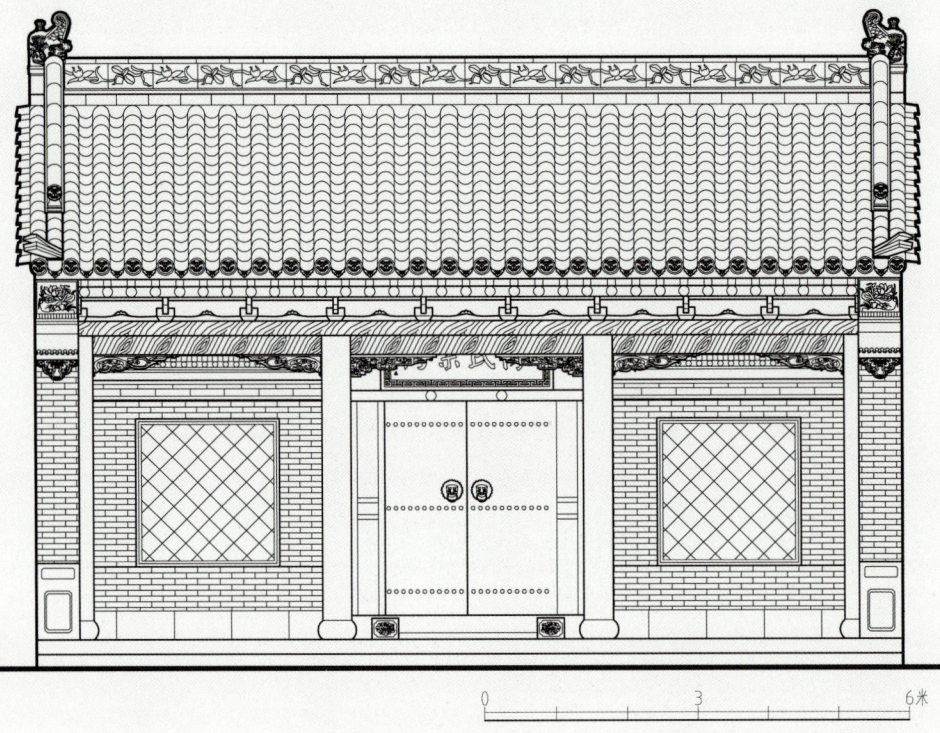

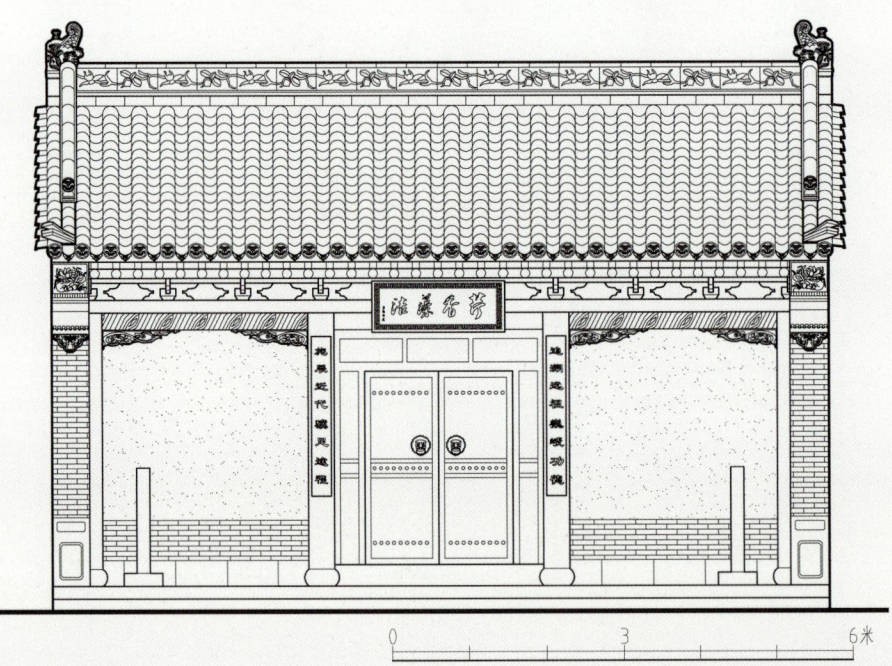

图 4　陈氏宗祠山门立面图

图 5　陈氏宗祠山门背立面图

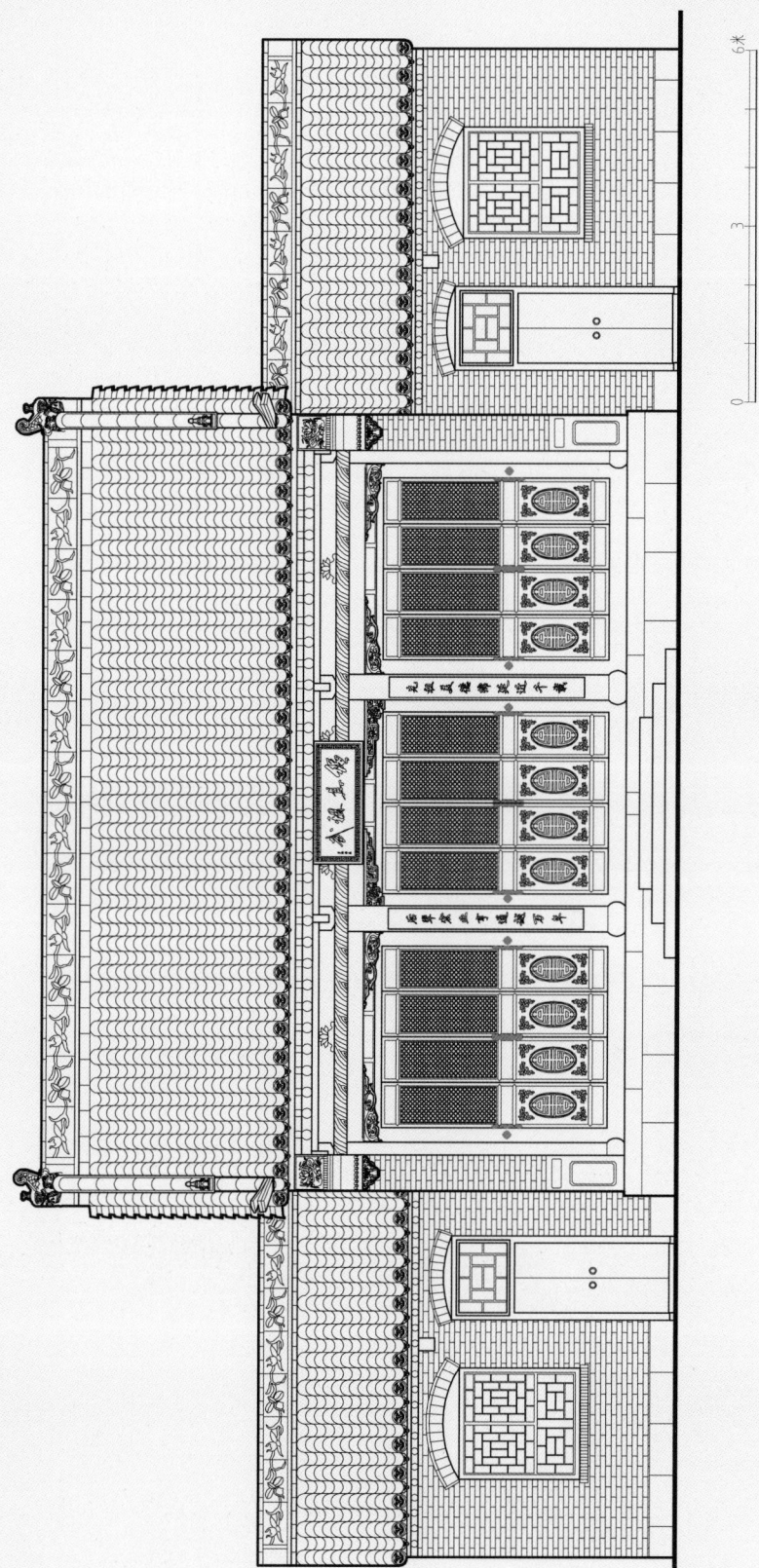

图 6　陈氏宗祠正殿立面图

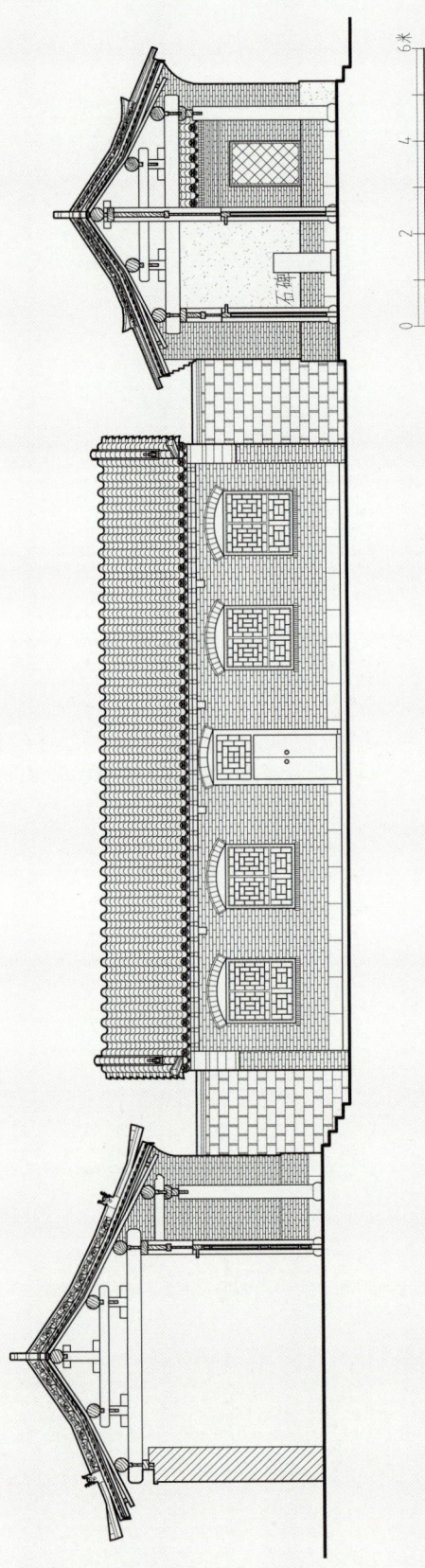

图7 陈氏宗祠 A-A' 剖立面图

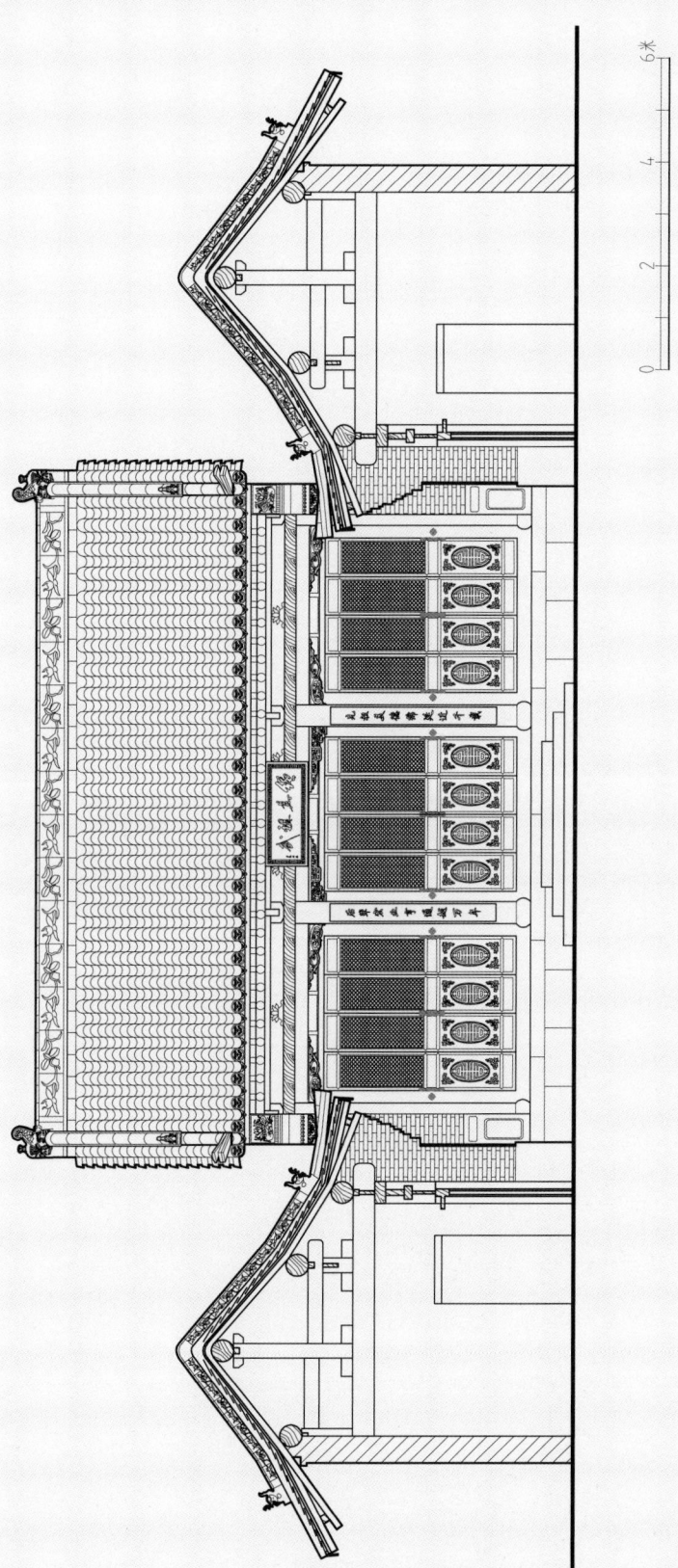

图 8　陈氏宗祠 B-B' 剖立面图

续氏宗祠

山西省忻州市定襄县宏道镇西社村

一、建筑区位分析

续氏宗祠位于山西省忻州市定襄县宏道镇西社村（该文物点经纬度为 38°63′N，113°03′E）。

西社村地处定襄县与原平市交界，距离县城约22公里，交通便利。全村以农业为主。

二、建筑空间结构

续氏宗祠，坐西向东。正殿面阔五间13.3米，进深6.0米。现宗祠翻新，仍保留有清式结构。宗祠为砖石砌台基，面宽五间，进深四椽，前设廊，单檐硬山顶，五檩架构制。南北两侧设廊，墙上记载续氏溯源和优秀续氏后人。

三、建筑空间记忆

西社续氏是明代永乐二年（1404）从洪洞县迁来的，西社续氏的始祖北原，居于村之东北隅，渐渐地成为西社村的主体村民，而原来的王姓居民却反而消失了。

续氏宗祠于乾隆五十九年（1794）修建，于1958年、2008年重建。时隔两百多年，青石台阶、旗杆高树，彩绘门厅，碑石整肃，悬挂于云房下的"世代硕学"匾额出自中国人民解放军原总政治部副主任史进前将军之手。续氏宗祠内有一株楸树，树龄两百年，树高9米，树围2.44米，冠幅8米，可谓古树参天。

图1 续氏宗祠山门

图2 续氏宗祠山门内侧

图3 续氏宗祠山门侧面

图4 续氏宗祠正殿

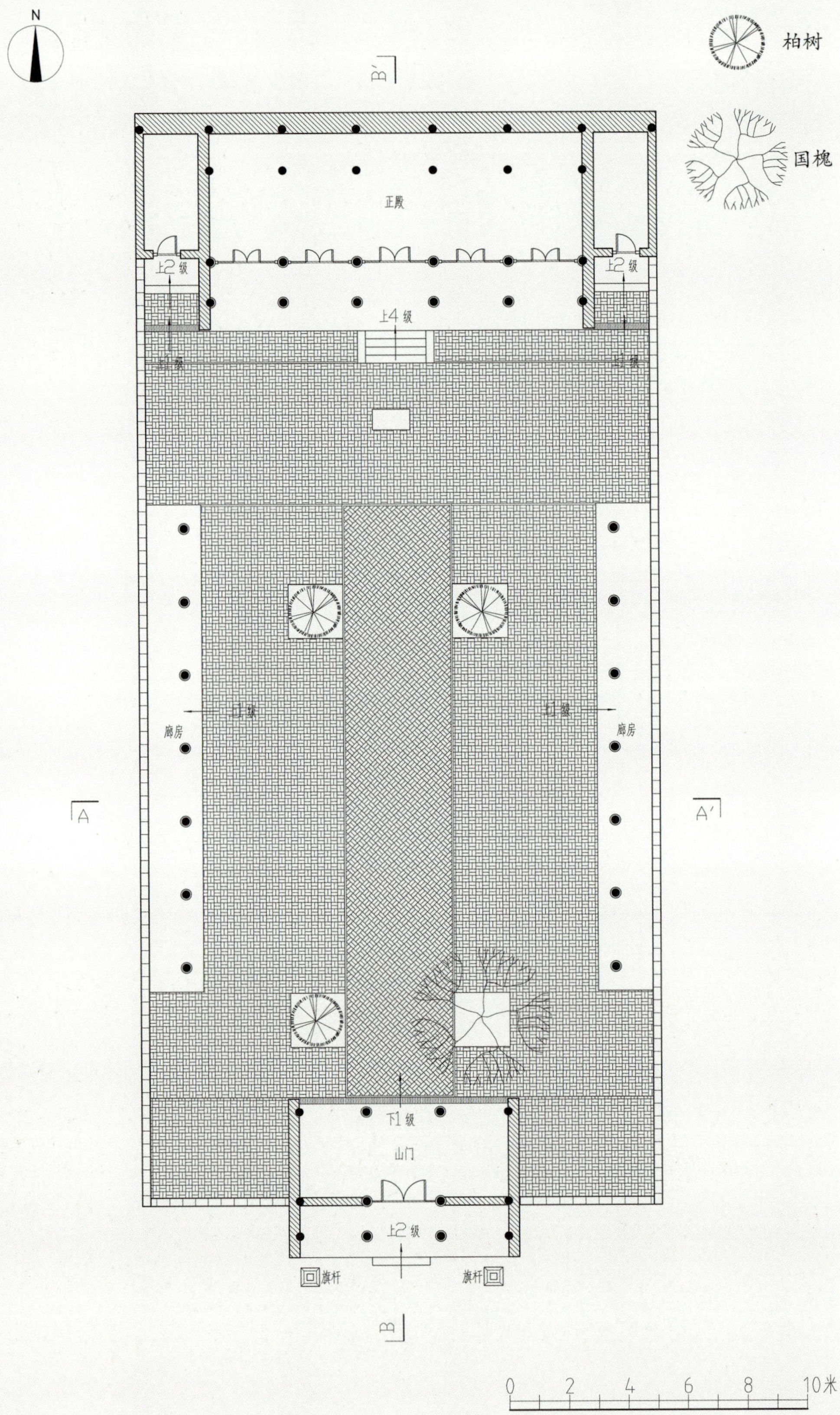

图 5 续氏宗祠总平面图

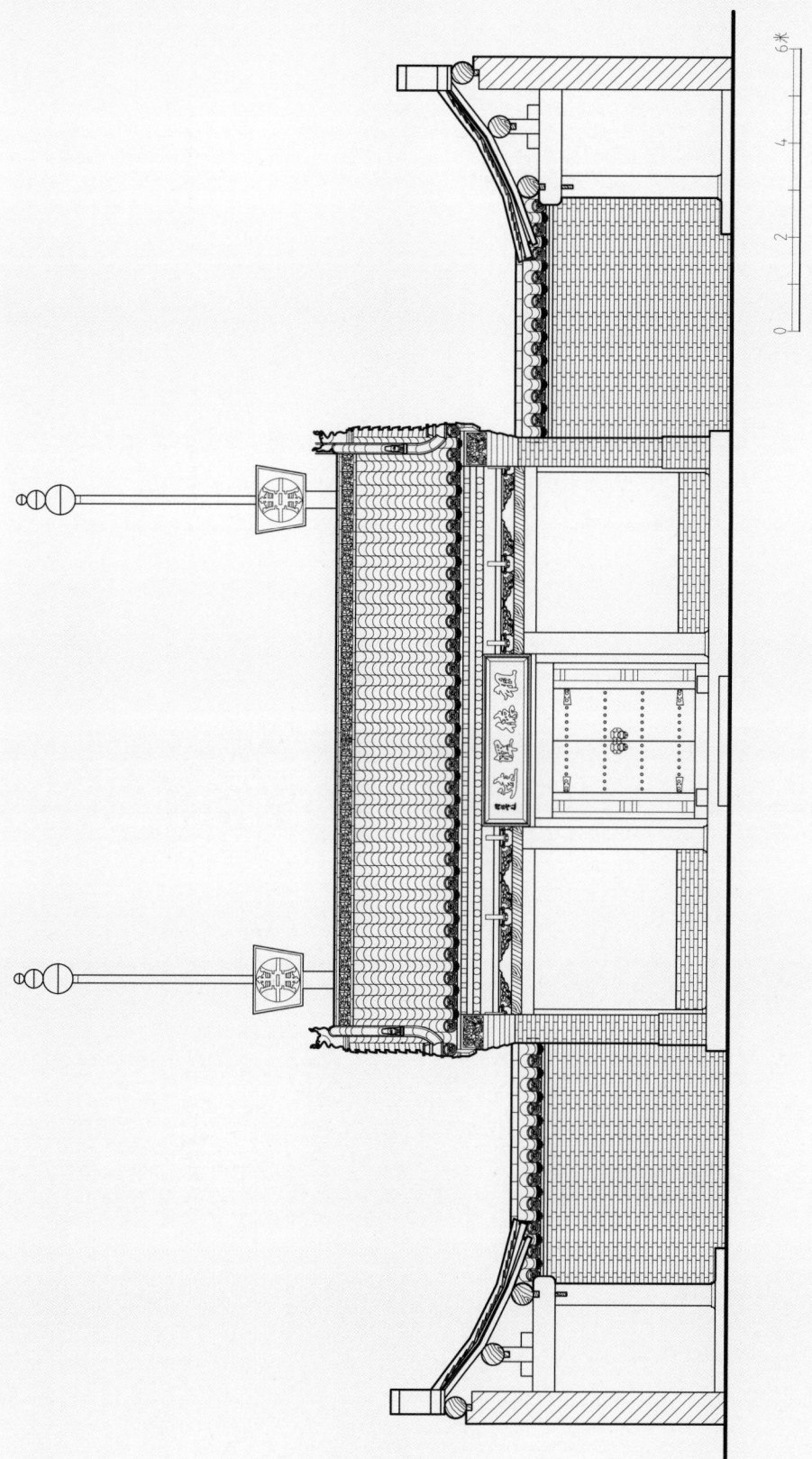

图 6 续氏宗祠 A-A' 剖立面图

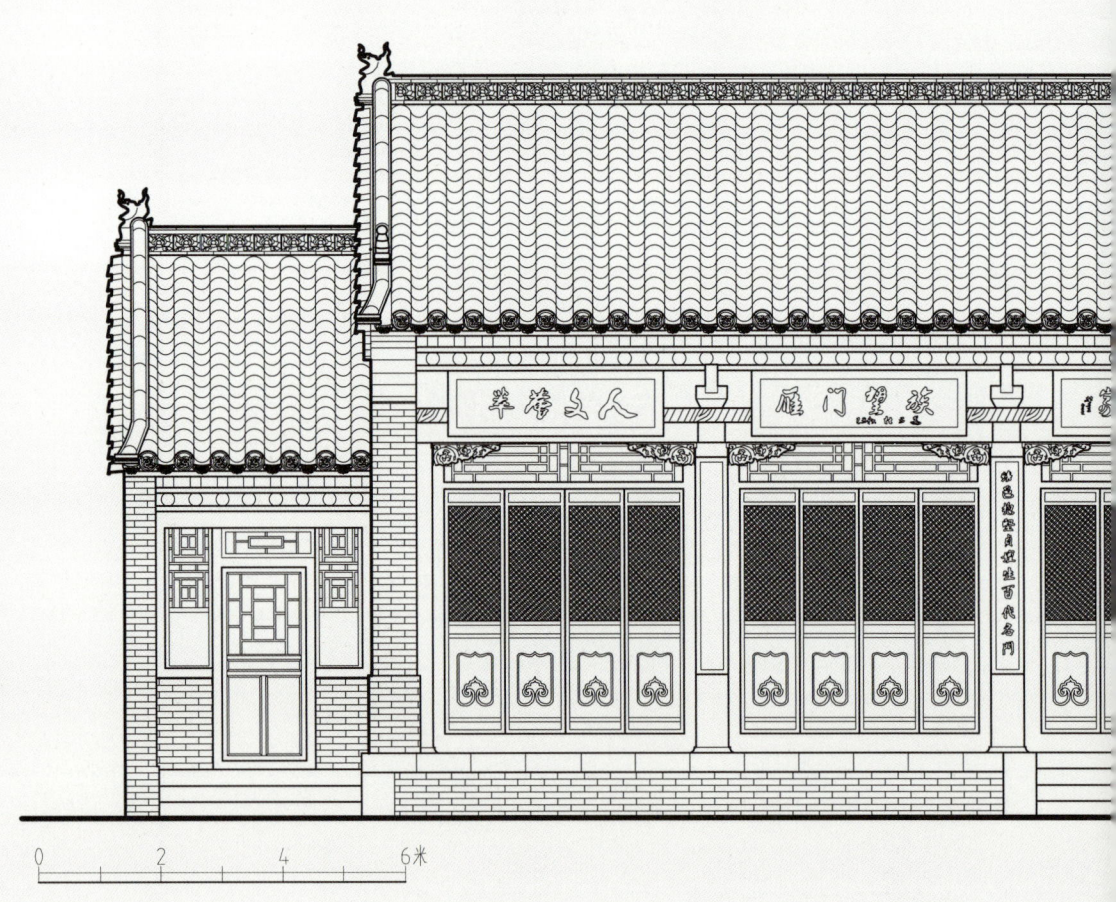

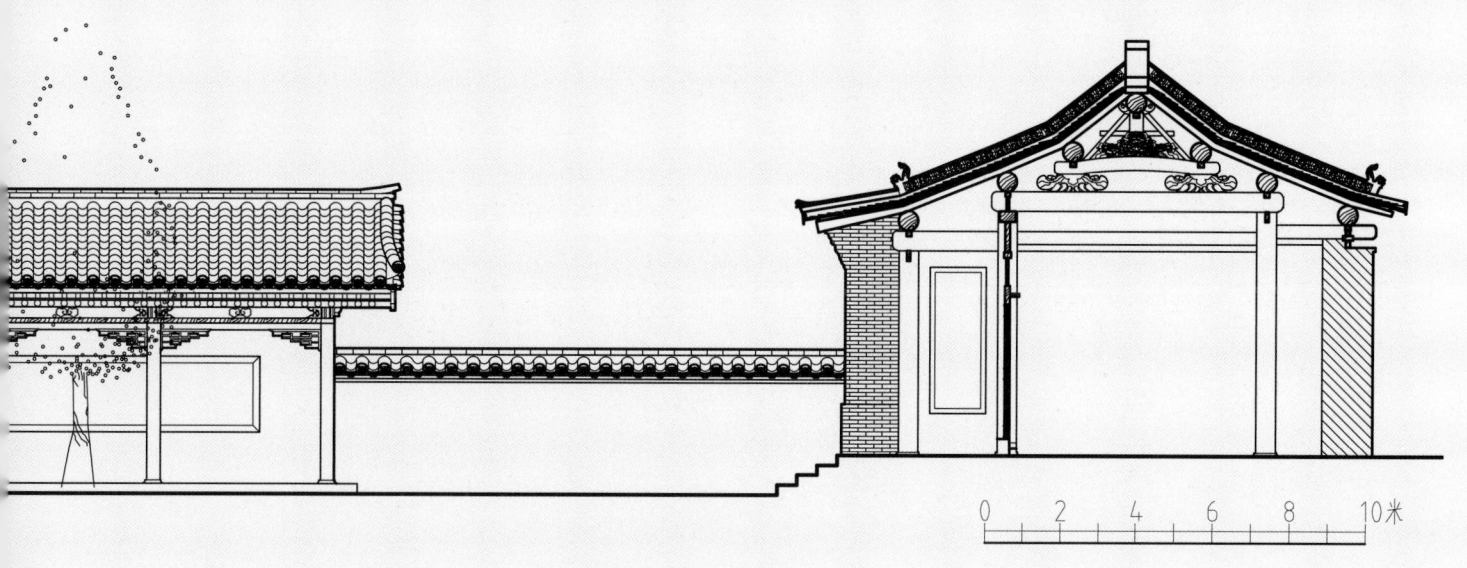

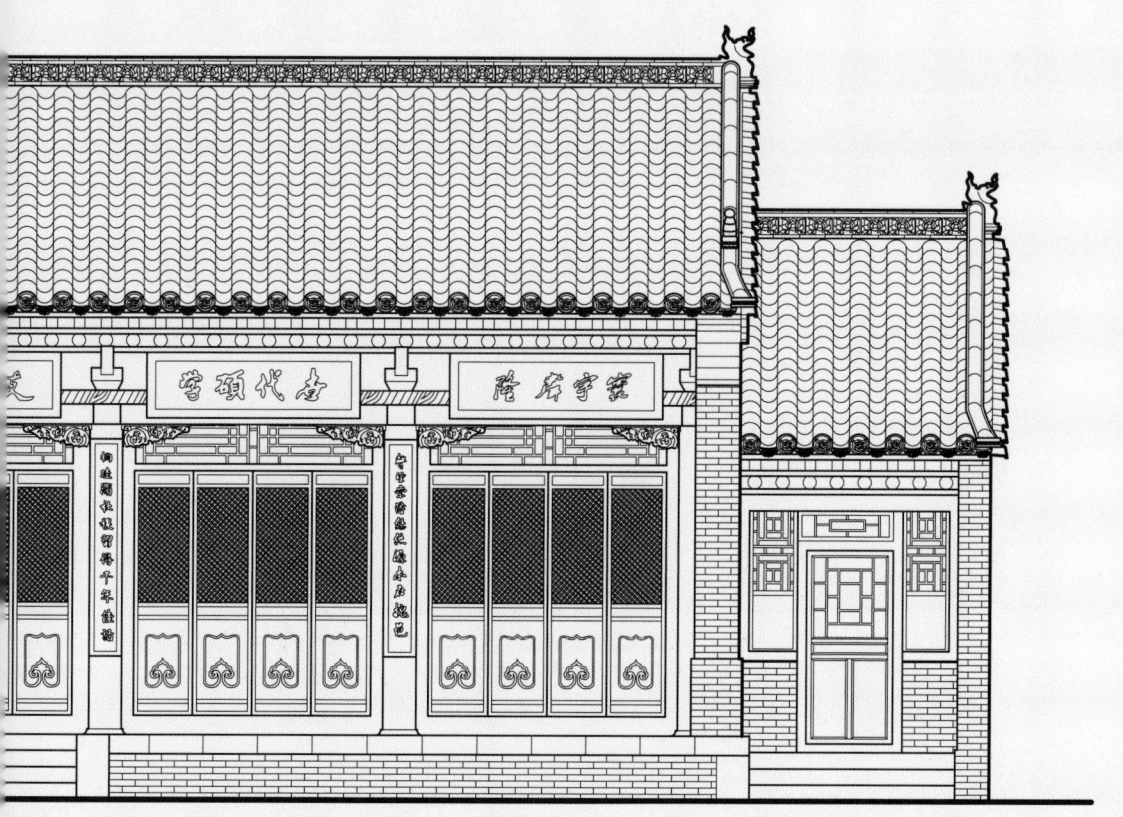

图 7　续氏宗祠 B-B' 剖立面图

图 8　续氏宗祠正殿立面图

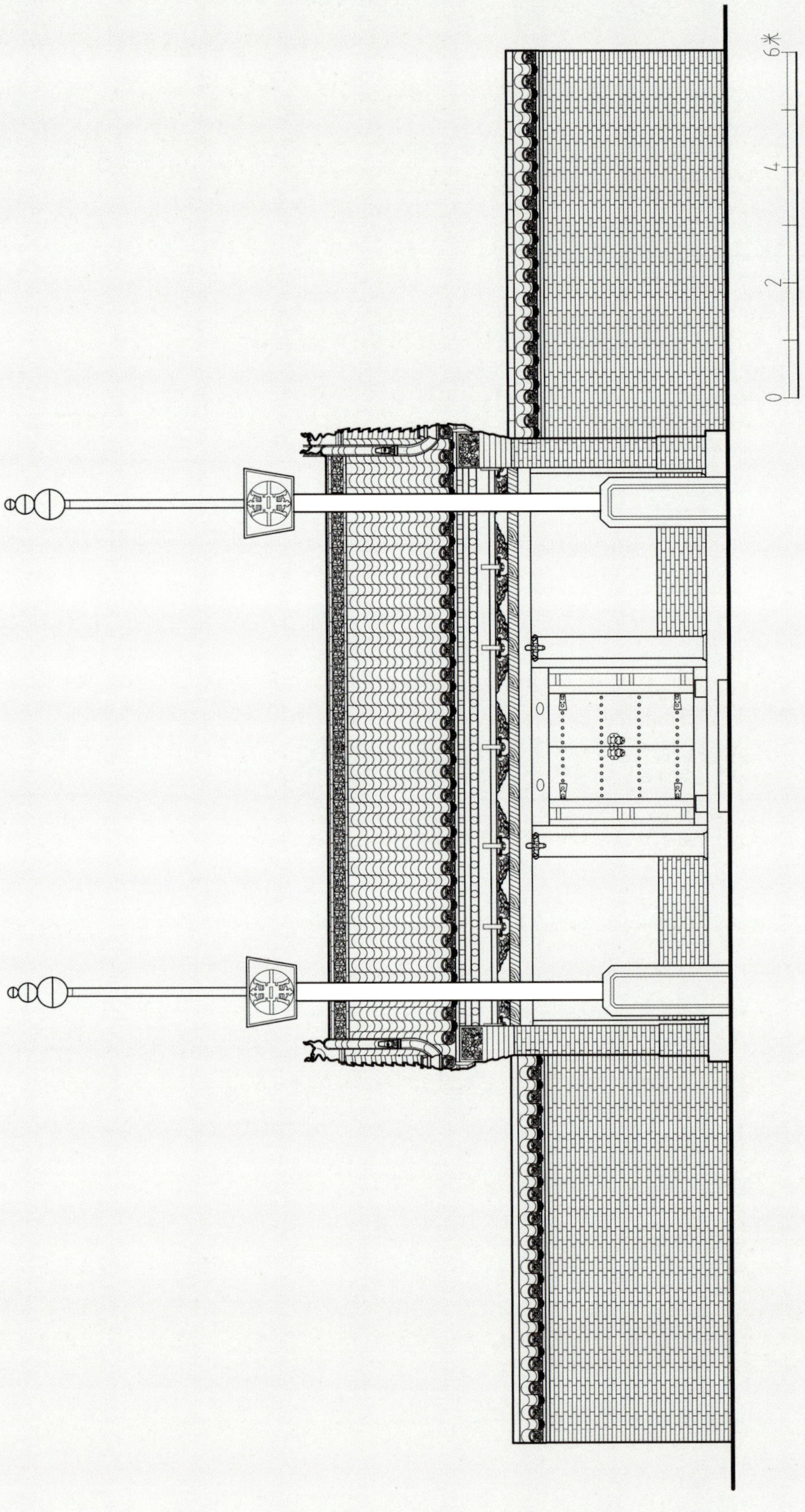

图9 续氏宗祠山门立面图

图10　续氏宗祠牌匾（a）

图11　续氏宗祠牌匾（b）

图12　续氏宗祠厢房

图13　续氏宗祠廊房

图14　续氏宗祠正殿外廊

图15　西社续氏宗祠重修记碑

西社续氏宗祠重修记

　　我西社续氏宗祠，位于村东当铺门内，坐西向东，面阔五间，进深五椽，始建于清乾隆五十九年，即公元一七九四年，迄今已有二百一十六年。其间，曾于一九五八年在十八世子荣、富寿、贵良和十九世隆卯等主持下予以修葺，后由于历史原因，宗祠遭受严重破坏，以致顶漏椽朽，窗损门毁，容谱亦模糊不清。二〇〇八年四月，在外地工作的族人祎鸣归乡祭祖，目睹宗祠颓圮不堪，率先捐助维修资金一万元；接着，民钢、树明亦分别捐资五千元和三千元。村委会主任将伟当即延请泥木工匠，开始维修宗祠。同年十月五日，由叶琴、俊谦、八宝、将伟、晋一、斌云等倡议组织，在太原举行了有近百人参加的续氏宗亲联谊会。参会族亲一致认为：续氏宗祠历史悠久，规模宏巨，既是续氏良风美德的传承场所，也是极具历史价值和艺术价值的文物，亟当大规模重修，我等都应量力而行，积极捐款，玉成其事。于是成立了西社续氏宗祠重修筹办组，叶琴、满元、巨生为顾问，俊谦、将伟为主办人，八宝、致喜、陆文、晋一、斌云、力民等为协办人，并向散布于海内外的族人寄发了《重修西社续氏宗祠倡议书》。在此后的数月内，捐款纷纷寄回，多者万余元，少亦数百元，前后共收到捐款二十余万元。续氏宗祠之重修，由俊谦、八宝策划并整理资料，将伟全面负责工程并指挥施工，致喜专任会计。参与重修工程的木工有凤林、树云、还文，瓦工有王树兵、东伟，彩画工有刘高平、未元，杂工由俊田、林虎组织。时经二年整，翻修了房顶，补砌了台阶，安装了门窗，恢复了旗杆，增设了牌匾、楹联，刻制了续氏溯源、续氏四杰、续氏先贤、续氏文献、族训等碑碣。续氏宗祠之所以能够顺利重修并益加辉煌，乃我先世庇佑、族人同心之故，为使后人弘扬我族优秀传统，尊祖尊亲，爱乡爱国，行无愧事，做有德人，特立此碑。

续氏第十九世孙致喜谨撰
公元二〇一〇年三月刻石

韩氏宗祠

山西省忻州市繁峙县杏园乡圣水头村

一、建筑区位分析

韩氏宗祠位于山西省忻州市繁峙县繁城镇杏园乡圣水头村（该文物点经纬度为 35°44′N，119°04′E）。

杏园村与岗里村、南关村、铁家会村等相邻。

二、建筑空间结构

韩氏宗祠，坐北朝南，大门前有仪门。正殿面阔三间 7.6 米，进深 5.2 米；厢房面阔三间 7.2 米，进深 3.8 米，共四间厢房。

三、建筑空间记忆

韩式祠堂所处的繁城历史文化悠久，人文底蕴丰厚，有文字可考的历史可以上溯到近四千年以前。

韩姓家族迁徙史不详，韩式祠堂始建于明朝天顺元年（1457），至今已有五百五十多年的历史，经历代维修，建筑不断增加，规模逐渐扩大，设施日趋完善。重建年代为 2011 年。

韩氏宗祠分三进院落，后院现有正庭三间，内供祖先牌位五位：始祖韩讳泰居中，二世祖韩讳祐、三世祖韩讳福胜、四世祖韩讳让、五世祖韩讳仲彬，四位祖先分供左右。院内有东西厢房各三间，为祠堂储放供奉器物之所。原有

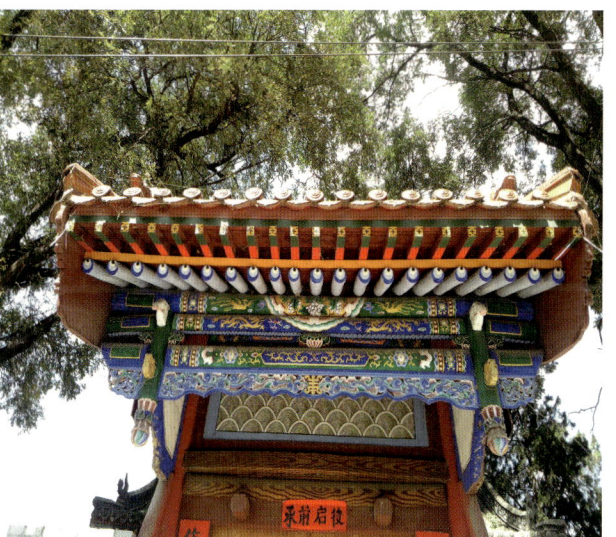

一副木刻楹联"经史作良田祖种孙耕无歉岁 文章传旧业笔华墨雨有丰年",后来遗失。中院与前院之间过庭三间,过庭南门前有石狮一对,左右而置,雄猛威武。祠堂始建时栽植的两株槐树,虽经五百余年的沧桑,仍然枝繁叶茂,花香馥郁。过庭之上,"累朝仕宦"匾额居中,"文魁""武魁"匾额分挂左右。正门为叉架大门两侧配以花栏墙,"韩氏宗祠"牌匾悬挂大门正上方,庄严文雅,蔚为壮观。

| 1 | 2 |
| 3 | 4 |

图1　韩氏宗祠院门全景
图2　韩氏宗祠院门屋顶
图3　韩氏宗祠山门
图4　韩氏宗祠院门内景

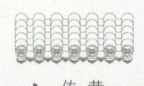

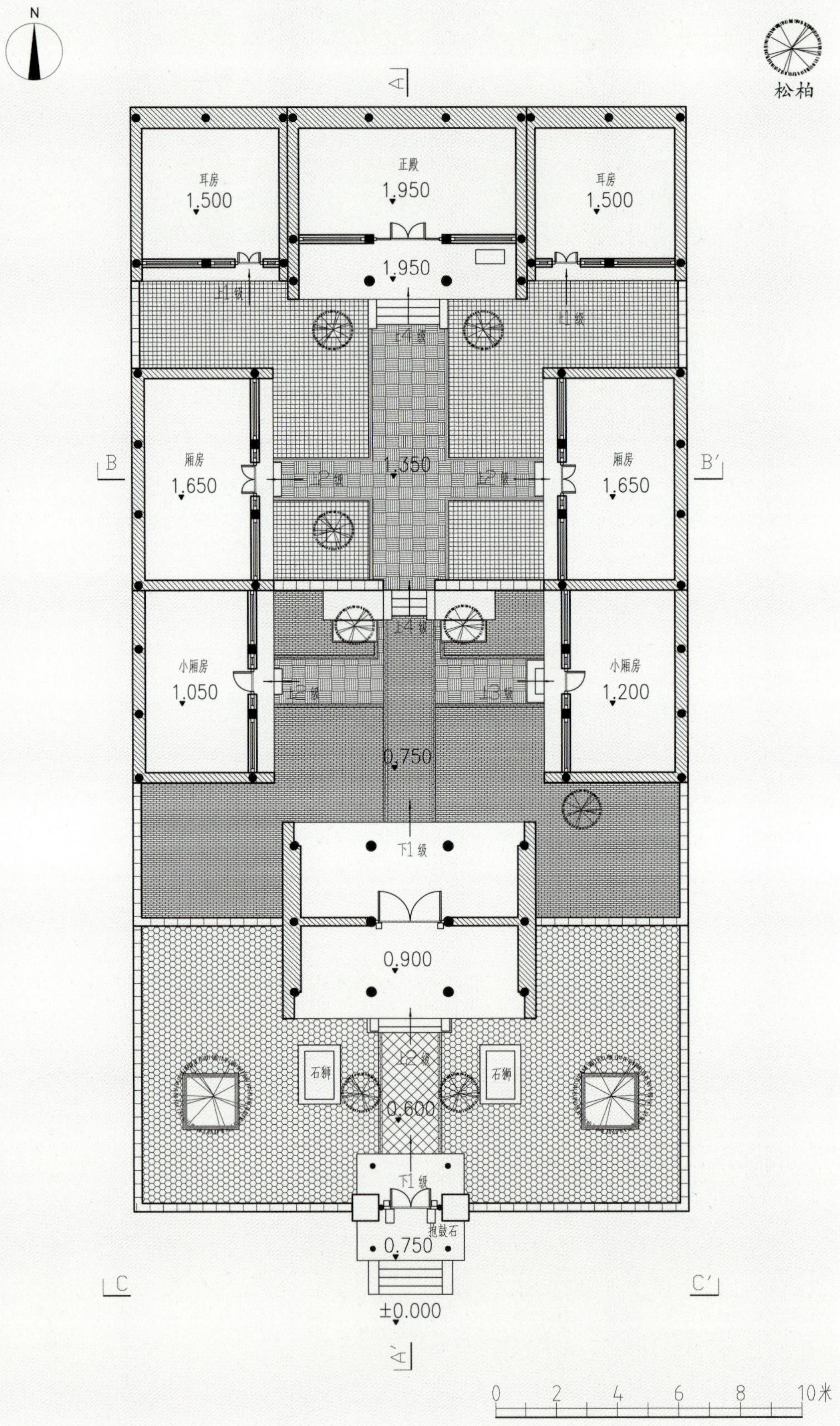

图 5 韩氏宗祠总平面图

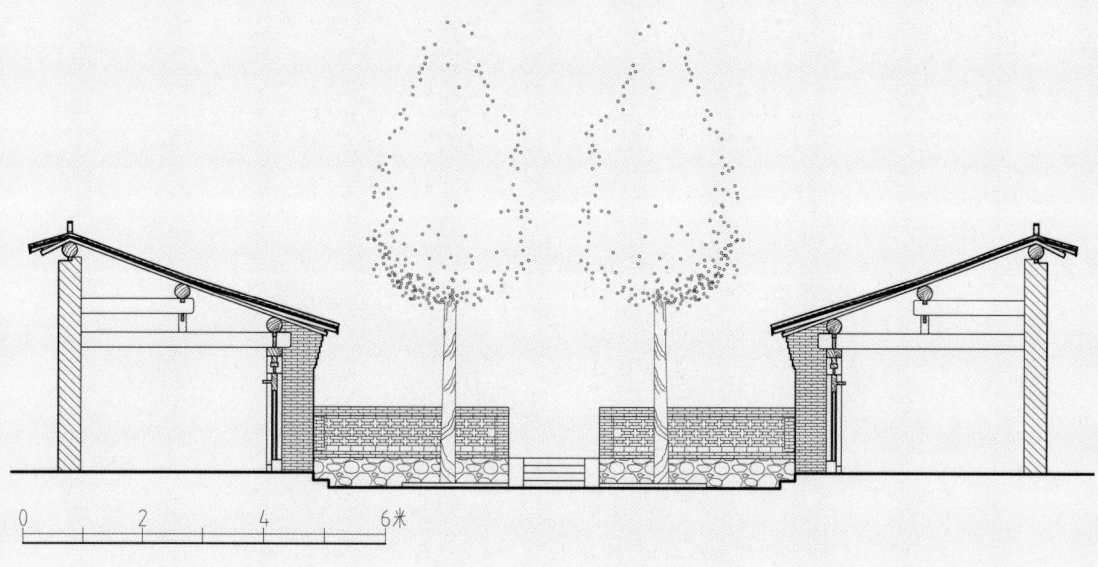

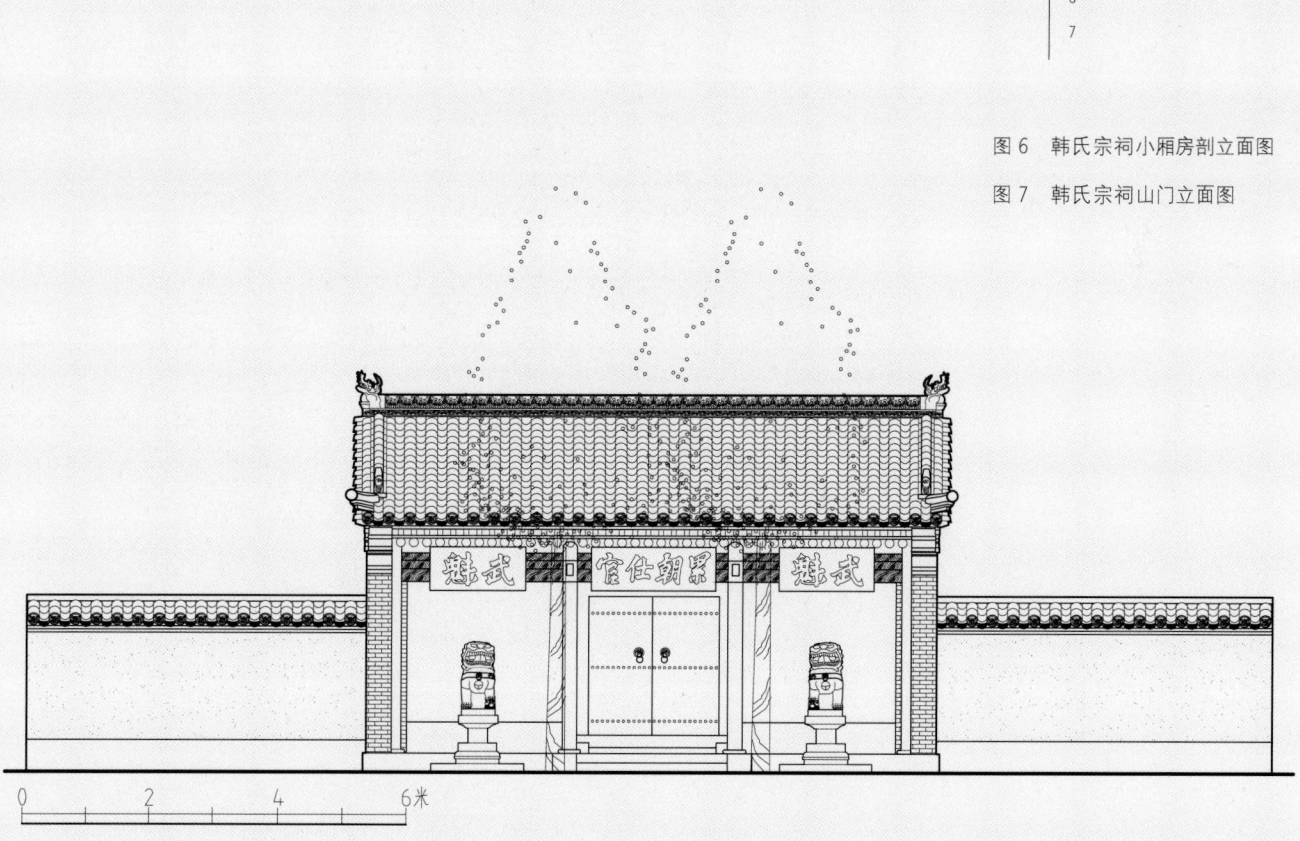

图 6　韩氏宗祠小厢房剖立面图

图 7　韩氏宗祠山门立面图

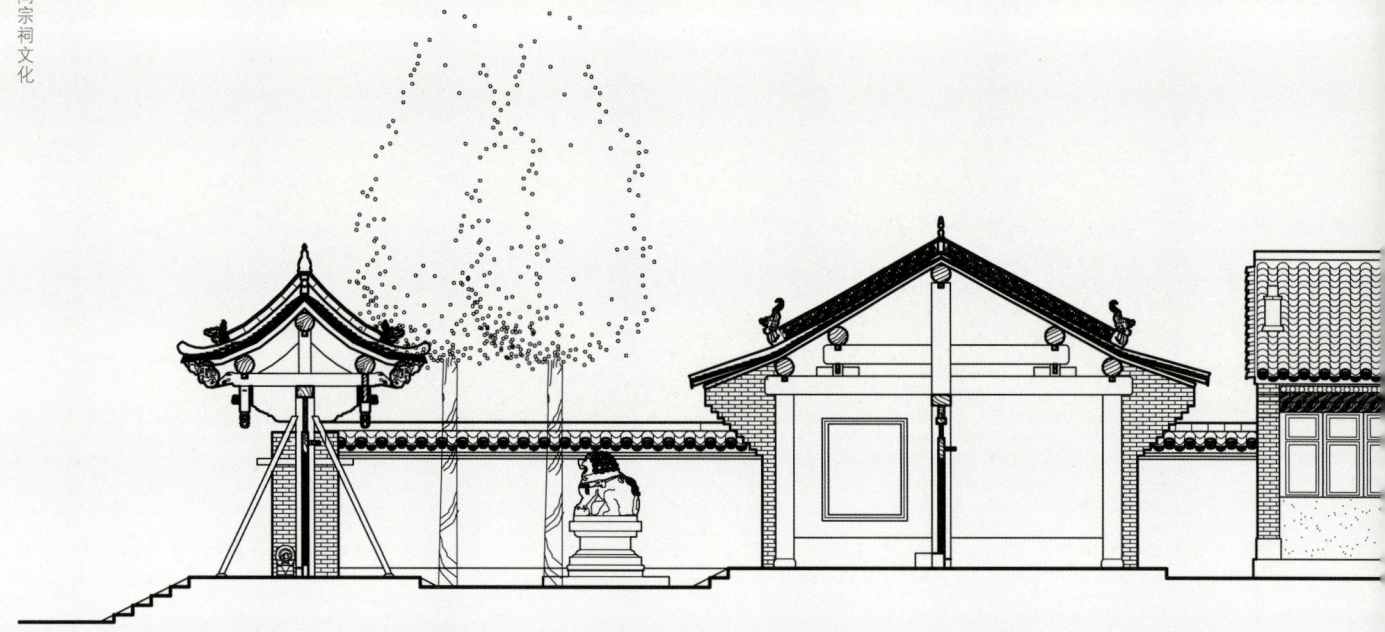

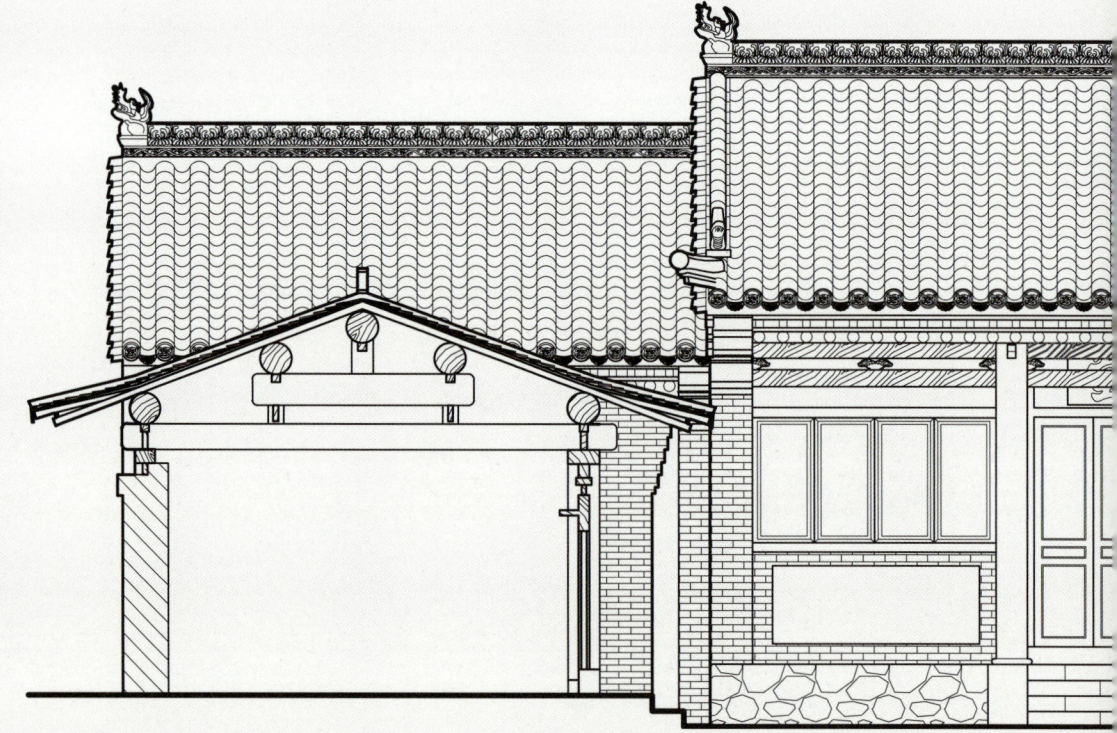

图 8 韩氏宗祠 A-A' 剖立面图

图 9 韩氏宗祠 B-B' 剖立面图

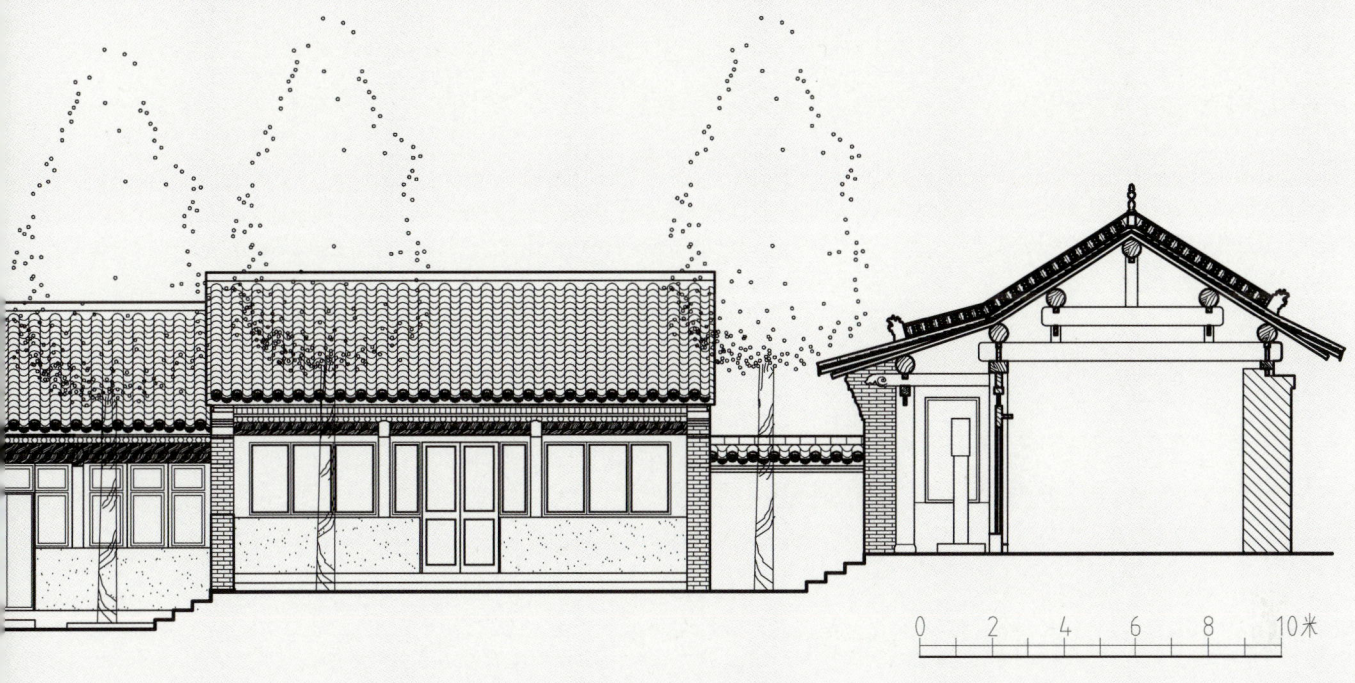

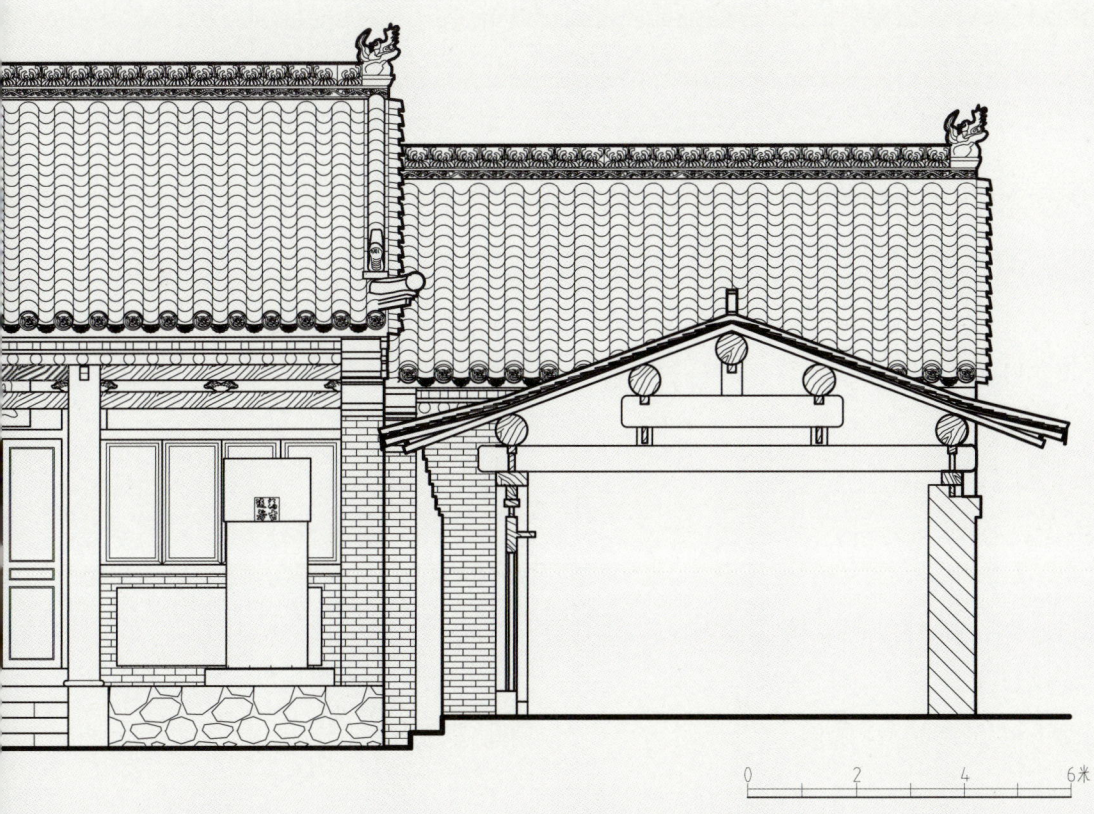

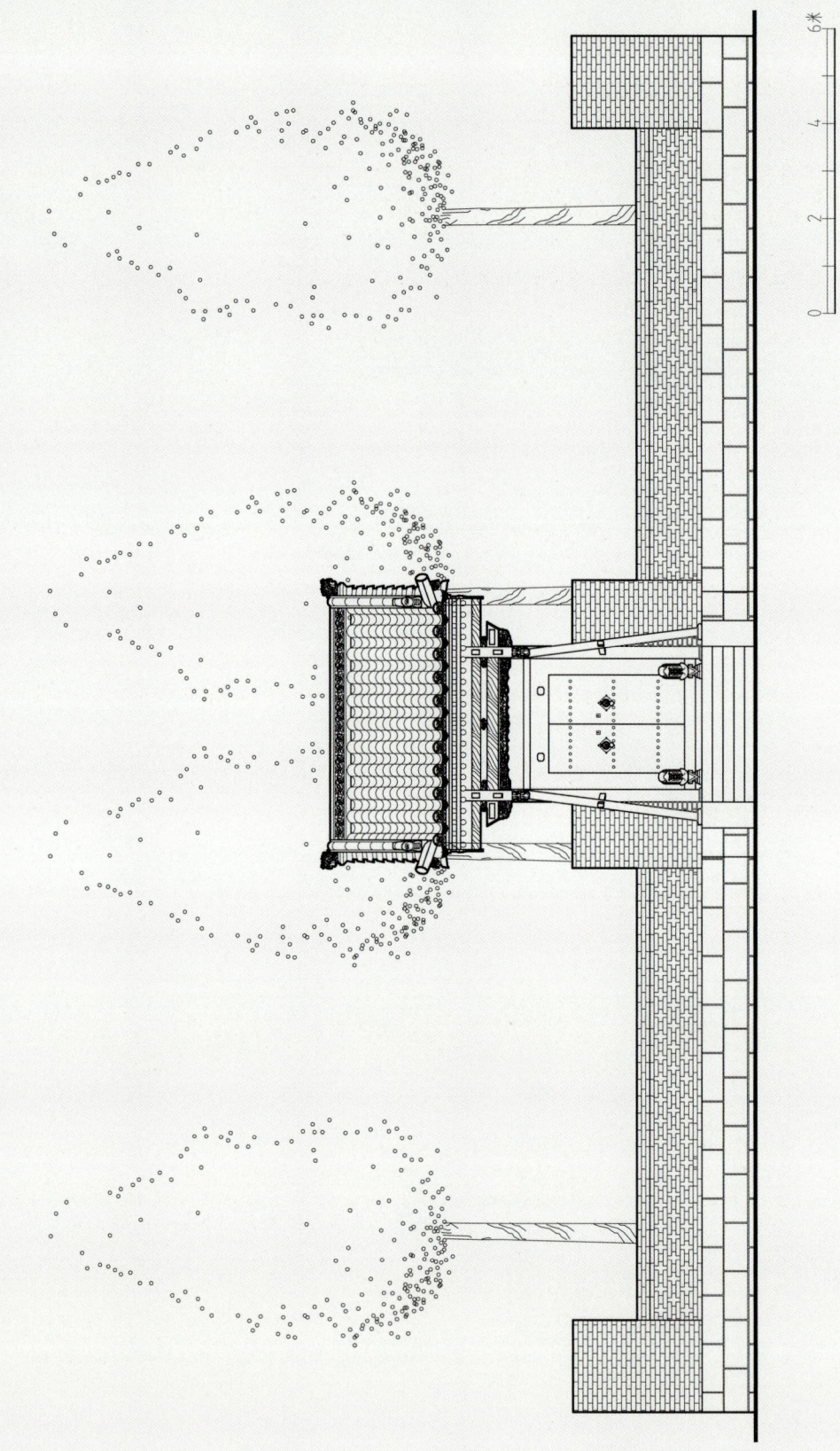

图 10 韩氏宗祠 C-C' 剖立面图

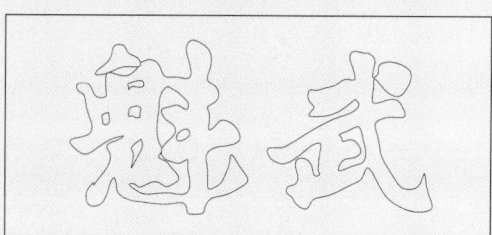
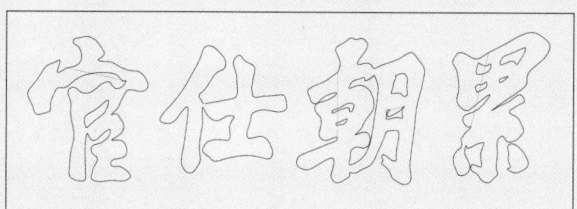
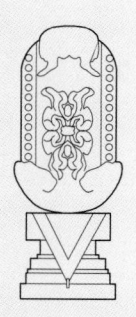

四、建筑装饰艺术

"菊"与"居"谐音取义，构成新的吉祥词，如菊花、寿石、猫、蝶组图，为祝愿长寿之意。

图 11　韩氏宗祠牌匾大样图

图 12　韩氏宗祠抱鼓石大样图

图 13　韩氏宗祠雕花大样图

图14　韩氏宗祠正脊细节

图15　韩氏宗祠抱鼓石

图16　韩氏宗祠石狮子（a）

图17　韩氏宗祠石狮子（b）

图18　韩氏宗祠山门内侧

（a）　　　　　　（b）

刘家祠堂

山西省忻州市代县峨口镇峨西村

一、建筑区位分析

刘家祠堂位于山西省忻州市代县峨口镇峨西村（该文物点经纬度为 35°60′N，112°96′E）。

峨西村属温带大陆性气候，日照充足，光能资源丰富。

二、建筑空间结构

刘家祠堂，坐南向北。山门面阔三间 5.4 米，进深 5.5 米。目前仅存大门、小门，院内正殿坍塌。现存为清代遗构。一进院落布局，中轴线上建有祠门、祖先堂，两侧为东侧门和西厢房。

三、建筑空间记忆

刘家祠堂所在的峨口镇历史悠久、文化底蕴深厚。峨口镇拥有众多文物古迹，其中包括东西寺、崇庆寺、钟楼、文殊寺、普照寺和洪济寺等。

刘姓家族迁徙史不详，刘家祠堂创建年代不详，重建年代为清光绪二十九年（1903）。

图1　刘家祠堂山门
图2　刘家祠堂正殿

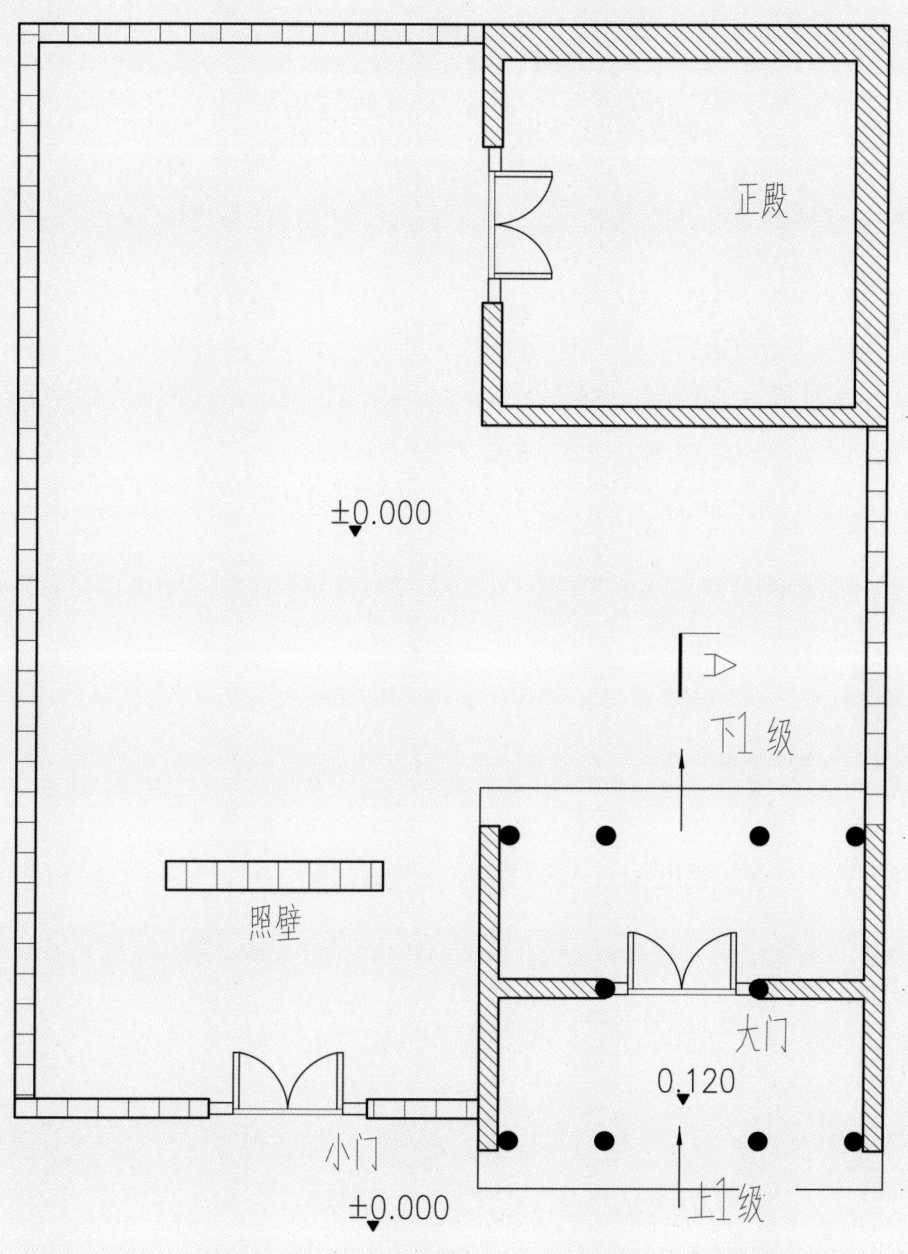

图 3　刘家祠堂总平面图

黄河流域民间宗祠文化传承研究 山西卷

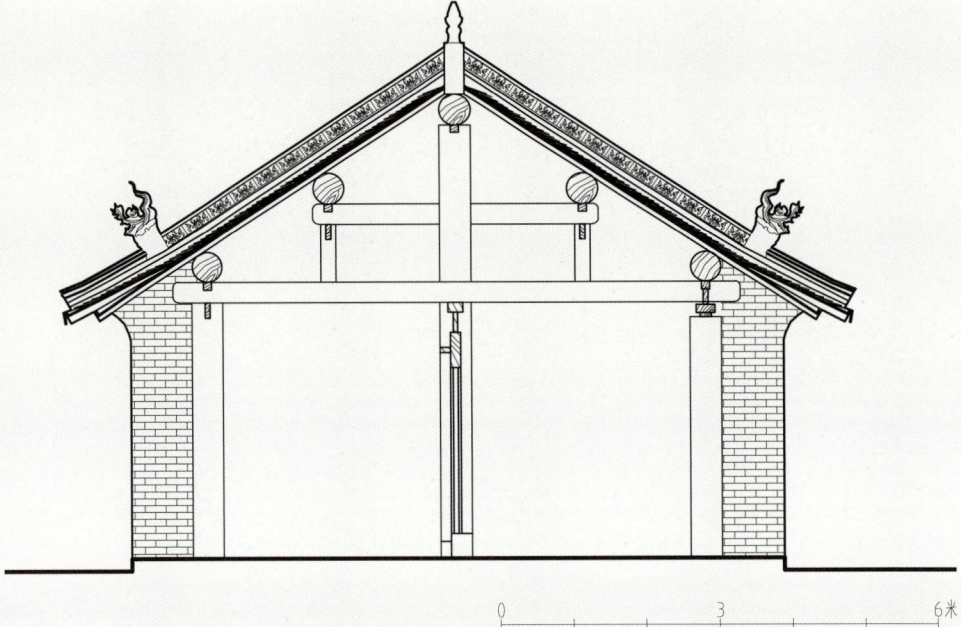

图4　刘家祠堂 A-A' 剖立面图

图5　刘家祠堂南立面图

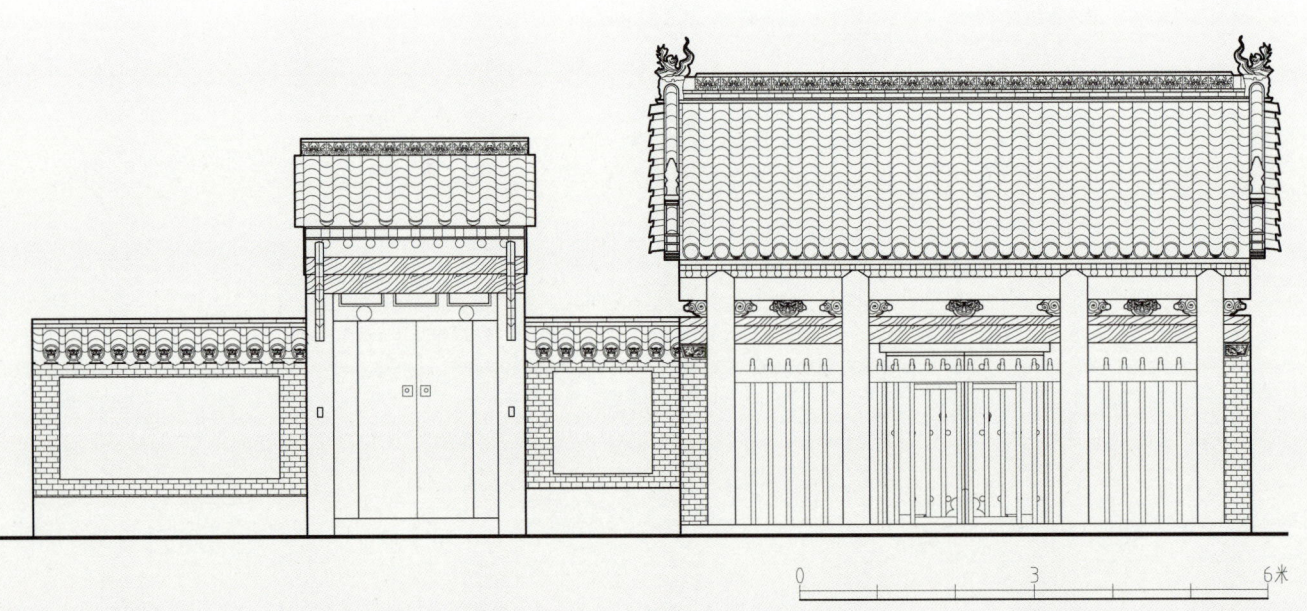

图6　刘家祠堂雕花细节
图7　刘家祠堂望兽侧立面大样图
图8　刘家祠堂正脊雕花大样图
图9　刘家祠堂雕花梁头大样图

四、建筑装饰艺术

（1）菊花纹。菊花纹是传统寓意纹样之一。菊和兰都是文人极喜爱之花，古人喜好将菊花纹样赋予多种多样的含意。

古人认为菊花能轻身益气，令人长寿有征。菊花还被看作花群之中的"隐逸者"，并赞它风劲斋愈远，霜寒色更鲜。故菊花常被喻为君子。

（2）龙纹。青铜器纹饰之一，又称为"夔纹"或"夔龙纹"。龙是古代神州传说中的动物。一般反映其正面图像，都是以鼻为中线，两旁置目，体躯向两侧延伸。若以其侧面作图像，则成一长体躯与一爪。根据龙纹的结体大致可分为爬行龙纹、卷龙纹、绞龙纹、两头龙纹和双体龙纹等。自宋代以来的著录中，在青铜器上，凡出现为一爪的纹饰，就被称为"夔纹"或"夔龙纹"。

（3）祥云纹。祥云象征祥瑞的云气，传说中为神仙所驾的彩云。寓意祥瑞之云气，表达了吉祥、喜庆、幸福的愿望以及对生命的美好向往。祥云纹造型独特，婉转优美。作为我国传统吉祥图案的代表，它同龙纹一样，都是具有独特代表性的中国文化符号，不仅代表着深厚的文化内涵和丰富复杂的象征意义，而且是最具生命力的艺术形式之一。

孙家祠堂

山西省大同市广灵县西宜兴村

一、建筑区位分析

孙家祠堂位于山西省大同市广灵县西宜兴村（该文物点经纬度为 39°76′N，114°29′E）。

西宜兴村位于乡政府所在地村，东临屯堡村，西毗三间房村，北接苍耳洼村，西宜兴村与屯堡村、东宜兴村、宜兴庄村等相邻。

二、建筑空间结构

孙家祠堂，一进院落布局，坐西朝东。正殿为双坡硬山顶建筑，面阔三间 8.2 米，进深 5.3 米；厢房为单坡硬山顶建筑，面阔三间 8.6 米，进深 3.7 米。现存正殿、耳房、山门与东西厢房。

三、建筑空间记忆

孙家祠堂所处的广灵县西宜兴村于战国时名平舒邑，属于赵国管辖范围。秦时属代郡。辽统和十三年复置为县，名为广灵，属西京道大同府蔚州。

孙家祠堂始建于光绪十八年（1892），后在原址重建（重建年代不详）。

20 世纪，该祠堂先被改为农民俱乐部，后长期被当作卫生所和商店使用。1952 年 12 月，察哈尔省撤销，雁北专署划归山西省。

图1　孙家祠堂厢房
图2　孙家祠堂山门
图3　孙家祠堂正殿侧面
图4　孙家祠堂正殿

山西省民间宗祠测绘图典选集

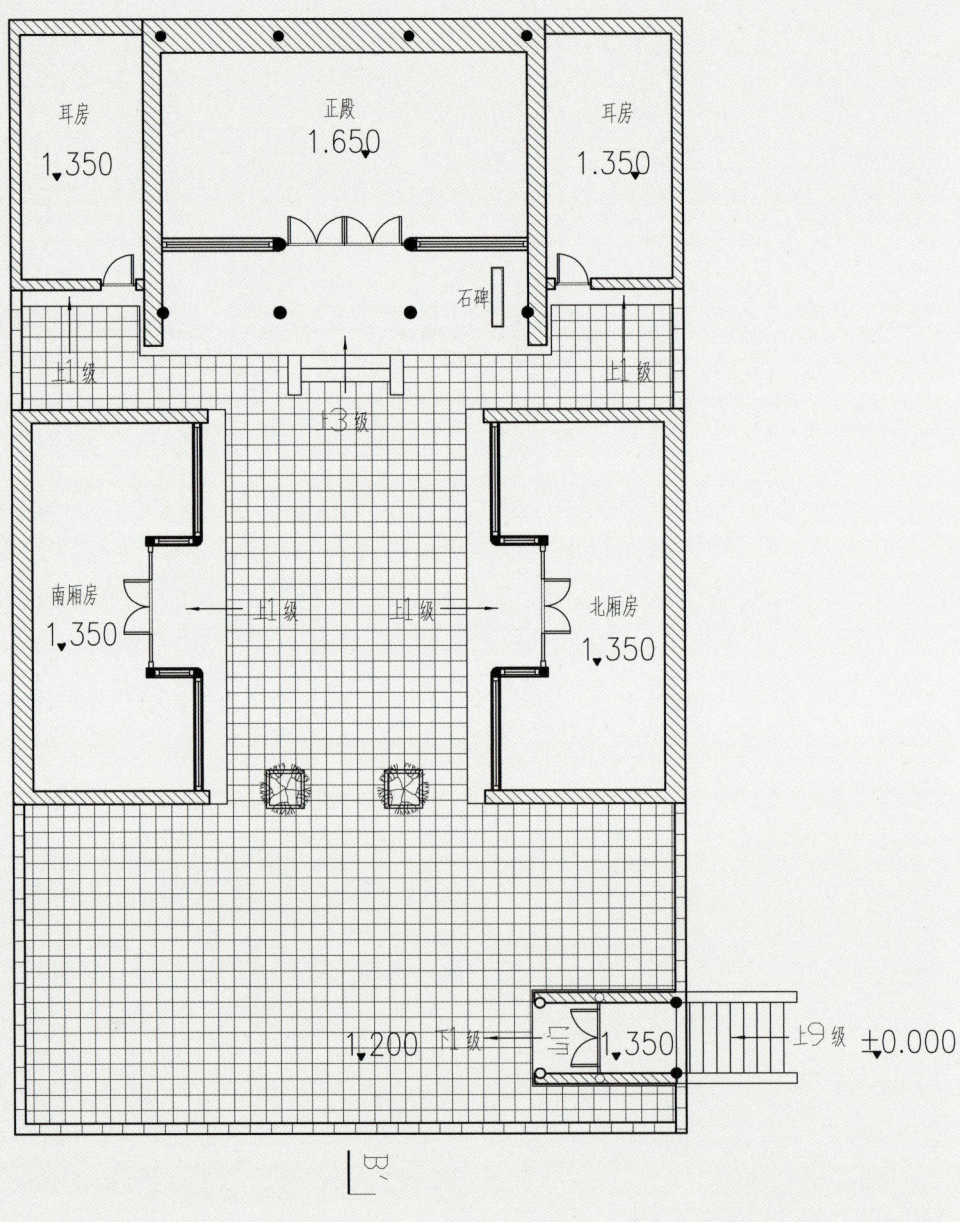

图 5 孙家祠堂总平面图

图 6　孙家祠堂正殿立面图

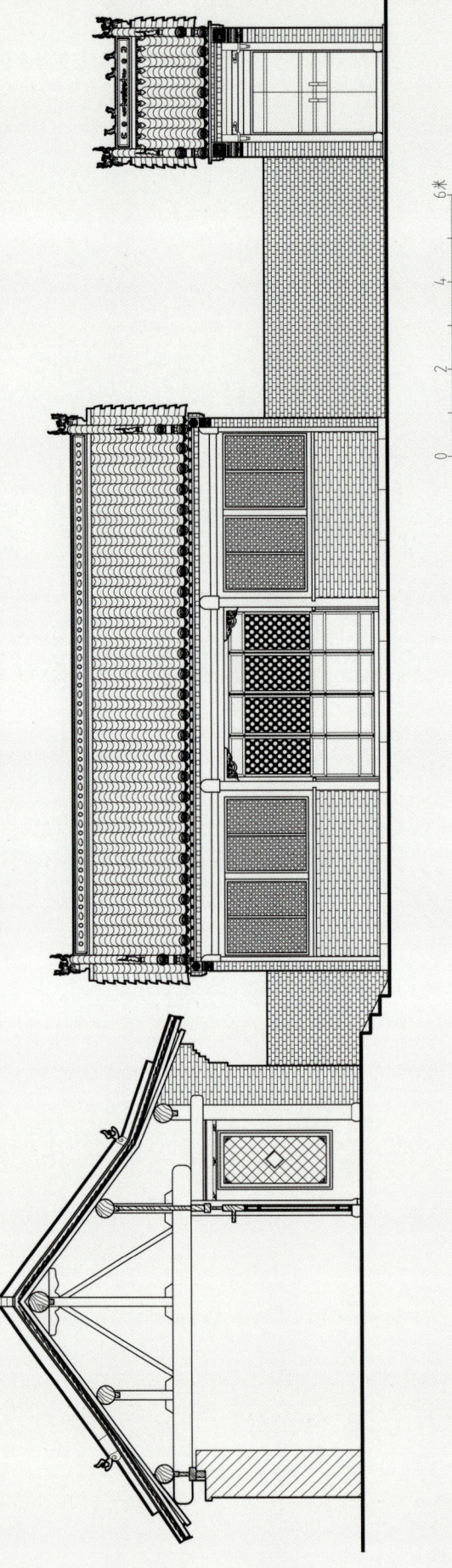

图 7 孙家祠堂 A-A' 剖立面图

图8 孙家祠堂雕花大样图

图9 孙家祠堂挂落大样图

图10 孙家祠堂墀头大样图

四、建筑装饰艺术

（1）传统吉祥纹样。相传凤为群鸟之长，是羽虫中最美者，飞时百鸟相随。在古代被尊为鸟中之王，是祥瑞的象征。有单画凤的，亦有以凤和凰成双构成的。历代均有，并各具特色。

（2）牡丹。牡丹颇受世人喜爱，被视为繁荣昌盛、美好幸福的象征。宋时被称为"富贵之花"。

	12
11	13

图 11 孙家祠堂福鹿雕花

图 12 孙家祠堂狮子雕花

图 13 孙家祠堂仙鹤雕花

图 14 孙家祠堂龙凤呈祥及荷花花纹

图 15 孙家祠堂龙凤呈祥及麒麟花纹

（3）狮子纹。狮子以瑞兽（吉祥物）的形象进入中国人的文化视野之后，狮子纹饰便被视为祥瑞纹样，吉祥的寓意令人神往。

（4）一种典型的瓷器装饰纹样。古人以鹤为仙禽，寓意长寿。

（5）传统吉祥图案。鹿、禄同音。福鹿，为斑马，形状像骡，身有条纹，原产非洲，寓意"福分与禄位"。

刘氏宗祠

山西省大同市浑源县沙圪坨镇沙圪坨村

一、建筑区位分析

刘氏宗祠位于山西省大同市浑源县沙圪坨镇沙圪坨村（该文物点经纬度为 39°79′N，113°83′E）。

沙圪坨村是山西省大同市浑源县沙圪坨镇下辖的建制村，为镇中心区。其与银牛沟村、赤泥泉村、东信庄村等相邻。

二、建筑空间结构

刘氏宗祠，一进院布局，坐南朝北。正殿为单檐硬山顶建筑，面阔三间6.5米，进深6.3米，墀头砖雕花草等吉祥图案；东西厢房面阔二间4.4米，进深2.5米。现存大门、正殿。

三、建筑空间记忆

沙圪坨村系明清两代续设的村堡，是明朝年间从山西洪洞移民而至，全村刘氏均是一个祖宗。

刘氏宗祠建于清光绪年间，并于2012年重建。

1	图1 刘氏宗祠山门
2	图2 刘氏宗祠山门内

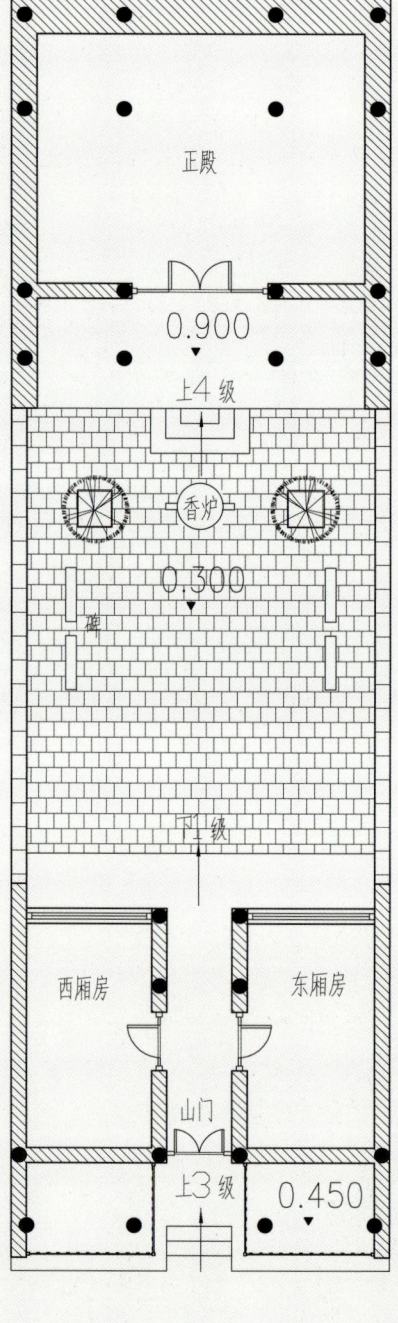

图3 刘氏宗祠总平面图

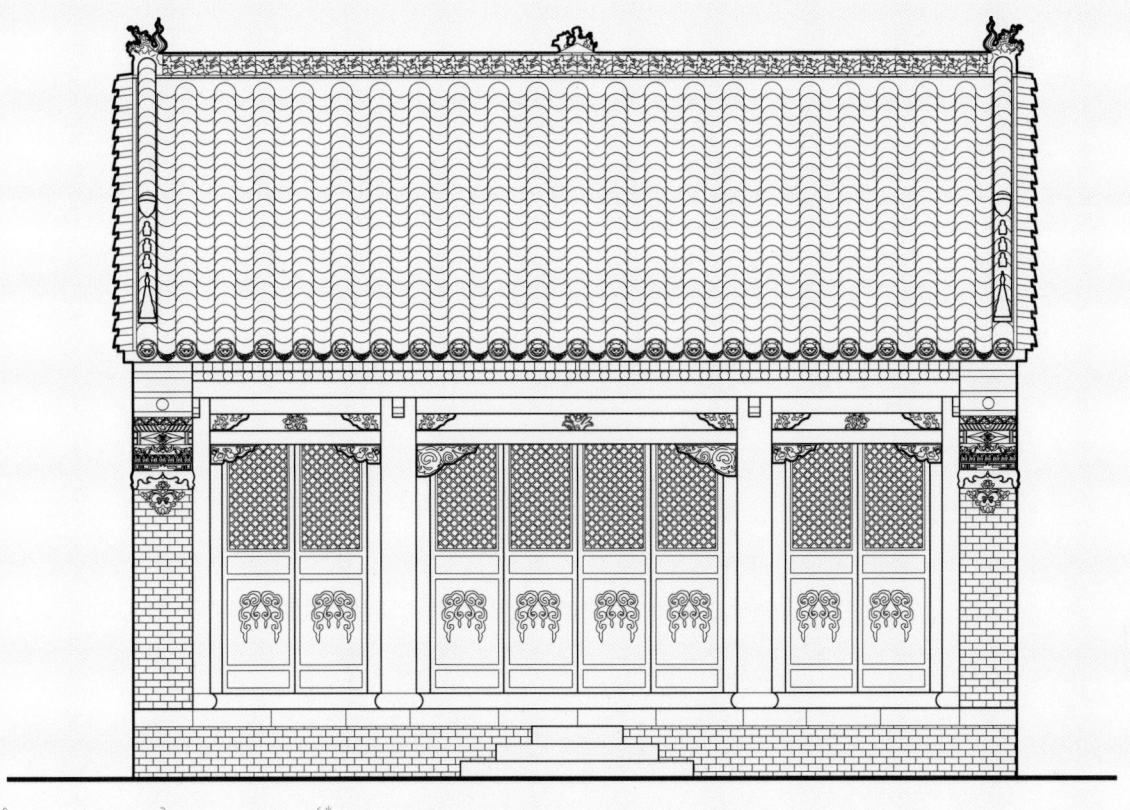

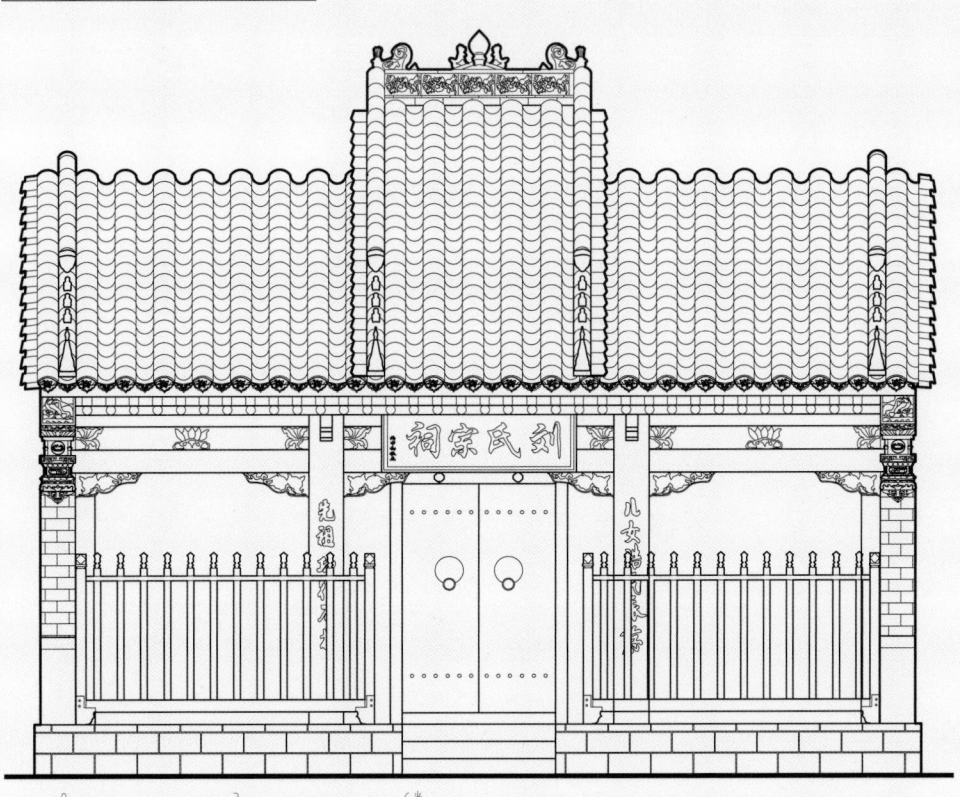

图 4 刘氏宗祠正殿立面图
图 5 刘氏宗祠山门立面图

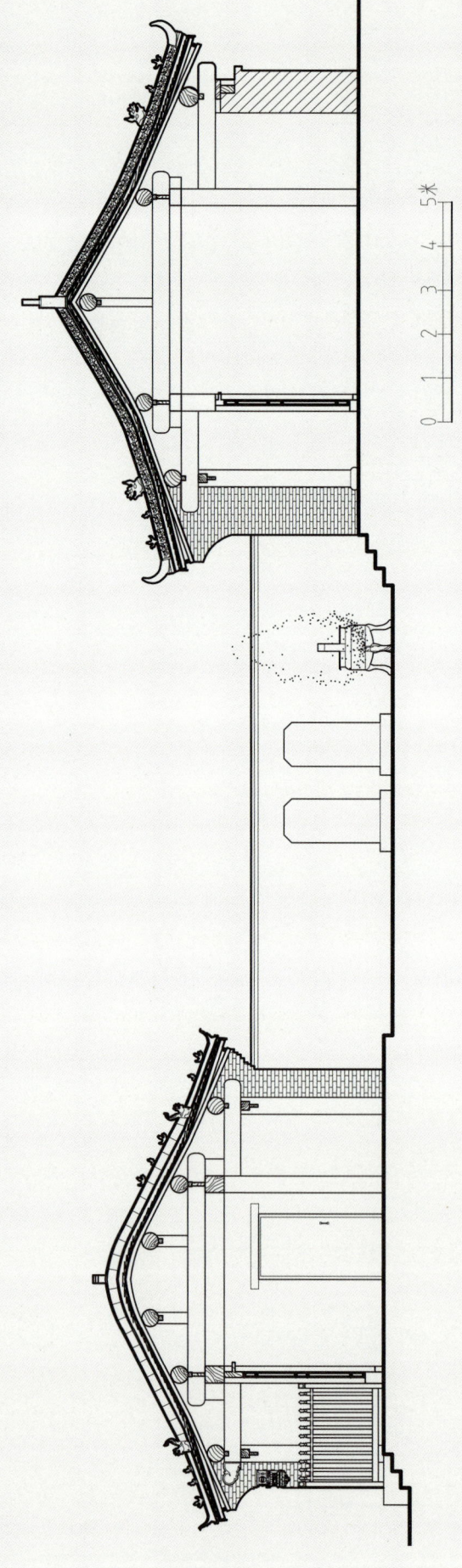

图6 刘氏宗祠 A-A' 剖立面图

图 7 刘氏宗祠墀头大样图
图 8 刘氏宗祠双鹤纹样墀头
图 9 刘氏宗祠马纹样墀头

四、建筑装饰艺术

（1）仙鹤纹。鹤即为仙，必定长寿。长寿这个问题一直困惑着古人，故人们崇拜仙鹤，诉求仙鹤保佑人民健康长寿。因此"鹤寿""鹤龄"等都成为祈寿、祝寿、庆寿的祝颂词。

（2）马纹样。在古代，马是人类最亲密的伙伴之一，古人的许多活动都离不开马，把马尊为降福避灾的灵物。

李氏祠堂

山西省大同市浑源县西坊城镇圪坨村

一、建筑区位分析

李氏祠堂位于山西省大同市浑源县西坊城镇圪坨村（该文物点经纬度为 39°59′N，113°51′E）。

圪坨村是山西省大同市浑源县西坊城镇下辖的建制村，为镇中心区。其与沙圪坨村、银牛沟村、赤泥泉村、东信庄村等相邻。

二、建筑空间结构

李氏祠堂，坐北朝南。正殿为单檐硬山顶建筑，面阔三间 7.4 米，五檩前廊式构架；正殿面阔 14.8 米。现存山门和正殿。

三、建筑空间记忆

据清咸丰七年（1857）续修的《平潭李氏族谱》记载，李氏宗祠修建于明朝，清咸丰年间曾大修。经考证，李家祠堂初建于明弘治十八年（1505），李家祠堂初建时并没有如今之规模，直到清朝咸丰年间，李氏受皇帝恩赐扩建翻新大修祠堂，并于咸丰九年（1859）告成，祠堂建筑基本上保持着清代风格。

民国时期村民捐款才将祠堂赎回，被赎回后祠堂重新划归为集体财产，办成了学堂，新中国成立后又成村公所的办公地。在近百年风雨沧桑中，李家祠堂因年久失修，缺乏有效保护措施而遭受严重破坏。

图1 李氏祠堂山门远景

图2 李氏祠堂山门

图 3 李氏祠堂正殿立面图
图 4 李氏祠堂山门立面图

赵家祠堂

山西省大同市阳高县神裕村

一、建筑区位分析

赵家祠堂位于山西省大同市阳高县神裕村（该文物点经纬度为 40°15′N，113°90′E）。

神峪村是山西省大同市阳高县古城镇下辖的建制村。神峪村与水泉洼村、碾儿屯村、上娘城村等相邻。

二、建筑空间结构

赵家祠堂，坐北朝南。正殿面阔三间 3.2 米，进深 3.7 米。

三、建筑空间记忆

此前，祠堂修缮工程的经费都是由赵姓人家集资的。村里赵姓人家只有六十多户，仅靠集资修缮远远不够。

考虑到赵家祠堂是村里具有历史文物价值的建筑，属于全村人的文化遗产，村委会就做出了拨款的决定。现在，赵家祠堂在村党支部和村委会的关心下，已经重新显露出往日的辉煌。

赵姓家族迁徙史不详，建筑修建年代晚清时期，重建年代 2007 年。

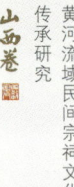

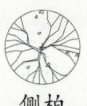

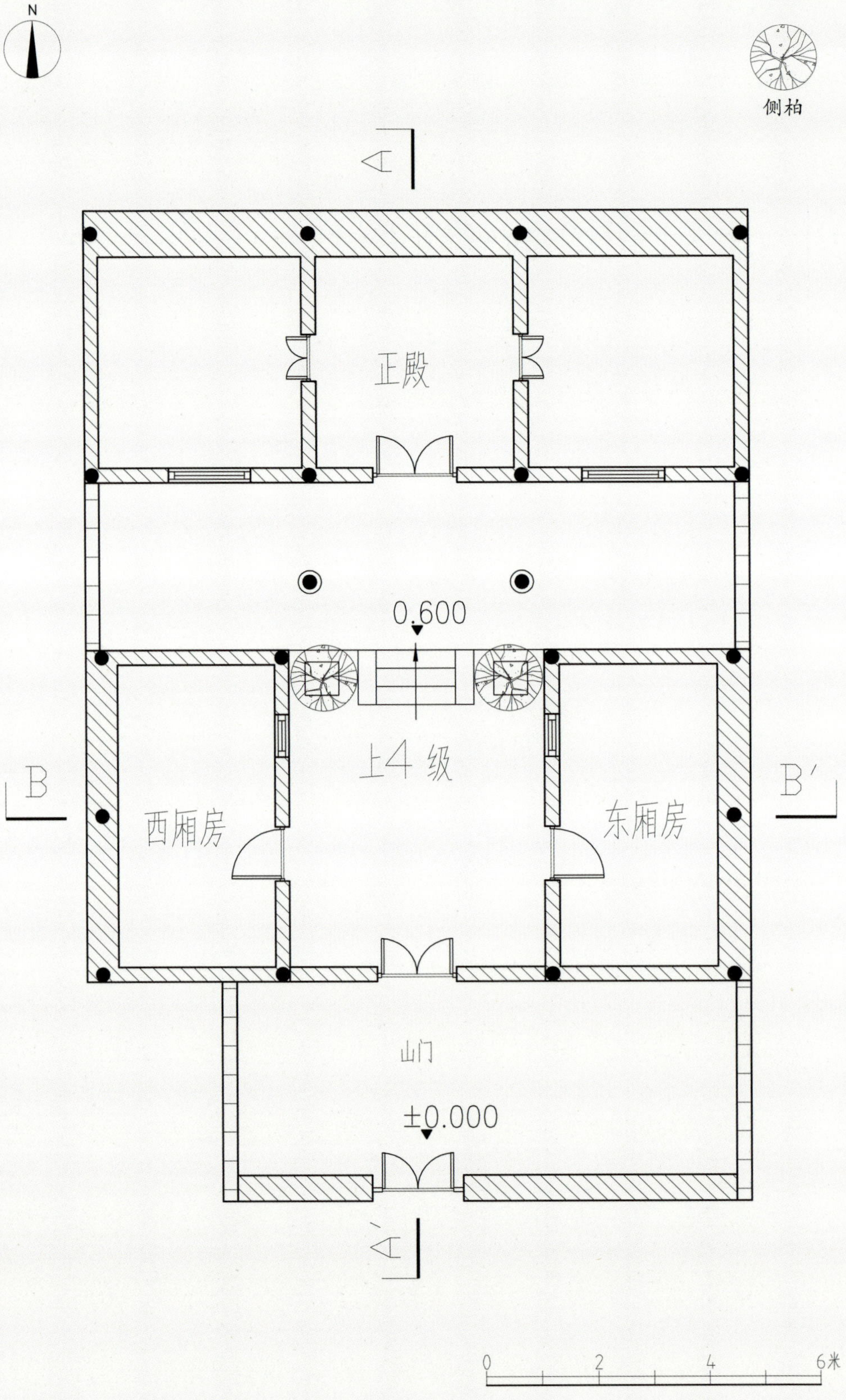
N
侧柏
A
正殿
0.600
上4级
B
西厢房
东厢房
B′
山门
±0.000
A′
0
2
4
6米

1

图 1　赵家祠堂总平面图

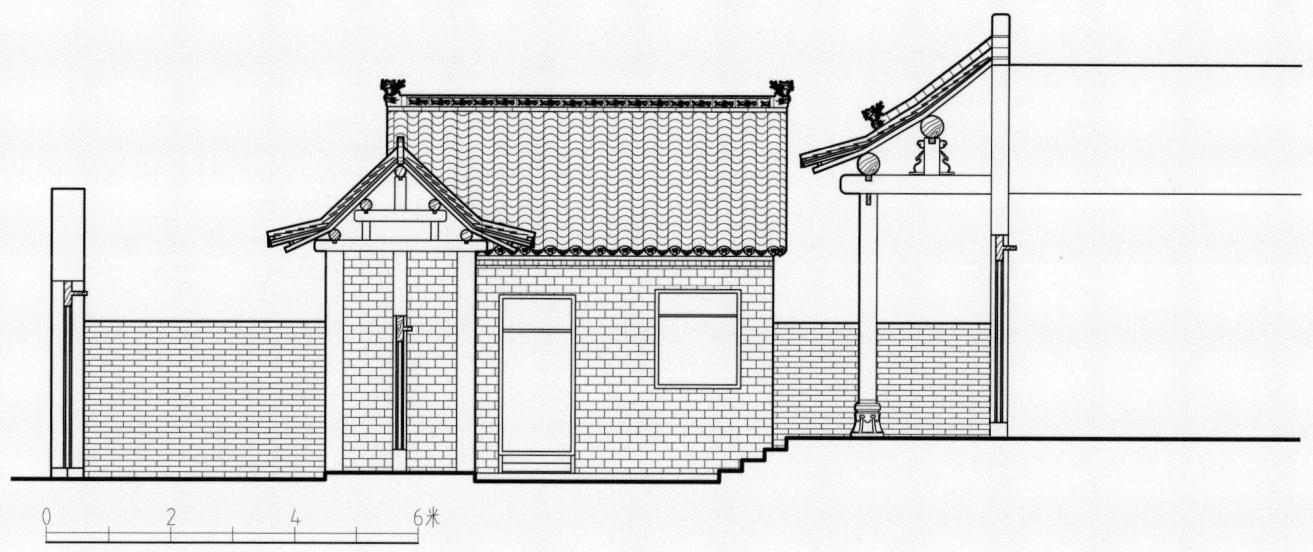

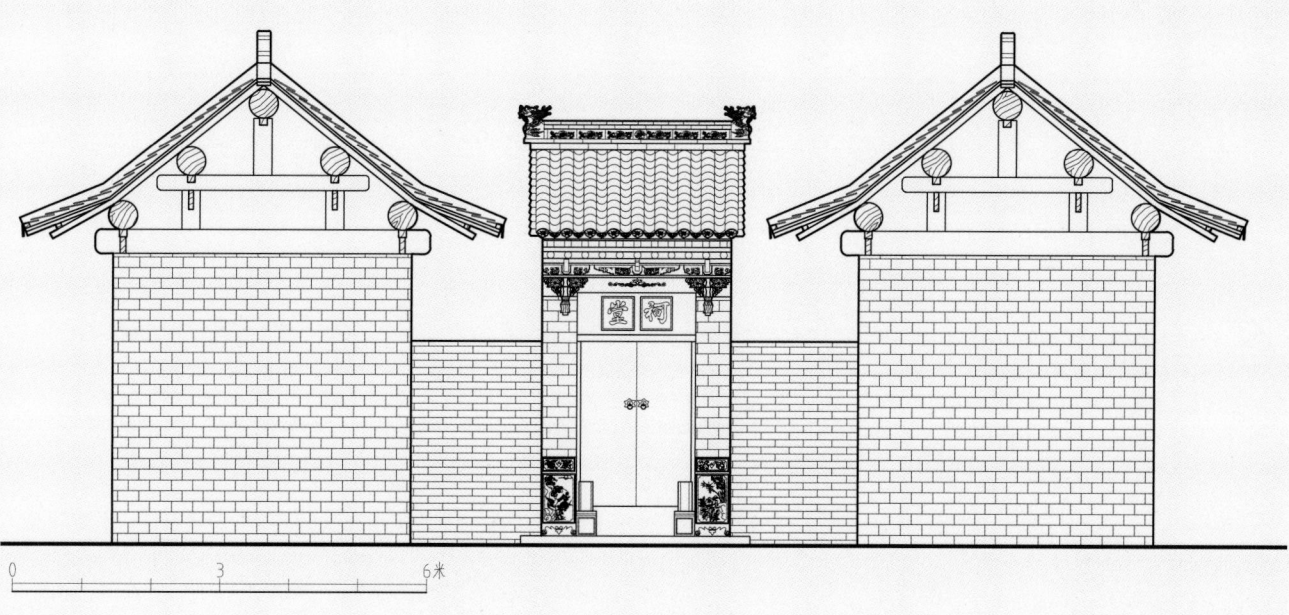

图 2　赵家祠堂 A-A' 剖立面图

图 3　赵家祠堂 B-B' 剖立面图

图 4　赵家祠堂雕花大样图

四、建筑装饰艺术

（1）松鹤延年纹样。由松树和仙鹤组成的图案寓意长寿。松树是坚定、贞洁、长寿的象征。仙鹤则被喻为吉祥符号，在中国历史中是一等的文禽。明朝和清朝给丹顶鹤赋予了忠贞清正、品德高尚的文化内涵。文官的补服，一品文官绣丹顶鹤，它被列为仅次于皇家专用的重要标识，因而人们也称鹤为"一品鸟"。

殷商时代的墓葬中，就有鹤的形象出现在其雕塑中。春秋战国时期的青铜器钟，鹤体造型的礼器也已出现。一幅鹤立在潮头岩石上的吉祥纹图，取"潮"与"朝"的谐音，象征像宰相一样"一品当朝"；仙鹤在云中飞翔的纹图，象征"一品高升"；日出时仙鹤飞翔的纹图，象征"指日高升"。

（2）喜上眉梢纹样。喜鹊和竹子、牡丹组成的图案寓意喜上眉梢，竹报平安。

唐朝段成式《酉阳杂俎续集·支植下》："卫公（李德裕）言北都惟童子寺有竹一窠，才长数尺，相传其寺纲维，每日报竹平安。"后以"竹报平安"指平安家书。宋朝韩元吉《水调歌头·席上次韵王德和》词曰："月白风清长夏，醉里相逢林下，欲辩已忘言。无客问生死，有竹报平安。"

后记

　　本项目于 2016 年 3 月底获准立项，按照项目申请书中的计划，搜集并研读相关研究资料，对文献资料进行了归纳梳理；项目组利用 2016 年、2017 年、2018 年共六个寒暑假对黄河中游晋陕豫地区的民间宗祠进行了全面的实地调研考察、测绘、访谈、数据收集及资料整理。因可资参考调研数据文献少，故在实地考察出发前进行了周密的调研，项目研究范围广，涉及三省所有地市的每个乡村，费时耗力，总计行程二十余万公里。

　　项目研究团队成员及西安建筑科技大学艺术学院研究生 2012 级王纲，2014 级史雯澜、栗笑寒、钱俊祥、卢科全、刘轩，2015 级马荣、赵珂珂、赵萍萍、董亮、李孝瑾、刘敬允，2016 级丁楠、董甜子、彭美月、肖红、谢茜、闫坤、杨帆参与实地调研及宗祠图典的制图工作；2017 级邓雯、郭小钰、董涵、李维嘉、李赫、石格、王洋、赵丹笛、孟赛龙、赵宗楷、和含睿，2018 级曲琛琛、王霞、祁喻、黄蕊、孟欣琪、李豪杰、王园、郭弘菁、项明、朱泽玉，2019 级李千卉、杨高婕、曹世博、高旭、张欣颖、郝燕、陈彦琪、郭强、倪浩睿参与图典的制图工作；2020 级唐安楠、贠思汀、邹睿、成丹、王明朗玥、樊欣、高团结、邹凡、吴子威、李疏桐；2021 级刘心语、南凯源、郭家豪、张烜伟、刘晓瑶、曹紫枫、尹圣雅、闫坤参与本套书的制图及排版校对工作。特别鸣谢 2020 级研究生邹睿在该书稿设计及图片处理等方面所做的努力。

　　本套书是对黄河中游晋陕豫地区民间宗祠的研究成果汇集，能对之后的历史研究及文物保护创新起指导作用，并为晋陕豫地区民间宗祠建筑遗产的保护、修缮、修复等工作提供理论依据。本套书对雕刻文化、装饰纹样、建筑结构、空间形态、民俗文化、宗祠教化等方面资料的整理能为相关学科的深入研究提供基础性资料。

作　者

2022 年 6 月 16 日